机动武器振动基础

Fundamentals of Mobile Weapons Vibration

崔志琴　马新谋　徐　健　景银萍　编著

国防工业出版社

·北京·

内 容 简 介

本书详细介绍了机动武器振动的基本原理和方法，内容涉及机动武器振动学的基本概念、机动武器单自由度系统的自由振动、机动武器单自由度系统的强迫振动、机动武器两自由度系统的振动、机动武器多自由度系统的振动、机动武器振动的测试，并有大量翔实的应用实例可供参考。

本书可作为高等院校武器类专业的本科教材，也可作为其他普通机械专业的学生和工程技术人员参考用书。

图书在版编目(CIP)数据

机动武器振动基础／崔志琴等编著．—北京：国防工业出版社，2016．8

ISBN 978-7-118-11034-0

Ⅰ．①机…　Ⅱ．①崔…　Ⅲ．①机动—武器—振动—基本知识　Ⅳ．①TJ02

中国版本图书馆 CIP 数据核字(2016)第 228733 号

※

国防工业出版社出版发行

（北京市海淀区紫竹院南路 23 号　邮政编码 100048）

腾飞印务有限公司印刷

新华书店经售

*

开本 787×1092　1/16　**印张** 11¾　**字数** 266 千字

2016 年 8 月第 1 版第 1 次印刷　**印数** 1—2000 册　**定价** 35．00 元

国防书店：(010)88540777　　发行邮购：(010)88540776

发行传真：(010)88540755　　发行业务：(010)88540717

PREFACE 前言

科学技术的迅猛发展使振动分析在军工、机械、船舶、土建、电子和航空航天等工业领域都占有重要地位。随着国防工业的现代化发展，对装甲车辆、火炮系统和自动武器提出了更高的要求，特别是随着机动武器系统向高速化、轻量化方向的发展，其振动和噪声问题愈加突出，为保证机动武器有较高的机动性和越野性、较高的射击精度和使用寿命，就必须用振动理论作为指导，对各种机动武器系统进行深入的运动学、动力学和振动学分析。而目前振动学方面的教材大部分是关于通用机械的振动学，缺乏针对性的、系统的武器振动方面的教材，所以《机动武器振动基础》教材在这样的背景下应运而生。

本书的几位作者多年来分别在中北大学的地面武器机动工程、武器系统与发射工程、装甲车辆工程、武器系统与工程和武器系统发射工程专业从事机械振动学、武器系统振动学的教学和科学研究，本书正是根据作者近几年的教学实践和讲义整理、修改编著而成的。内容上力求做到由浅入深、循序渐进，从单自由度系统的简单问题逐渐向两自由度系统和多自由度系统的振动问题推广；系统地从振动问题的建模、分析、仿真、测试等方面全方位地展开，同时密切结合车辆、火炮、自动武器系统的多种实例分析，使学生了解振动理论在机动武器设计实践和减振、隔振实践中的具体应用情况。本书还提供了使用 ANSYS 和 MATLAB 软件对整车系统和自行火炮系统进行振动分析和动力学分析的例子，其中的内容反映了作者多年从事教学和科研的研究成果。

本书共分 6 章；第 1 章，机械振动学的基本概念；第 2 章，机动武器单自由度系统的自由振动；第 3 章机动武器单自由度系统的强迫振动；第 4 章机动武器两自由度系统的振动；第 5 章，机动武器多自由度系统的振动；第 6 章，机动武器振动模态的测试。其中，第 1 章和第 6 章由崔志琴编写；第 2 章和第 5 章由马新谋编写；第 3 章由徐健编写；第 4 章由景银萍编写，全书由崔志琴教授拟定编写大纲和统稿。

本书在编著过程中参考了大量的振动学方面的教材、专著等文献资料，对这些文献的作者表示衷心的感谢。本书可作为高等院校武器类专业的本科教材，也可作为其他普通机械专业的学生和工程技术人员的参考用书。

限于编者的水平，教材中难免有疏漏和不妥之处，敬请读者批评和指正。

编著者

2016 年 3 月于中北大学

CONTENTS 目录

第1章 机械振动学的基本概念

第2章 机动武器单自由度系统的自由振动

第3章 机动武器单自由度系统的强迫振动

第4章　机动武器两自由度系统的振动

第5章　机动武器多自由度系统的振动

第6章 机动武器振动模态的测试

第 1 章 机械振动学的基本概念

学习目标与要求

1. 了解有关振动的基本概念。
2. 了解振动的分类。
3. 理解和掌握自由度和广义坐标的概念。
4. 掌握简谐振动的表示方法和合成方法。

1.1 引　　言

振动现象随处可见。如人们所熟知的地震,会引起建筑物的振动倒塌、人员伤亡,危害巨大。人们日常出行所乘坐的各种交通工具(如车辆、轮船、飞机)和部队使用的各种武器系统(如坦克装甲车辆、火炮、自动武器等)在运行和使用过程中,振动也是难以避免的。各种车辆在崎岖不平的道路上行驶时引起的振动,如图 1.1 所示。

图 1.1　坦克行驶试验

各种火炮和自动武器在发射过程中产生的振动,如图 1.2 所示。

图 1.2 火炮和机枪射击

轮船航行时遇到海浪颠簸引起的振动,如图 1.3 所示。飞机飞行过程中遇到气流扰动而产生的振动,如图 1.4 所示。这些振动问题都可能导致巨大的损失。

图 1.3 波浪与船舶振动

图 1.4 飞机飞行过程的振动

历史上各种大型工程结构或机械系统因振动而引起事故的例子屡见不鲜。曾有汽轮发电机组由于强烈振动引起动态失稳而造成重大恶性事故,在事故中急剧上升的振动可在几十秒之内使大型发电机组彻底解体,甚至祸及厂房,造成巨大的财产损失和人员伤亡。各种装甲车辆上使用的大功率内燃机若其曲轴轴系固有频率设计不当,在工作中极易引起“共振”现象,使轴系系统的动态位移和应力短时间内增加几倍甚至几十倍,甚至破坏内燃机的工作,并严重影响其可靠性。坦克的低频振动(尤其振动频率是 4~25Hz 内)极易与乘员的各组织器官发生共振而使成员发生严重的扭伤、过劳、疼痛等不良反应。历史上曾发生过桥梁由于在其上正步进行的部队的周期激励而发生“共振”进而突然崩塌的事故。近代还发生过大型桥梁或冷却塔因受到“风激振动”而断裂、坍塌的事故,如图 1.5 所示。

十几万吨级的油轮由于船体固有频率设计不当在海上航行中受海浪激励产生振动而折成两段。也曾有飞机在飞行过程中受气流扰动引起共振导致飞机机翼折断而机毁人亡。国外近几年发生的核电站泄漏事故造成了严重的后果,其原因之一也是机组的强烈振动所引起的。

对大多数结构、设备和机械系统来说,振动是有害的。振动会降低机器的动态精度和其他使用性能,如机床的振动会降低工件的加工精度,火炮和自动武器的振动会影响射击精度,各种车辆行驶在不平路面上产生的振动会使乘客疲劳并降低行驶系统的寿命等。目前,随着各种机器运行速度的普遍提高,振动和噪声日益严重,人们迫切要求改善机器的动态特性,以提高机器的使用质量并减少对环境造成的污染。随着近代振动理论、计算机技术和现代测试技术的不断发展和完善,振动分析的方法和手段发生了飞跃性的变革。现在,振动已成为一门独立的学科,用振动学科的理论、知识和方法来解决工程中的各种振动问题和动力学问题,已成为工程专业学生的必备知识和技能。

当然,不能否认,许多振动现象是造福于人类的。早在19世纪,瑞士人发明了钟表,利用摆振进行计时,这个发明对人类的作用是不可估量的,如图1.6所示。现在的石英钟则是利用晶振进行更为准确的计时。

图1.5 塔科马海峡大桥垮塌

图1.6 摆钟

在建筑行业中,为了减轻劳动强度,提高工作效率,人们利用振动机理发明了多种振动机械,如振动压路机、振动输送机、振动沉桩机、振动粉磨机等;在矿业中,利用振动筛进行选矿、淘金;在工程机械结构中,利用振动机理进行减振、隔振,涉及各种减振器;在振动测量中利用振动机理设计的各种振动传感器。

各种美妙的音乐正是通过乐器的振动而发出的,如图1.7所示。人的发声靠声带的振动,而人听声音则通过耳膜的振动来完成;同样,人们利用振动原理制造出来的人工耳蜗,帮助听力障碍的人重回有声世界,如图1.8所示。

此外,振动还可以被人们用于医疗卫生。例如,依据振动原理设计的人工心脏起搏器以维持心脏的跳动,如图1.9所示。

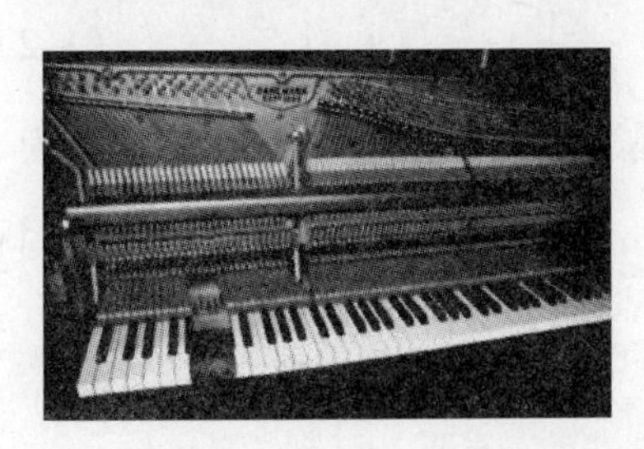

图1.7 钢琴发声原理

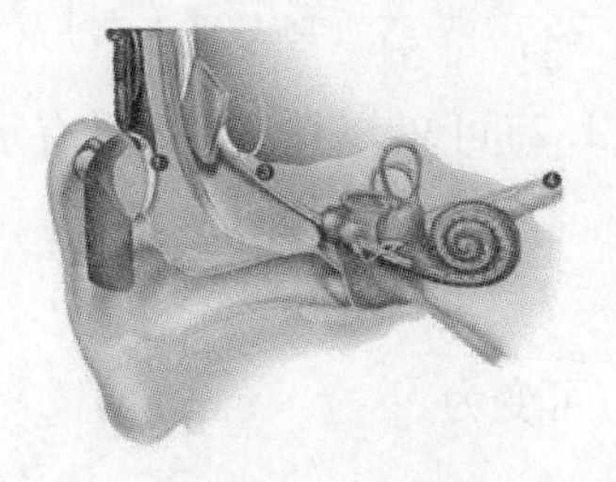

图1.8 人工耳蜗

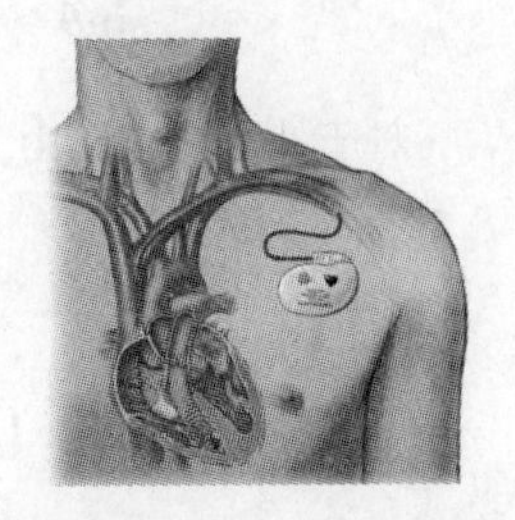

图1.9 人工心脏起搏器

可见,振动的研究对国防军事工业、工农业生产、医疗卫生、科学研究等领域都具有重要的实际意义。随着大型复杂的高运转速度机械的不断增加、科学技术水平和工业发展水平的不断提高,对振动研究的迫切性也就大为增加了。

1.2 机械振动的分类

1.2.1 按系统结构参数的特性分类

线性振动——用常系数线性微分方程描述的系统振动。它的惯性力、阻尼力和弹性力分别与加速度、速度及位移成正比。线性系统满足叠加原理。

非线性振动——用非线性微分方程描述的系统振动。即在线性微分方程的基础上出现了非线性项,包含非线性阻尼项和非线性回复项。叠加原理在非线性系统里失效。

线性系统与非线性系统之间的区分,往往决定于运算的范围,而不是系统的固有性质。单摆是研究简谐运动的理想模型,典型的单摆如图 1.10 所示,自由端小球的质量为 m,不计其形状、尺寸;细线长为 l,不计质量且无弹性。

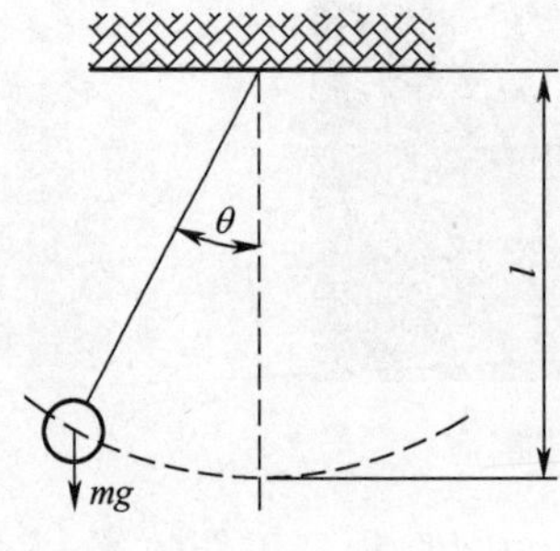

图 1.10 单摆

当单摆静止时,即静止在平衡位置,摆球的重力和摆杆的拉力平衡;摆动后,过最低点时摆球所受的合力不再为零。

用偏离铅垂位置的摆幅 θ 来描述其运动形态,其回复力矩与 $\sin\theta$ 成正比。根据牛顿运动定律,单摆的动力学方程为

$$ml^2 \frac{\mathrm{d}^2\theta}{\mathrm{d}t^2} = -mgl\sin\theta \tag{1.1}$$

由高等数学的知识可知,把 $\sin\theta$ 在 $\theta=0$ 附近展开成泰勒级数,有

$$\sin\theta \approx \theta - \frac{\theta^3}{3!} + \frac{\theta^5}{5!} + \cdots + (-1)^{k-1}\frac{\theta^{2k-1}}{(2k-1)!} + \cdots \tag{1.2}$$

对于小的摆幅,由式(1.2)可知,$\sin\theta\approx\theta$,且具有足够高的精度,式(1.1)可以化简为

$$\frac{\mathrm{d}^2\theta}{\mathrm{d}t^2} + \frac{g}{l}\theta = 0 \tag{1.3}$$

令 $\omega^2=\frac{g}{l}$,则式(1.3)可变为

$$\frac{\mathrm{d}^2\theta}{\mathrm{d}t^2} + \omega^2\theta = 0 \tag{1.4}$$

式(1.4)是一个二阶常系数线性微分方程。

对于大的摆幅，$\sin\theta$ 为 θ 的非线性函数，就不能简单地用 θ 表示，而且用 $\sin\theta$ 泰勒级数展开的前几项来表示。当用 $\left(\theta-\dfrac{\theta^3}{3!}\right)$ 近似 $\sin\theta$ 时，单摆的振动方程为

$$\frac{\mathrm{d}^2\theta}{\mathrm{d}t^2}+\omega_{\mathrm{n}}^2\left(\theta-\frac{\theta^3}{3!}\right)=0 \tag{1.5}$$

该方程就是经典的杜芬方程，是非线性方程，与线性系统有截然不同的动力学特点。

因而，同一个摆，在摆幅较小时，可以视为线性系统，而在摆幅较大时，则为非线性系统。线性振动和非线性振动各自发展了相应的理论和处理问题的数学方法。本书主要介绍线性振动理论，对非线性振动特性感兴趣的读者可阅读相关书籍。

1.2.2 按系统的数学模型分类

单自由度系统振动——用一个独立坐标就能确定的系统振动，如单摆。

多自由度系统振动——用多个独立坐标才能确定的系统振动。如图1.11所示，车床上的被加工零件，须用 θ 和 y 两个广义坐标描述它的运动形态。

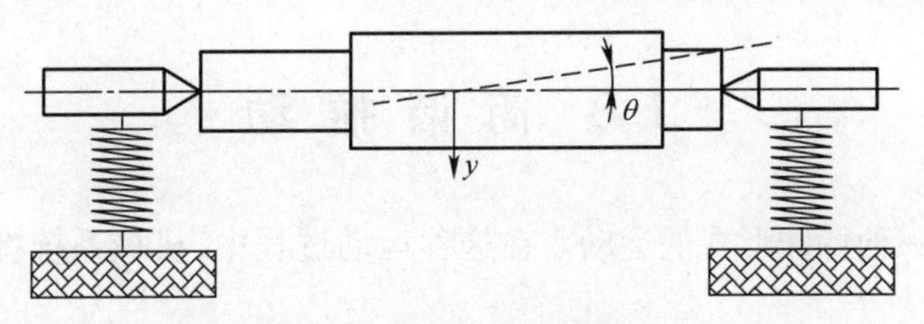

图1.11 车床工件振动系统

连续弹性体振动——须用无限多个独立坐标才能确定的系统振动，也称为无限多自由度系统振动。

实际结构，也就是实际物理系统，往往是由连续弹性体组成的。这些系统的物理属性或特征(统称为参数)是均匀或非均匀分布的，因此又称为分布参数系统或连续系统，通常用偏微分方程来描述。由于连续系统的复杂性，对它们的振动分析是困难的，有的甚至是不可能的。因此，需要对系统做进一步简化。在许多情况下，可以用系统的离散参数(单位或多个)代替系统的分布参数。也就是说，将系统的无限多个自由度数降低成为有限多个自由度数，使问题的分析简化。后一种类型为离散参数系统或集总系统，通常用常微分方程来描述。虽然在离散系统和分布系统的处理上存在着明显的差异，但是，当用这两个数学模型描述同一个一般的物理系统时，它们之间存在着一定的内在联系。因此，差异是表面性的，而不是实质性的。

1.2.3 按系统的激励变化规律分类

自由振动——系统受初始干扰或原有的外激励或约束去掉后产生的振动。

强迫振动——系统在外激励作用下产生的振动。

自激振动——在输入和输出之间具有反馈特性，并有能源补充的系统所产生的振动。

1.2.4 按系统的响应变化规律分类

简谐振动——振动量为时间的正弦或余弦函数。

周期振动——振动量为时间的周期函数。可用谐波分析的方法将周期振动分解为一系列简谐振动。

瞬态振动——振动量为时间的非周期函数。通常只在一定时间内存在。

随机振动——振动量不是时间的确定性函数,因而不能预测,只能用概率统计的方法进行研究。

如上所述,前3种振动的时间历程可以用确定的时间函数来描述,因而每一时刻的运动量是预知的确定值,故又可称为确定性振动。

1.2.5 按系统在振动时的位移特征分类

扭转振动——振动物体上的质点只做绕轴线旋转的振动。

纵向振动——振动物体上的质点只做沿轴线方向的振动。

横向振动——振动物体上的质点只做垂直于轴线方向的振动。

本书将以线性系统为对象,以系统数学模型的分类形式为基础,按简单到复杂的顺序逐一进行讨论。

1.3 简谐振动

机械振动是一种特殊形式的运动。在这种运动过程中,机械系统将围绕其平衡位置做往复运动。

从运动学的观点看,机械振动是指机械系统的位移、速度、加速度在某一数值附近随时间的变化规律,这种规律如果是确定的,则可用函数关系式

$$x = x(t) \tag{1.6}$$

来描述其运动。也可以用函数图形来表示,如图1.12所示就是以 x 为纵坐标、t 为横坐标表示的几种典型的机械振动。

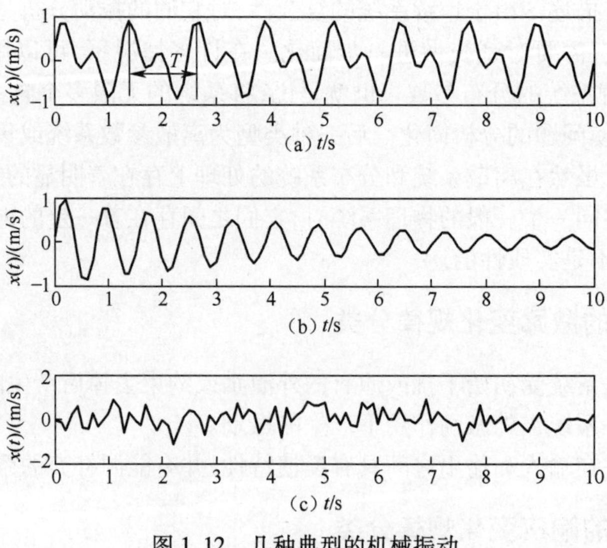

图1.12 几种典型的机械振动

(a)稳态振动;(b)瞬态振动;(c)随机振动。

图1.12(a)所示为物体在相等的时间间隔内做往复运动,称为周期振动。往复运动一次所需的时间间隔称为周期,记为T,单位为秒(s)。周期振动可用时间的周期函数表示为

$$x(t)=x(t+nT) \tag{1.7}$$

以一定周期持续进行的等幅振动称为稳态振动,而最简单的周期振动是简谐振动。以后就可以看到任何周期振动都可以认为是各阶简谐振动的叠加。在旋转机械工作过程中测量机座或基础的振动往往就是这种周期性振动。

图1.12(b)表示机械系统受到冲击后产生的振动,这种振动没有一定的周期,故不能用周期函数式(1.7)来表示,称为非周期振动,它往往经过一定时间后逐渐消失,故又称瞬态振动。

另一类振动,如坦克行驶时的振动、汽车行驶时的振动、地震等,其振动响应不能用确定的函数形式表达出来,即在任一指定瞬时t,并不能预知振动的物理量x的大小。它的特点是运动不是时间t的确定函数,其图线如图1.12(c)所示,称为随机振动。

上面几种振动中,无论是周期振动或是非周期振动,都可以用式(1.6)来描述,这就是说运动是确定的,只要给定任一瞬时t,就可得到确定的x值。而随机振动是一种不能预知运动物理量大小的振动,它不是时间的确定性函数,根据其运动参数的某些规律性,可用数理统计的方法来进行研究。

1.3.1 简谐振动的表示方法

简谐振动是最简单的振动,也是最简单的周期振动。简谐振动可以用单摆系统的运动来演示,如图1.13所示。

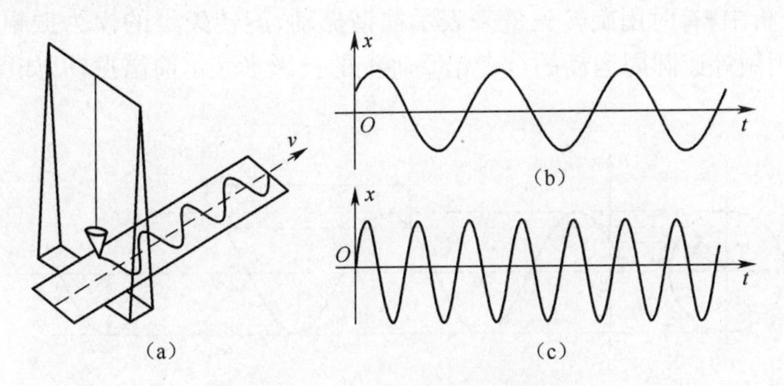

图1.13 单摆演示简谐振动

(a)单摆;(b)拖动速度为v_1;(c)拖动速度为v_2。

用一漏斗装满细砂形成单摆如图1.13(a)所示。当它摆动时细砂漏出,均匀地洒在匀速移动的平板上,右边的曲线就是留在平板上的曲线,通过这个演示可以得知右边的曲线就是单摆的振动图像,即单摆在自由振动时的图像是如图1.13(b)和(c)所示的正弦(或余弦)曲线(拖动速度不同),这种按时间的正弦(或余弦)函数所做的运动称为简谐振动。

简谐振动可以用三角函数表示法、旋转矢量表示法和复数表示法3种方法来表示。下面分别介绍这3种方法。

1. 三角函数表示法

如上述演示，沙漏做自由振动时漏下的沙子在平板上画出的曲线如图 1.13(b)所示，其位移 x 和时间 t 的关系可用三角函数表示为

$$x = A\cos(\omega t - \psi) = A\sin(\omega t + \phi) \tag{1.8}$$

式中：A 为运动的最大位移，称为振幅；角速度 ω 称为简谐振动的角频率或圆频率，单位为 rad/s；$\omega t+\phi$ 为该振动的相位，振动开始时刻($t=0$)的相位 ϕ 称为初相角。

圆频率可表示为

$$\omega = \frac{2\pi}{T} \tag{1.9}$$

式中：T 为从某一时刻的运动状态再回到该状态是所经历的时间，称为周期，单位为 s。

在周期振动中，周期 T 的倒数定义为频率，表示每秒钟振动的次数，一般用 f 表示，即

$$f = \frac{1}{T} \tag{1.10}$$

频率 f 的单位为 1/s，称为赫兹，写为 Hz。因此，圆频率 ω 与频率 f 的关系为

$$\omega = 2\pi f \tag{1.11}$$

简谐振动的速度和加速度是位移表达式关于时间 t 的一阶和二阶导数：

$$v = \frac{\mathrm{d}x}{\mathrm{d}t} = A\omega\cos(\omega t + \phi) = A\omega\sin\left(\omega t + \phi + \frac{\pi}{2}\right) \tag{1.12}$$

$$a = \frac{\mathrm{d}^2x}{\mathrm{d}t^2} = -A\omega^2\sin(\omega t + \phi) = A\omega^2\sin(\omega t + \phi + \pi) \tag{1.13}$$

2. 旋转矢量表示法

在振动分析中，有时用旋转矢量来表示简谐振动，旋转矢量的模为振幅 A，角速度为角频率 ω，常用做等速圆周运动的点在铅垂轴上的投影来表示简谐振动，如图 1.14 所示。

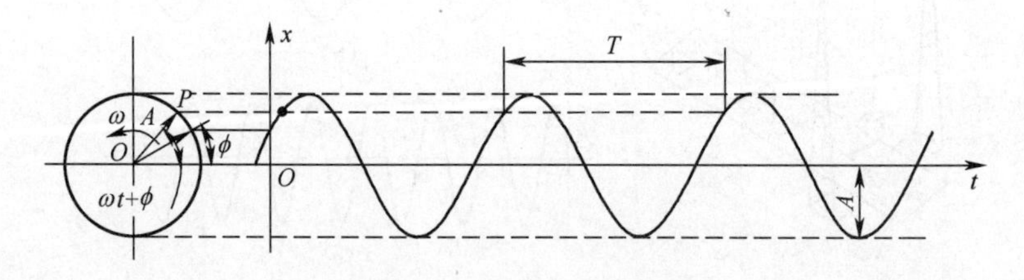

图 1.14　简谐振动矢量表示

以模为 A 的矢量 $\boldsymbol{OP}$ 为半径，由初相位 ϕ 开始以等角速度 ω 绕圆点 O 做逆时针方向转动。$\boldsymbol{OP}$ 即称为旋转矢量。任一瞬时刻 t 的相位为 $\omega t+\phi$，此刻矢量 $\boldsymbol{A}$ 在铅垂轴上的投影为

$$x = A\sin(\omega t + \phi)$$

该式与式(1.8)相同。

显然，旋转矢量 $\boldsymbol{OP}$ 在水平轴上的投影为一余弦函数，也表示一个简谐振动，这说明任一简谐振动都可以用一个旋转矢量的投影来表示。这个旋转矢量的模就是简谐振动的振幅，它的旋转角速度就是简谐振动的圆频率。

3. 复数表示法

若用复数来表示，则有

$$z = Ae^{j(\omega t+\phi)} = A\cos(\omega t + \phi) + jA\sin(\omega t + \phi), j = \sqrt{-1} \tag{1.14}$$

这时，简谐振动的位移 x 为

$$x = \mathrm{Im}[Ae^{j(\omega t+\phi)}] \tag{1.15}$$

式中：Im 为复数的虚部。

简谐运动的速度和加速度为

$$v = \frac{dx}{dt} = \mathrm{Im}[j\omega Ae^{j(\omega t+\phi)}] = \mathrm{Im}[\omega Ae^{j(\omega t+\phi+\frac{\pi}{2})}] \tag{1.16}$$

$$a = \frac{d^2x}{dt^2} = \mathrm{Im}[-\omega^2 Ae^{j(\omega t+\phi)}] = \mathrm{Im}[\omega^2 Ae^{j(\omega t+\phi+\pi)}] \tag{1.17}$$

式(1.14)还可改写为

$$z = Ae^{j\phi}e^{j\omega t} = \bar{A}e^{j\omega t} \tag{1.18}$$

式中：$\bar{A}=ae^{j\psi}$ 为复数，称为复振幅。复振幅包含振动的振幅 A 和初相位 ϕ 两个信息。

需要指出的是，$y=\mathrm{Re}[Ae^{j(\omega t+\phi)}]$ 也表示简谐振动，其中 Re 表示复数的实部。用复数的实部表示的简谐振动与用虚部所表示的简谐振动相位相差 $\pi/2$。复数的虚部和实部都可以描述简谐振动。

1.3.2 简谐振动的合成

1. 两个同频率的简谐振动合成

设有两个同频率的简谐振动：

$$x_1 = A_1\cos(\omega t + \psi_1), x_2 = A_2\cos(\omega t + \psi_2) \tag{1.19}$$

它们的合成运动为

$$\begin{aligned} x = x_1 + x_2 &= A_1\cos(\omega t + \psi_1) + A_2\cos(\omega t + \psi_2) \\ &= A_1\cos\psi_1\cos\omega t - A_1\sin\psi_1\sin\omega t + A_2\cos\psi_2\cos\omega t - A_2\sin\psi_2\sin\omega t \\ &= (A_1\cos\psi_1 + A_2\cos\psi_2)\cos\omega t - (A_1\sin\psi_1 + A_2\sin\psi_2)\sin\omega t \\ &= A\cos(\omega t + \psi) \end{aligned} \tag{1.20}$$

式中

$$A = \sqrt{(A_1\cos\psi_1 + A_2\cos\psi_2)^2 + (A_1\sin\psi_1 + A_2\sin\psi_2)^2} \tag{1.21}$$

$$\psi = -\arctan\frac{A_1\sin\psi_1 + A_2\sin\psi_2}{A_1\cos\psi_1 + A_2\cos\psi_2} \tag{1.22}$$

从物理概念上说，两个同频率的简谐振动可以合成一个与原来频率相同的简谐振动，反之，一个简谐振动也可以分解成两个频率相同的简谐振动。

复数可以完全地描述旋转矢量端点的运动规律，因此简谐振动用复数的实部或虚部表示。可以采用矢量的运算进行简谐振动的合成，如图1.15所示。

若 $\mathrm{Re}(\boldsymbol{X}_1)=A_1\cos\omega t$，$\mathrm{Re}(\boldsymbol{X}_2)=A_2\cos(\omega t+\theta)$，那么合矢量的模 A 为

$$A = \sqrt{(A_1 + A_2\cos\theta)^2 + (A_2\sin\theta)^2} \tag{1.23}$$

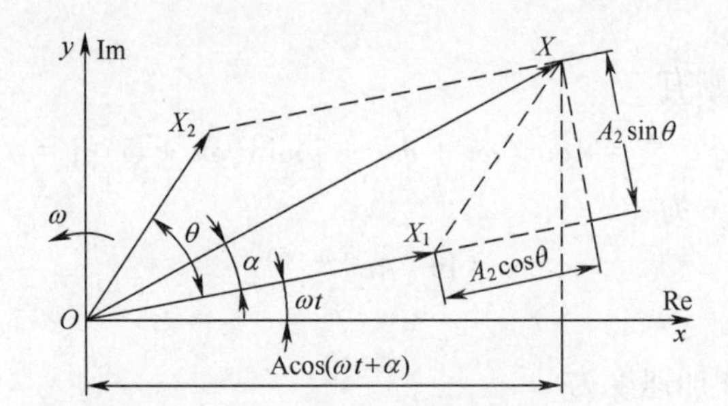

图 1.15　用矢量加法求简谐振动的合成

相位角 α 可表示为

$$\alpha=\arctan\frac{A_2\sin\theta}{A_1+A_2\cos\theta} \tag{1.24}$$

由于原来的函数都是用复数的实部表示,所以合成后的矢量 $\boldsymbol{X}=\boldsymbol{X}_1+\boldsymbol{X}_2$ 可以表示为 $\mathrm{Re}(\boldsymbol{X})=A\cos(\omega t+\alpha)$。

例 1.1　求两个简谐振动 $x_1=10\cos\omega t$ 与 $x_2=15\cos(\omega t+2)$ 的合成运动。

解　方法 1:利用三角函数法。

因为 x_1 和 x_2 的圆频率一样,所以合成运动的形式为

$$x(t)=A\cos(\omega t+\alpha)=x_1(t)+x_2(t) \tag{1.25}$$

由于

$$\begin{aligned}A(\cos\omega t\cos\alpha-\sin\omega t\sin\alpha)&=10\cos\omega t+15\cos(\omega t+2)\\&=10\cos\omega t+15(\cos\omega t\cos2-\sin\omega t\sin2)\end{aligned} \tag{1.26}$$

所以

$$\cos\omega t(A\cos\alpha)-\sin\omega t(A\sin\alpha)=\cos\omega t(10+15\cos2)-\sin\omega t(15\sin2) \tag{1.27}$$

令方程两边 $\cos\omega t$ 和 $\sin\omega t$ 的系数相等,得

$$\begin{cases}A\cos\alpha=10+15\cos2\\A\sin\alpha=15\sin2\end{cases} \tag{1.28}$$

解之,得

$$\begin{cases}A=\sqrt{(10+15\cos2)^2+(15\sin2)^2}=14.1477\\\alpha=\arctan\left(\dfrac{15\sin2}{(10+15\cos2)}\right)=74.5963^\circ\end{cases} \tag{1.29}$$

方法 2:利用矢量运算法。

对于任意一个 ωt,$x_1(t)$ 和 $x_2(t)$ 可以用图 1.16 中所示的矢量来表示。根据矢量加法的几何表示可求得合矢量为

$$x(t)=14.1477\cos(\omega t+74.5963^\circ) \tag{1.30}$$

方法 3:用复数方法。

这两个简谐振动可以用复数的形式表示为

$$\begin{cases}x_1(t)=\mathrm{Re}[A_1\mathrm{e}^{\mathrm{j}\omega t}]\equiv\mathrm{Re}[10\mathrm{e}^{\mathrm{j}\omega t}]\\x_2(t)=\mathrm{Re}[A_2\mathrm{e}^{\mathrm{j}(\omega t+2)}]\equiv\mathrm{Re}[15\mathrm{e}^{\mathrm{j}(\omega t+2)}]\end{cases} \tag{1.31}$$

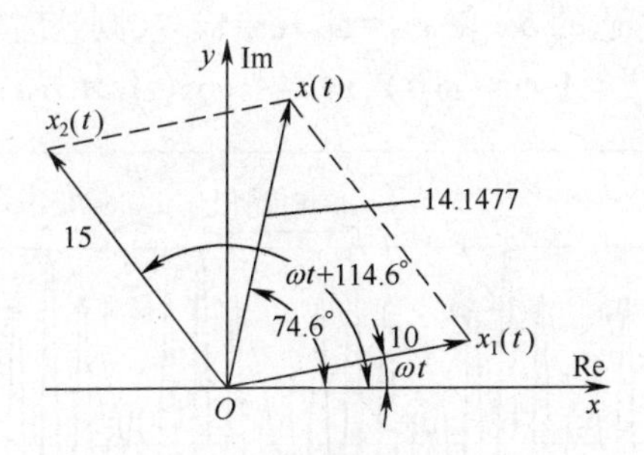

图 1.16 简谐振动的合成

这样，$x_1(t)$ 和 $x_2(t)$ 的和可以表示为

$$x(t)=\mathrm{Re}[Ae^{j(\omega t+\alpha)}] \tag{1.32}$$

其中，A 和 α 可以用公式

$$\begin{cases}A=\sqrt{(\text{实部})^2+(\text{虚部})^2}\\ \alpha=\arctan\left(\dfrac{\text{实部}}{\text{虚部}}\right)\end{cases} \tag{1.33}$$

确定，得 $A=14.1477$，$\alpha=74.5963°$。

2. 两个频率相近的简谐振动的合成

当两个频率相近的简谐振动合成时，合成后的振动称为拍。例如，如果两个振动为

$$x_1(t)=X\cos\omega t, x_2(t)=X\cos(\omega+\delta)t \tag{1.34}$$

式中：δ 为一个小量，则这两个运动的合成为

$$x(t)=x_1(t)+x_2(t)=X[\cos\omega t+\cos(\omega+\delta)t] \tag{1.35}$$

由三角函数的公式

$$\cos A+\cos B=2\cos\left(\frac{A+B}{2}\right)\cos\left(\frac{A-B}{2}\right)$$

则式(1.35)可以写成

$$x(t)=2X\cos\left(\frac{\delta t}{2}\right)\cos\left(\omega+\frac{\delta}{2}\right)t \tag{1.36}$$

这个方程的图形如图 1.17 所示。

从该图中可以看出，合成的振动 $x(t)$ 描述了一个频率为 $\omega+\delta/2$（近似等于 ω）的余弦波，但振幅随时间按 $2X\cos\left(\frac{\delta t}{2}\right)$ 变化。当振幅达到一最大值时称为拍。振幅在 0 和 $2X$ 之间增强和减弱时的频率 δ 称为拍频。在机械系统、结构系统和电厂中经常可以观察到拍振现象。例如，在机械或结构系统中，当激振频率和系统固有频率接近时就会出现的现象。

3. 两个不同频率振动的合成

设有两个不同频率的简谐振动：

$$x_1=A_1\cos(\omega_1 t),\quad x_2=A_2\cos(\omega_2 t) \tag{1.37}$$

则它们的合成运动为

$$x=x_1+x_2=A_1\cos(\omega_1 t)+A_2\cos(\omega_2 t) \tag{1.38}$$

若 $\omega_1<\omega_2$，必然存在一个合适的 $\delta\omega$ 使 $\omega_2=\omega_1+\delta\omega$ 成立，则这时式(1.23)可以改写为

$$x_1=A_1\cos(\omega_1 t),x_2=A_2\cos(\omega_1+\delta\omega)t \tag{1.39}$$

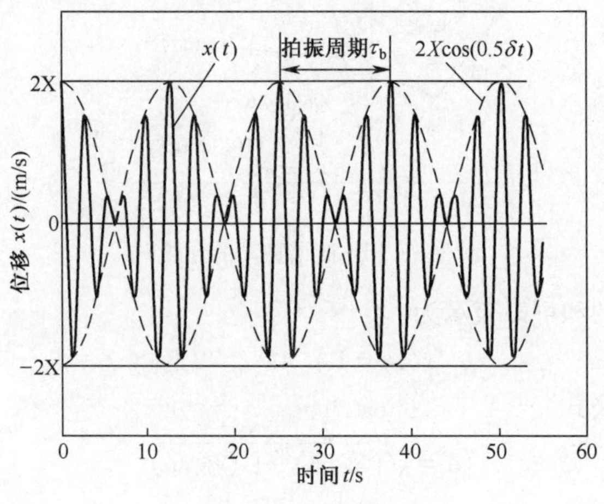

图 1.17　拍振

对于 $A_2\ll A_1$，则它们的合成运动为

$$x=A\cos(\omega_1 t) \tag{1.40}$$

式中

$$A=\sqrt{A_1^2+A_2^2+2A_1A_2\cos\delta\omega t}=A_1\sqrt{1+\left(\frac{A_2}{A_1}\right)^2+\frac{2A_2}{A_1}\cos\delta\omega t} \tag{1.41}$$

由于 $A_2\ll A_1$，所以有

$$A=A_1\left[1+\frac{A_2}{A_1}\cos(\delta\omega t)\right] \tag{1.42}$$

这时合成运动可近似地表示为

$$\begin{aligned}x&=A_1\left[1+\frac{A_2}{A_1}\cos(\delta\omega t)\right]\cos(\omega_1 t)\\&=A_1[1+m\cos(\delta\omega t)]\cos(\omega_1 t)\end{aligned} \tag{1.43}$$

显然，合成运动中出现了幅值调制，载波频率为 ω_1，调制频率为 $\omega_2-\omega_1$，根据前面的定义 $\omega_2-\omega_1=\delta\omega$，定义 $m=\dfrac{A_2}{A_2}$为调幅系数。合成运动也可表示为

$$x=A_1\cos(\omega_1 t)+m\frac{A_1}{2}\sin(\omega_1-\delta\omega)t+m\frac{A_1}{2}\sin(\omega_1+\delta\omega)t \tag{1.44}$$

即合成运动有 3 个频率分量，即载波频率为 ω_1，两个边频为 $\omega_1-\delta\omega$ 和 $\omega_1+\delta\omega$。

4. 两个相互垂直的简谐振动的合成

当一个质点在同一平面内互相垂直的两个方向上同时产生简谐振动时，要研究该质点的综合运动形式，就要将这两个简谐振动合成起来。对于两个相互垂直的简谐振动，合成后其轨迹就是李萨茹(Lissajous)曲线。纳撒尼尔·鲍迪奇在 1815 年首先研究这一族曲线，朱尔·李萨茹在 1857 年做更详细的研究。

假设质点在 x 和 y 两个相互垂直的方向上同时以同频率作简谐振动时，可分别表

示为

$$x = A_1\sin(\omega t + \varphi_1), y = A_2\sin(\omega t + \varphi_2) \tag{1.45}$$

将式(1.45)展开,并进行消去参数 t 的运算,最后得

$$\frac{x^2}{A_1^2} + \frac{y^2}{A_2^2} - 2\frac{xy}{A_1A_2}\cos(\varphi_1 - \varphi_2) = \sin^2(\varphi_1 - \varphi_2) \tag{1.46}$$

式(1.46)一般表示一个斜的椭圆,但随着相位的差与振幅的不同,可退化为直线或正圆。

例如,当 $\varphi_1-\varphi_2=0$ 时,式(1.46)变为

$$\frac{x^2}{A_1^2} + \frac{y^2}{A_2^2} - 2\frac{xy}{A_1A_2} = 0 \tag{1.47}$$

即

$$\frac{x}{y} = \frac{A_1}{A_2} \tag{1.48}$$

就是如图1.18(a)所示的直线。

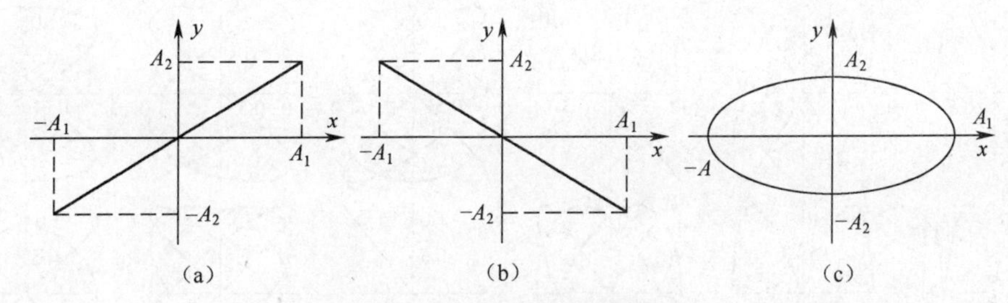

图1.18 相互垂直的简谐振动

(a)相位差为0;(b)相位差为π;(c)相位差为π/2或3π/2。

当 $\varphi_1-\varphi_2=\pi$ 时,式(1.46)变为

$$\frac{x}{y} = -\frac{A_1}{A_2} \tag{1.49}$$

就是如图1.18(b)所示的直线。

当 $\varphi_1-\varphi_2=\frac{\pi}{2}$ 或 $\frac{3\pi}{2}$ 时,式(1.46)变为

$$\frac{x^2}{A_1^2} + \frac{y^2}{A_2^2} = 1, \tag{1.50}$$

就是如图1.18(c)所示的椭圆。

当两个相互垂直的简谐振动频率不同时,其李萨茹(Lissajous)曲线就不一定是直线或椭圆两种情形了,其形式更为复杂。假设两个相互垂直的简谐振动为

$$x = A\sin(n\omega_1 t + \varphi_1), y = B\sin(m\omega_2 t + \varphi_2) \tag{1.51}$$

若两个频率存在下列关系:

$$n\omega_1 = m\omega_2, n, m = 1,2,3,\cdots \tag{1.52}$$

为了直观地了解李萨茹曲线,下面采用Mathematic软件绘制一组李萨茹曲线,绘图的代码为

$\text{Num}=6;\text{Mum1}=0;\text{Mum2}=0;A=1;B=1.2;\varphi_1=\text{Mum1}*\frac{\pi}{6};\varphi_2=\text{Mum2}*\frac{\pi}{6};$

GraphicsGrid@ Table[ParametricPlot[{A * Sin[m * u], B * Sin[n * u+φ]}, {u,0, 20Pi}],

{n,Num}, {m,NUm}]

由上面代码绘制的一组李萨茹曲线如图 1.19 所示。

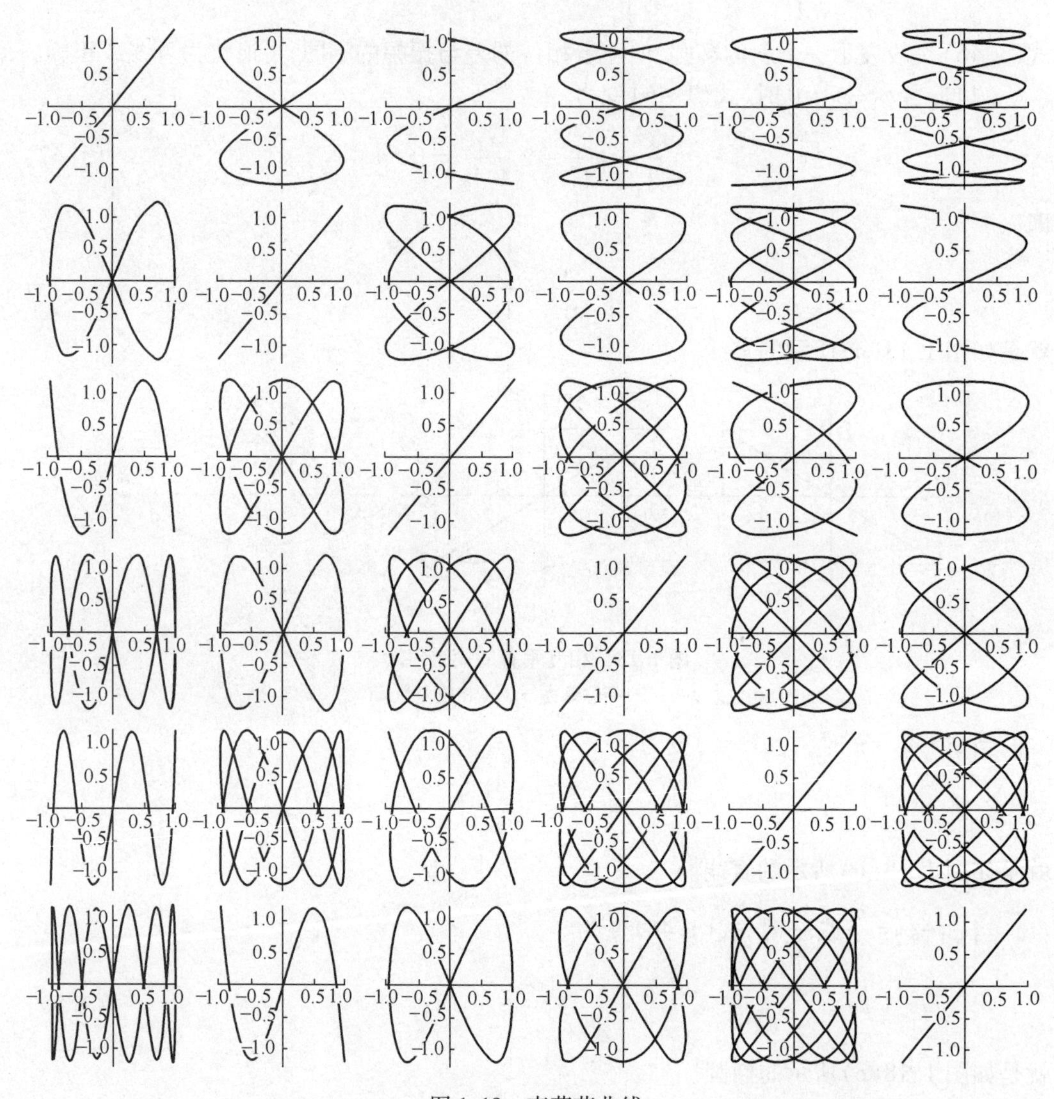

图 1.19　李萨茹曲线

1.4　构成机械振动系统的基本元素

机械系统之所以会产生振动是因为它本身具有质量和弹性，阻尼则使振动受到抑制。从能量观点来看，质量可储存动能，弹性可储存势能，阻尼则消耗能量。当外界对系统做功时，系统的质量就吸收动能，使质量获得速度，弹簧就获得变形能，具备了使质量回到原来状态的能力。这种能量的不断转换就导致系统质量围绕平衡位置做往复运动。系统如果没有外界不断地输入能量，由于阻尼的存在，振动现象将逐渐消失。因此，质量、弹性和阻尼是振动系统的三要素。此外，在重力场中，当质量离开平衡位置后就具有了势能，同样产生恢复力，如单摆，虽然没有弹簧，但可看成等效弹簧系统。

现将质量、弹簧和阻尼器的特性讨论如下。

1. 质量

在力学模型中，质量被抽象为不变形的刚体，根据牛顿第二运动定律，若对质量作用一个F_m的力，则此质量m会获得与力F_m方向相同的加速度$\ddot{x}$，其关系可以用数学公式表示为

$$F_m = m\ddot{x} \tag{1.53}$$

式中：m为刚体的质量(kg)，是惯性的一种量度；F_m为作用力(N)；$\ddot{x}$为加速度(m/s^2)。

对于扭振系统，广义力为扭矩M，广义加速度为角加速度$\ddot{\phi}$，则广义扭矩等于转动惯量J与角加速度$\ddot{\phi}$的积，可以表述为

$$M = J\ddot{\phi} \tag{1.54}$$

式中：J为刚体绕其旋转中心轴的转动惯量($kg \cdot m^2$)；$\ddot{\phi}$为角加速度(rad/s^2)；M为扭矩($N \cdot m$)。

惯性元件的质量m和转动惯量J是表示力(力矩)和加速度(角加速度)关系的量度。

2. 弹簧

在力学模型中，弹簧被抽象为无质量并具有线性弹性的元件。在振动系统中，弹性元件提供使系统恢复到平衡位置的弹性力，又称恢复力。恢复力与弹簧两端的相对位移的大小成正比

$$F_s = -kx \tag{1.55}$$

式中：k为弹簧的弹性系数或称为弹簧刚度系数(N/m)；F_s为弹性恢复力(N)；x为位移(m)；负号表示弹性恢复力F_s与相对位移x的方向相反。

k_t为扭转弹簧常数(刚度)，($N \cdot m/rad$)；扭转弹簧产生的是恢复力矩，单位为$N \cdot m$；扭转弹簧的位移是角度(rad)。

3. 阻尼

在力学模型中，阻尼器被抽象为无质量而具有线性阻尼系数的元件。在振动系统中，阻尼元件提供阻止系统运动的阻尼力，其大小与阻尼器两端相对速度成正比：

$$F_d = -c(\dot{x}_2 - \dot{x}_1) \tag{1.56}$$

式中：c为比例常数，称为阻尼系数($N \cdot s/m$)；$\dot{x}_{1,2}$为速度(m/s)；力的单位为N；负号表示阻尼力的方向与阻尼器两端相对速度的方向相反。

满足式(1.56)的阻尼称为黏性阻尼，系数c称为黏性阻尼系数。

1.5 研究机械振动问题的方法

1.5.1 自由度与广义坐标

任何具有质量和弹性的系统都可能产生振动，为了建立振动系统的数学模型，列出描

述其运动的微分方程，必须确定系统的自由度数和描述系统运动的坐标。物体运动时，受到各种条件的限制。这些限制条件称为约束条件。物体在这些约束条件下运动时，用于确定其位置所需要的独立坐标的数目就是系统的自由度数。如果任一瞬时振动系统在空间的几何位置可以由一个独立坐标来确定，则此系统就称为具有一个自由度的系统，即单自由度系统。图 1.20 所示为几种单自由度系统的力学模型，每个系统都只需要一个独立坐标 $\theta(t)$ 或 $x(t)$ 来描述系统的运动。

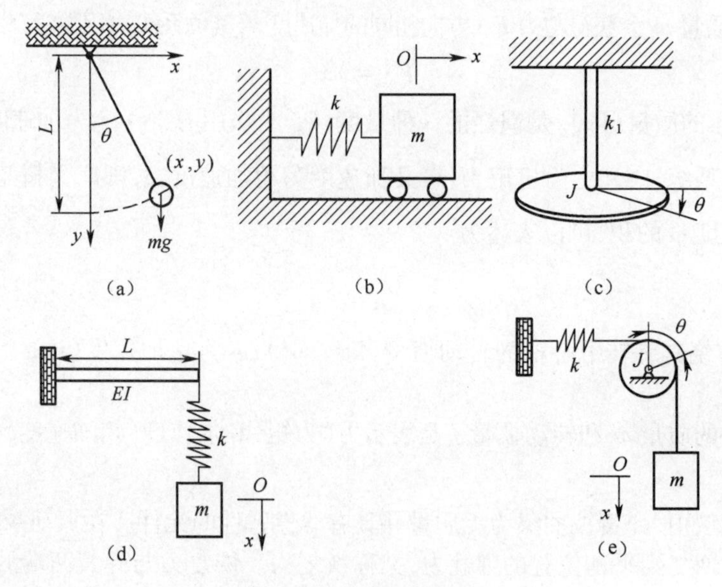

图 1.20 单自由度系统

图 1.20(a)为一单摆，其摆杆质量不计，且摆长 L 为定值，系统被限制在 xy 平面内运动，则质量 m 的位置可由位移坐标 $x(t)$ 或 $y(t)$ 描述，也可由转角 $\theta(t)$ 描述。这三者间受下列两个方程的约束：

$$x^2 + y^2 = L^2 \tag{1.57}$$

$$\tan\theta = x/y \tag{1.58}$$

故系统只有一个自由度。

图 1.20(b)是一个弹簧 k 两端分别支持在质量为 m 和支座上所构成的系统，如果 m 受到限制，仅能在图示的纸面内水平运动，则 m 的空间位置只需一个坐标 $x(t)$ 便可以完全描述。典型的例子为枪械里的枪机框和复进簧组成的系统相对于机匣的运动。

图 1.20(c)是由一扭杆和转动惯量为 J 的圆盘所组成的系统，扭杆的扭转刚度为 k_1，而其质量可以忽略不计。若系统仅绕轴线做扭转振动，并忽略扭杆的轴向伸缩，则圆盘的空间位置只需用一个坐标 $\theta(t)$ 来描述。

图 1.20(d)为一个不计质量、仅考虑其弹性的悬臂梁，在其自由端通过弹簧 k 悬挂一质量 m，而质量 m 仅做铅垂运动。如将悬臂梁在自由端的刚度和弹簧刚度 k 构成一等效刚度 k_e，则 k_e 和质量 m 组成的系统与图 1.20(b)没有什么实质上的区别，为一单自由度系统，仅用质量 m 的垂直位移 $x(t)$ 即可完全描述。

图 1.20(e)为一质量-滑轮-弹簧系统，质量 m 通过绳索绕一转动惯量为 J 的滑轮，

再通过刚度为 k 的弹簧与支座相连接。如果绳索无伸缩并与滑轮间无相对滑动，虽然系统中有两个质量元素，但其位移坐标 $x(t)$ 和转角坐标 $\theta(t)$ 不是互相独立的。系统的运动既可以由 $x(t)$ 来描述，也可以用 $\theta(t)$ 来描述，故仍为一个单自由度系统。

一个质点在空间中运动，决定其位置需要 3 个独立的坐标，自由度数为 3。而有 n 个相对位置可变的质点组成的质点系，其自由度数为 $3n$。当系统受到约束时，其自由度数为系统无约束时的自由度数与约束条件数之差。

对于 n 个质点组成的质点系，各质点的位移可用 $3n$ 个直角坐标($x_1, y_1, z_1, \cdots, x_n, y_n, z_n$)来描述。当有 r 个约束条件时，为确定各质点的位置，可选取 $N=3n-r$ 个独立的坐标来代替 $3n$ 个直角坐标，这种坐标称为广义坐标。广义坐标之间不存在约束条件，它们是独立的坐标。

1.5.2 研究机械振动问题的方法

在振动研究中，一般把被研究的对象(如一台机床、一辆坦克、一门火炮、一把枪)称为系统；把外界对系统的作用或机器运动所产生的力称为激励或输入；把机器或结构在激励作用下产生的动态变化称为响应或输出。如图 1.21 所示。

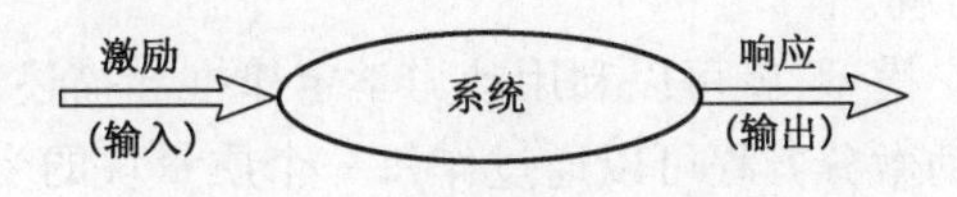

图 1.21 机械振动问题

机械振动这门学科就是研究激励、系统和响应这三者之间的关系，从计算分析的观点看，只要知道其中二者，就可求得第三者。随着电子仪器的发展和完善，振动的试验研究已发展成一种独立的解决问题的手段。振动问题的理论分析和试验研究，这两种方法的相互补充，为解决复杂机械振动问题创造了有利的条件。

振动研究所要解决的问题可归纳为以下几类：

(1) 响应分析。已知输入和系统的参数，求系统的响应，即求系统的位移、速度、加速度和力的响应，为计算系统的结构强度、刚度、允许的振动能量水平提供依据。

(2) 系统设计。已知系统的激励，设计合理的系统参数，以满足预定的动态响应的要求。这是产品动态设计的主要内容。

(3) 系统识别。在已知输入和输出的情况下求系统参数，以了解系统的特性。用现代测试手段，对已有的系统进行激振，测得在激励下的响应，然后识别系统的结构参数。

(4) 环境预测。已知系统的输出及系统的参数，确定系统的输入，以判别系统的环境特性。

1.5.3 研究机械系统振动的一般步骤

一个振动系统本质上是一个动力系统，这是由于其变量如所受到的激励(输入)和响应(输出)都是随时间变化的。一个振动系统的响应一般来说是依赖于初始条件和外激励的。大多数实际振动系统都十分复杂，因而在进行数学分析时把所有的细节都考虑进来是不可能的。为了预测在指定输入下振动系统的行为,通常只是考虑系统那些最重要的特性。也会经常遇到这样的情况,即对于一个复杂的物理系统,即使采用一个比较简单的模型也能够大体了解其行为。对一个振动系统进行分析通常包括以下步骤:

步骤1　建立数学模型。

建立数学模型的目的是揭示系统的全部重要特性,从而得到描述系统动力学行为的控制方程。一个系统的数学模型应该包括足够多的细节,能够用方程描述系统的行为但又不致使其过于复杂。根据基本元件行为的属性,一个振动系统的数学模型可以是线性的,也可以是非线性的。线性模型处理简单、容易求解。但非线性模型有时能够揭示线性模型不能够预测到的某些系统特性。所以需要对实际系统做大量的工程判断以得到振动系统比较合理的模型。所建立的力学模型与实际的机械系统越接近,则分析的结果与实际情况越接近。如何建立一个确切描述实际系统的力学模型,尚无一般规则,通常取决于研究者的经验和聪明才智。

有时为了得到更准确的结果,需要对系统的数学模型不断进行完善。此时可以先用一个比较粗略的模型,以便能够较快地对系统的大体属性有所了解。之后再通过增加更多的元件和(或)细节对模型不断改进,以便进一步分析系统的动力学行为。

步骤2　推导控制方程。

一但有了系统的数学模型,就可以利用动力学定律推导描述系统响应变化规律的运动微分方程。系统的运动微分方程可以通过作每一个质量块的受力分析图方便地得到。每一质量块的受力分析图可以通过分离该质量块并加上其所受的全部主动力、反作用力和惯性力得到。一个振动系统的运动微分方程对于离散系统来说,通常是一个常微分方程组;对于连续系统来说,通常是一个偏微分方程组。根据基本元件行为的属性,一个振动系统的运动微分方程(组)可以是线性的,也可以是非线性的。经常用来推导系统的控制方程的方法有以下几种:牛顿第二运动定律、达朗贝尔原理和能量守恒原理。

步骤3　求控制方程的解。

为了得到振动系统的响应规律,必须求解控制方程。根据问题的具体特点,可以采取以下几种方法:求解微分方程的常规方法、拉普拉斯变换方法、矩阵方法和数值方法。如果控制方程是非线性的,则很少能够得到其解析形式的解。另外,求解偏微分方程的情况也远比求解常微分方程的情况多。利用计算机的数值计算方法求解微分方程是非常便捷的,但欲根据数值计算结果得到关于系统行为的一般结论却是困难的。

步骤4　结果分析。

虽然控制方程的解给出了系统中不同质量块的振动位移、速度和加速度的表达式,但这些结果还必须根据具体的目的做进一步的分析研究,以便分析结果可以指导人们的工程设计。

第 2 章

机动武器单自由度系统的自由振动

学习目标与要求

1. 了解工程实际中自由振动的现象及基本概念。
2. 掌握单自由度自由振动的基本规律。
3. 掌握单自由度系统固有频率的求解方法(直接法、静位移法、能量法和瑞利法)。
4. 理解自由振动规律对机动武器设计的指导意义。

2.1 引　言

任何具有质量和弹性的系统都可能产生振动,为了建立振动系统的数学模型,列出描述其运动的微分方程,必须确定系统的自由度数和描述系统运动的坐标。如果任一瞬时振动系统在空间的几何位置可以由一个独立坐标来确定,则此系统就称为具有一个自由度的系统,即单自由度系统。

一个系统如只在起始时受到外界干扰,或原有的激励去掉以后,依靠本身弹性恢复力维持的振动,称为自由振动。初始干扰可能是初始位移,也可能是初始速度,或两者兼而有之,这种初始干扰称为初始条件。系统做自由振动时,不论受到何种初始干扰,系统总是按一定的频率进行振动,这种频率只决定于系统的固有物理性质,称为固有频率,这是振动系统的一个重要参数。系统在振动过程中将遇到阻力,所以阻尼总是存在的。在通常情况下,阻尼消耗系统的能量,从而使自由振动的振幅逐渐衰减,直至最后停止运动。

2.2　无阻尼单自由度系统的自由振动

对于一个弹簧质量系统,当质量块未加到弹簧上时,弹簧处于自由状态,不受压缩,当质量块连接到弹簧上而未振动时,系统处于静平衡状态,如图 2.1 所示。

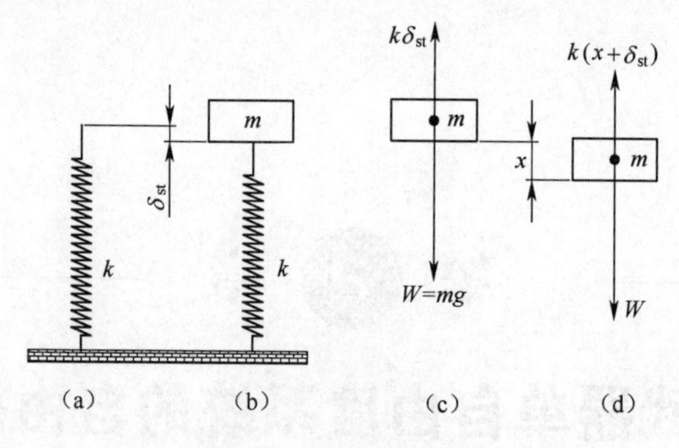

图 2.1　质量弹簧系统

对于一个弹簧质量系统,当质量块未加在弹簧上时弹簧处于处于自由状态,如图 2.1(a)所示。把质量块静态加到弹簧上后系统处于静平衡位置,弹簧静变形为 δ_{st} 如图 2.1(b)所示。此时质量块的受力情况如图 2.1(c)所示。由静平衡条件,得

$$W = mg = k\delta_{st} \tag{2.1}$$

若给予系统某种扰动,如把弹簧向下压缩一个距离 x,弹簧的恢复力就要增大 kx,有

$$k(\delta_{st} + x) > W = mg \tag{2.2}$$

系统的静平衡状态遭到破坏,如图 2.1(d)所示,弹簧力与重力不再平衡,即存在着不平衡的弹簧恢复力。系统依靠这一恢复力维持自由振动。我们以扰动加于系统上的这一时刻作为时间计算的原点,即 $t=0$。

因此,加到系统上的扰动也称为初始扰动,一般称为加于系统上的初始条件。加于系统上的初始扰动可以是初始位移,也可以是初始速度。

为了对系统进行研究,就要建立坐标。为方便起见,取系统静平衡位置作为空间坐标原点,以 x 表示质量块由静平衡位置算起的垂直位移,假定向下为正。在某一时刻 t,系统的位移为 $x(t)$。由牛顿第二定律,得

$$W - k(\delta_{st} + x) = m\ddot{x} \tag{2.3}$$

从而有

$$m\ddot{x} + kx = 0 \tag{2.4}$$

这就是单自由度无阻尼系统自由振动的运动方程。

下面讨论这一运动微分方程。

(1) 质量块的重力($W=mg$)只对弹簧的静变形 δ_{st} 有影响,即只对系统的静平衡位置有影响,而不会对系统在静平衡位置近旁振动规律产生影响。因此,以静平衡位置作为空间坐标的原点来建立系统运动方程,在方程中就不出现重力项。以后,没有特别指出,均取系统的平衡位置作为空间坐标的原点。在建立运动方程时,不必计及 $W = mg$ 和 δ_{st}。

(2) $-kx$ 称为弹簧的恢复力,它的大小与位移成正比,方向与位移相反,始终指向平衡位置,这就是简谐振动的一个特点。

如果令 $\omega_n^2 = k/m$,系统的运动方程可以表示为

$$\ddot{x} + \omega_n^2 x = 0 \tag{2.5}$$

式(2.5)的解 $x(t)$ 必须满足方程,则函数 $x(t)$ 就必须使其二阶导数与函数本身的 ω_n^2

倍之和等于 0，且与时间无关。

函数 $x(t)$ 必须具有这样的性质，即在微分过程中不改变其形式。指数函数满足这一要求，因而假定方程的解为

$$x(t) = B\mathrm{e}^{\lambda t} \tag{2.6}$$

式中 B 和 λ 是待定常数。

把式(2.6)代入式(2.5)，得

$$(\lambda^2 + \omega_\mathrm{n}^2)B\mathrm{e}^{\lambda t} = 0 \tag{2.7}$$

如果所假定的解确实是式(2.5)的解，则式(2.7)必须对所有时间成立。$\mathrm{e}^{\lambda t}$不能满足这一要求，只有 $\lambda^2+\omega_\mathrm{n}^2=0$ 或 $B=0$。$B=0$ 是一个平凡解，不是我们所期望的。因此式(2.5)的解取决于

$$\lambda^2 + \omega_\mathrm{n}^2 = 0 \tag{2.8}$$

式(2.8)称为系统的特征方程或频率方程。它有一对共轭虚根：$\lambda_1 = \mathrm{j}\omega_\mathrm{n}$，$\lambda_2 = -\mathrm{j}\omega_\mathrm{n}$，称为系统的特征值或固有值。则式(2.5)的两个独立的特解分别为

$$x_1(t) = B_1\mathrm{e}^{\mathrm{j}\omega_\mathrm{n}t}, x_2(t) = B_2\mathrm{e}^{-\mathrm{j}\omega_\mathrm{n}t} \tag{2.9}$$

式中：B_1，B_2 为任意常数。

式(2.5)的通解为

$$\begin{aligned} x(t) &= B_1\mathrm{e}^{\mathrm{j}\omega_\mathrm{n}t} + B_2\mathrm{e}^{-\mathrm{j}\omega_\mathrm{n}t} \\ &= (B_1 + B_2)\cos\omega_\mathrm{n}t + \mathrm{j}(B_1 - B_2)\sin\omega_\mathrm{n}t \\ &= D_1\cos\omega_\mathrm{n}t + D_2\sin\omega_\mathrm{n}t \end{aligned} \tag{2.10}$$

实际运动都是实的，$x(t)$是时间的实函数，任意常数 D_1 和 D_2 也应为实常数，那么，B_1 和 B_2 应为共轭复数。

式(2.5)的通解式(2.10)，从物理意义上说，表达了系统可能发生的一切自由振动，它是频率为 ω_n 的简谐振动。系统发生的实际运动决定于 D_1 和 D_2 的大小。

从数学上说，知道了任意一时刻，如 t_1 时刻，系统的位移 $x(t_1)$ 和速度 $\dot{x}(t_1)$，就能确定 D_1 和 D_2。但对于自由振动这一物理现象，D_1 和 D_2 只能由 $t=0$ 时施加于系统的初始条件：$x(0) = x_0$，$\dot{x}(0) = \dot{x}_0$ 来确定。因为，一个静止的系统要发生运动，必须有能量的输入。施加于系统的能量，在自由振动时其表现形式就是初始位移和初始速度，它们分别反映了施加于系统的势能和动能，根据初始条件可以确定

$$D_1 = x_0, D_2 = \frac{\dot{x}_0}{\omega_\mathrm{n}} \tag{2.11}$$

对于确定的初始条件，系统发生某种确定的运动为

$$x(t) = x_0\cos\omega_\mathrm{n}t + \frac{\dot{x}_0}{\omega_\mathrm{n}}\sin\omega_\mathrm{n}t \tag{2.12}$$

它由两个相同频率的简谐运动所组成：一个与 $\cos\omega_\mathrm{n}t$ 成正比，振幅取决于初始位移 x_0；另一个与 $\sin\omega_\mathrm{n}$ 成正比，振幅取决于初始速度 $\dot{x}_0$。两个相同频率的简谐运动合成为

$$x(t) = A\sin(\omega_\mathrm{n}t + \psi) \tag{2.13}$$

式中：A 为振幅；ψ 为初相角。

其具体表达式为

$$x(t)=A=\sqrt{x_0^2+\left(\frac{\dot{x}_0}{\omega_n}\right)^2},\psi=\arctan\frac{\omega_n x_0}{\dot{x}_0} \tag{2.14}$$

则式(2.13)可以改写为

$$x(t)=\sqrt{x_0^2+\left(\frac{\dot{x}_0}{\omega_n}\right)^2}\sin\left(\omega_n t+\arctan\frac{\omega_n x_0}{\dot{x}_0}\right) \tag{2.15}$$

式(2.13)~式(2.15)表明:线性系统自由振动振幅的大小只取决于施加给系统的初始条件和系统本身的固有频率,而与其他因素无关。线性系统自由振动的频率 $\omega_n=\sqrt{k/m}$ 只取决于系统本身参数,与初始条件无关,因而称为系统的固有频率或无阻尼固有频率,如图2.2所示。

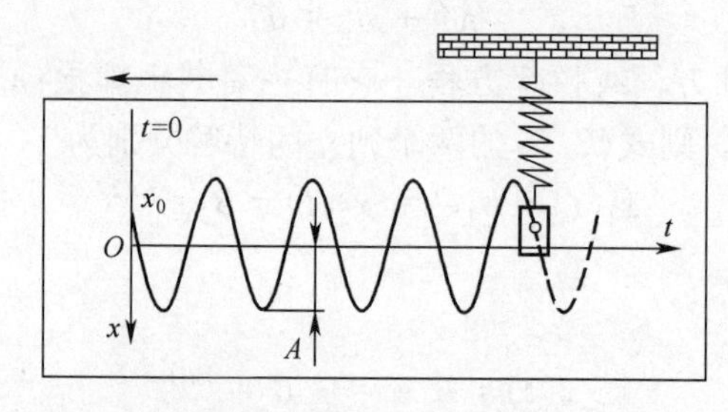

图2.2 无阻尼自由振动

例2.1 一个不考虑质量的悬臂梁如图2.3所示,自由端有一集中质量 m,长为 L,弯曲刚度为 EI,求系统自由振动的固有频率。

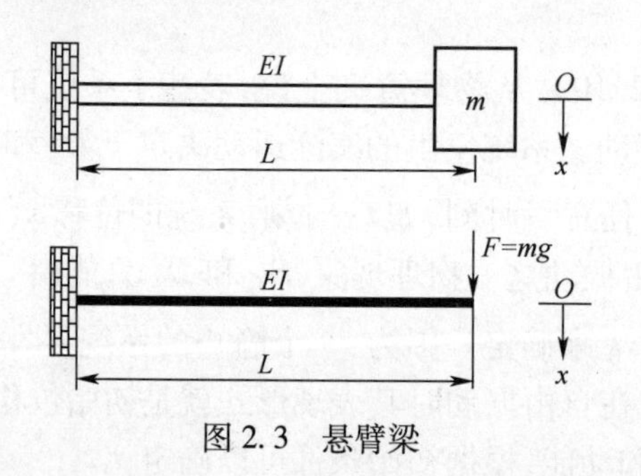

图2.3 悬臂梁

解 长度为 L 的悬臂梁,右端受集中载荷 $F=mg$ 作用时,其挠度可按材料力学中给出的公式

$$\delta=\frac{FL^3}{3EI}$$

求得。不考虑悬臂梁的质量,梁右端横向自由振动时的弹簧常数为

$$k=\frac{F}{\delta}=\frac{3EI}{L^3}$$

因而,系统的运动方程为

$$m\ddot{x}+\frac{3EI}{L^3}x=0$$

其固有频率为

$$\omega_n = \sqrt{\frac{3EI}{mL^3}}$$

注意:从上例可以看出:系统做自由振动时就是按系统本身的固有频率来振动的,系统的固有频率显然只与系统本身的物理参数有关。

例 2.2 有一个半径为 R 的半圆薄壳,不计厚度。在一水平面上做来回摆动,如图 2.4 所示,薄壳的来回摆动可以看作是不计阻尼的简谐振动,求该系统的自由振动微分方程及系统的固有频率。

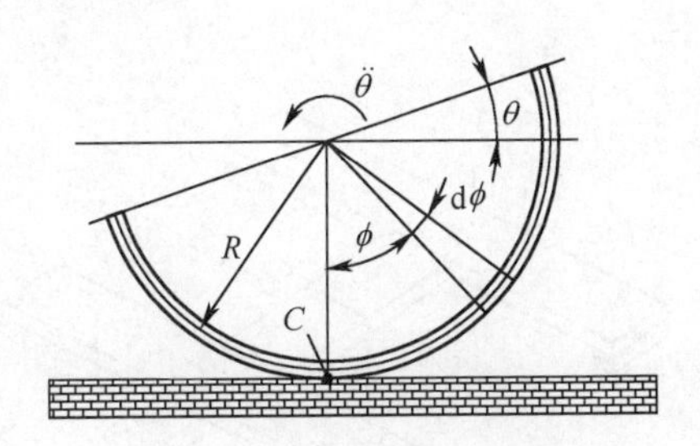

图 2.4 半圆薄壳自由振动

解 该系统是一个半圆薄壳,它比弹簧-质量系统复杂,为此,我们面临的是一个质量及弹性元件都不明确的系统。如图 2.4 所示,首先使的薄壳倾斜一个角度,这时薄壳与水平面的接触点用 C 表示,薄壳在此条件下发生自由振动,可以看作是以 C 为基点做转动,于是可以得到薄壳的运动方程为

$$L_c x\ddot{\theta} = M_c$$

式中:I_c 为薄壳绕 C 点的转动惯量;M_c 为重力的恢复力矩。

为方便起见,我们考虑薄壳的一个微段的情况,如图 2.4 所示。考虑到下面的三角变换关系式:

$$\cos(\pi/2 \pm \theta) = \cos(\pi/2)\cos\theta \mp \sin(\pi/2)\sin\theta = \mp \sin\theta$$

$$\sin(\pi/2 \pm \theta) = \sin(\pi/2)\cos\theta \pm \cos(\pi/2)\sin\theta = \cos\theta$$

于是,可以得出在给定角度的条件下,对 C 点的恢复力矩 M_c 为

$$M_c = -\int R\sin\phi \mathrm{d}W = -\int_{-(\pi/2-\theta)}^{\pi/2+\theta} \rho g R^2 \sin\phi \mathrm{d} = -2\rho g R^2 \sin\theta$$

式中:$\mathrm{d}W$ 为给定角度 ϕ 的条件下重力的微量;ρ 为每单位面积上薄壳的质量。

薄壳绕 C 点的转动惯量为

$$I_c = -\int[(R\sin\phi)^2 + R^2(1-\cos\phi)^2]\mathrm{d}m$$

$$= -\int_{-(\pi/2-\theta)}^{\pi/2+\theta} 2\rho g R^3(1-\cos\phi)\mathrm{d}\phi = 2\rho g R^3(\pi - 2\cos\theta)$$

所以有

$$2\rho g R^3(\pi - 2\cos\theta)\ddot{\theta} = -2\rho g R^2 \sin\theta$$

由于 θ 是微角,所以有 $\sin\theta \approx \theta$ 和 $\cos\theta \approx 1$。

$$2\rho g R^3(\pi - 2)\ddot{\theta} = -2\rho g R^2 \theta$$

上面的方程也可写成如下形式:

$$\ddot{\theta} + \frac{g}{R(\pi - 2)}\theta = 0$$

方程表明:薄壳的运动是简谐的自由振动,于是从求出的运动微分方程中可以得到该系统的固有频率为

$$\omega_{\mathrm{n}} = \sqrt{\frac{g}{R(\pi - 2)}}$$

例 2.3 如图 2.5 所示为一车间起重机的简化模型,假定钢索是刚性的,试确定系统在垂直方向的固有频率。

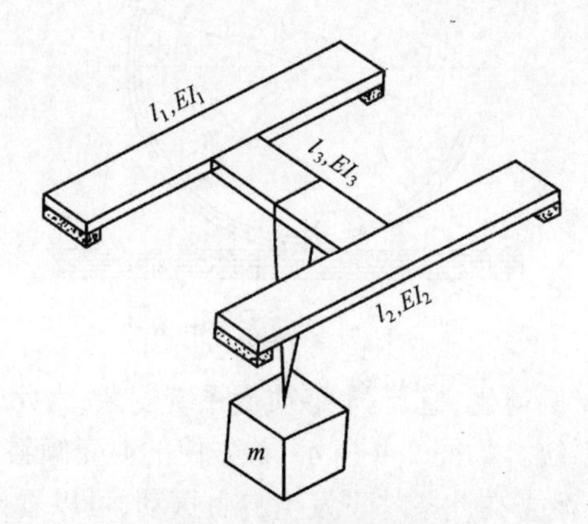

图 2.5 起重机力学模型

解 为了把系统简化成理论模型,先计算弹簧常数 k。为了使问题简化起见,假定钢索是刚性的。这时,起重机系统(图 2.5)可以简化为图 2.6(a)所示的形式。

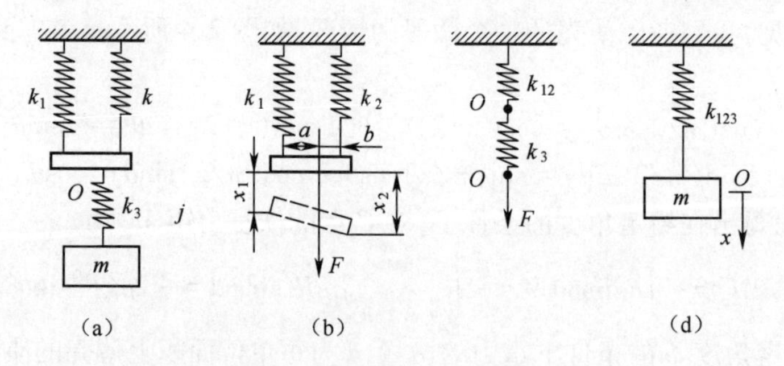

图 2.6 起重机力学简化模型

由图 2.6(b)可知,弹簧 k_1 和 k_2 是并联关系。当在 O 点受载荷 F 时,弹簧 k_1 和 k_2 所受的载荷若为 F_1 和 F_2,则有

$$F_1 = \frac{Fb}{a + b}, F_2 = \frac{Fa}{a + b}$$

弹簧 k_1 和 k_2 的位移为 x_1 和 x_2,有

$$x_1 = \frac{Fb}{k_1(a + b)}, x_2 = \frac{Fa}{k_2(a + b)}$$

这时 O 点的位移为 x_{12},有

$$x_{12}=x_1+(x_2-x_1)\frac{a}{a+b}=\frac{F}{(a+b)^2}\left(\frac{b^2}{k_1}+\frac{a^2}{k_2}\right)$$

弹簧 k_1 和 k_2 化为等效弹簧 k_{12}：

$$k_{12}=\frac{F}{x_{12}}=\frac{(a+b)^2}{\dfrac{b^2}{k_1}+\dfrac{a^2}{k_2}}$$

若 $a=b$,则

$$k_{12}=\frac{1}{\dfrac{1}{4k_1}+\dfrac{1}{4k_2}}$$

由图 2.6(c)可知弹簧 k_{12}与 k_3 是串联关系,在 O'点加载荷 F 时,弹簧 k_{12}和 k_3 所受的载荷都是 F,则它们的位移 x'_{12}和 x_3 为

$$x'_{12}=\frac{F}{k_{12}},x_3=\frac{F}{k_3}$$

O'点的总位移为

$$x_{123}=x'_{12}+x_3=\frac{F}{k_{12}}+\frac{F}{k_3}$$

弹簧 k_{12}和 k_3 串联后的等效弹簧 k_{123}为

$$k_{123}=\frac{F}{x_{123}}=\frac{1}{\dfrac{1}{k_{12}}+\dfrac{1}{k_3}}$$

因此,系统简化为理论模型时,若 $a=b$ 时,等效弹簧 k_{123}的大小为

$$k_{123}=\frac{1}{\dfrac{1}{4k_1}+\dfrac{1}{4k_2}+\dfrac{1}{k_3}}$$

需要指出,在本例题里给出了弹簧元件在并联和串联的等效弹簧刚度的理论推导过程和公式,今后遇到弹簧的串、并联情况可以直接使用串联等效弹簧公式、并联等效弹簧公式,也可以根据力学平衡进行推导。

例 2.4 一卷扬机,通过钢索和滑轮吊挂重物,如图 2.7 所示。重物重量 $W=1.47\times10^5$N,以 $v=0.025$m/s 等速下降。如突然制动,钢索上端突然停止。这时钢索中的最大张力为多少？假设钢索弹簧常数为 5.782×10^6N/m。

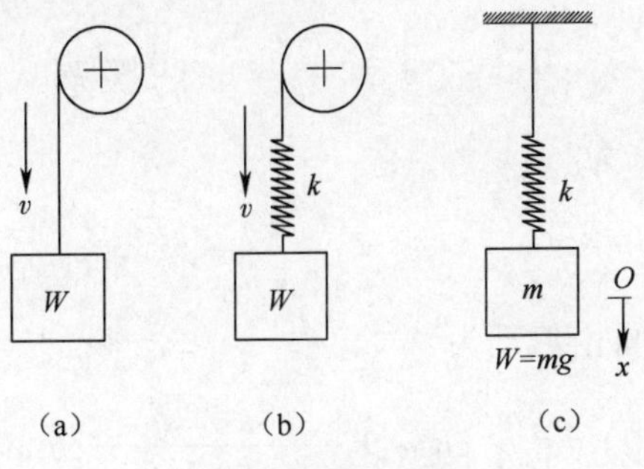

图 2.7 卷扬机模型

解 在正常工作时重物等速下降，钢索中的张力为 $T=1.47\times10^5$N，系统处于静平衡状态。钢索是一弹性体系统，可表示为图 2.7(b)。

把钢索突然停止的时刻作为时间的起点 $t=0$，并以这一时刻重物静平衡的位置作为坐标原点，则系统可简化为图 2.7(c)的理论模型，系统的固有频率为

$$\omega_{\mathrm{n}} = \sqrt{\frac{k}{m}} = \sqrt{\frac{k}{m}} = \sqrt{\frac{5.782 \times 10^6}{1.47 \times 10^5/9.8}} = 19.6(\mathrm{rad/s})$$

则系统的振动规律为

$$x(t) = A\sin(\omega_{\mathrm{n}}t + \psi)$$

初始条件为：$x(0)=0$，$\dot{x}=v$。把初始条件代入振动规律得 $A=0.00128$m，$\psi=0$。

由振动引起的钢索张力为

$$T_2 = kA = 7401\mathrm{N}$$

这时，钢索中张力为

$$T = T_1 + T_2 = 1.47 \times 10^5 + 7401 = 154401\mathrm{N}$$

例 2.5 有一弹簧质量系统如图 2.8 所示。有一质量为 m 从高度 h 处自由落下，落在 m_1 上。假设为弹性碰撞，且没有反弹，试确定系统由此而发生的自由振动。

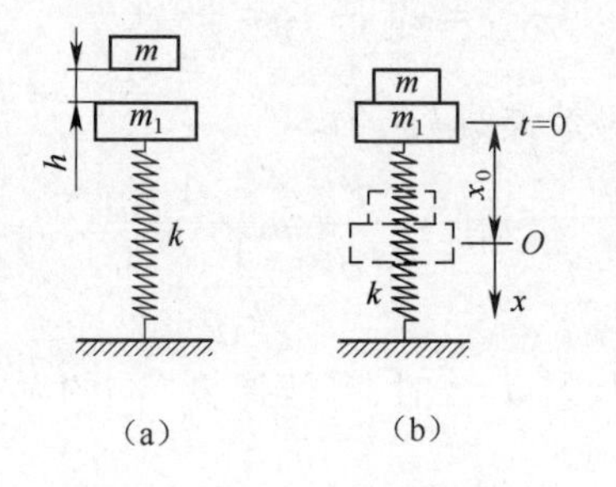

图 2.8 弹簧质量系统模型

解 m 与 m_1 碰撞这一时刻作为时间的起点 $t=0$。这时，m 和 m_1 组合体有速度 v_0。根据动量定理，有

$$v_0 = \frac{m}{m + m_1}\sqrt{2gh}$$

取质量 m 和 m_1 与 k 形成新系统的静平衡位置为坐标原点，建立如图 2.8(b)所示的坐标系，则

质量弹簧系统的初始位移和初始速度分别为

$$x(0) = -x_0 = -\frac{mg}{k}, \quad \dot{x}(0) = v_0$$

该系统的固有频率 ω_{n} 为

$$w_{\mathrm{n}} = \frac{k}{m + m_1}$$

由初始条件所确定的自由振动为

$$x(t) = -\frac{mg}{k}\cos\omega_{\mathrm{n}}t + \frac{m\sqrt{2gh}}{(m + m_1)\omega_{\mathrm{n}}}\cos\omega_{n}t$$

例 2.6　如图 2.9 所示为直升机桨叶,经试验测出其质量为 m,质心 C 距铰中心 O 距离为 l。现给予桨叶初始扰动,使其微幅摆动,用秒表测得多次摆动循环所用的时间,除以循环次数获得近似的固有周期 T_n,试求桨叶绕垂直铰 O 和质心 C 的转动惯量。

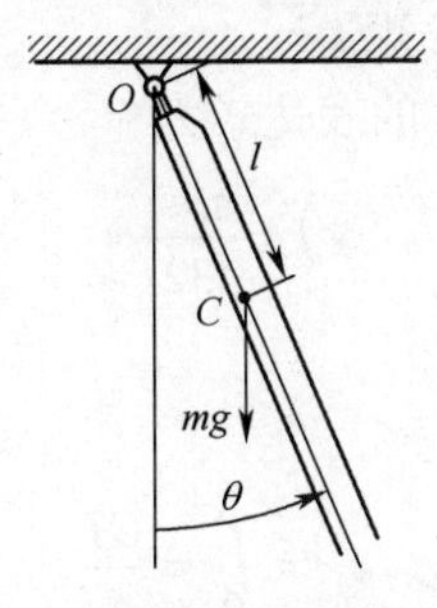

图 2.9　直升机桨叶质心转动惯量测试

解　取图示坐标系,将直升机桨叶视为一物理摆,根据绕固定铰的动量矩定理得到其摆动微分方程

$$L_O\ddot{\theta} = -mgl\sin\theta$$

对于微摆动,可认为 $\sin\theta \approx \theta$,将上式近似为线性微分方程:

$$I_O\ddot{\theta} + mgl\theta = 0$$

则其固有频率为

$$\omega_n = \sqrt{\frac{mgl}{I_O}}$$

则其固有周期可以表示为

$$T_n = \frac{2\pi}{\omega_n} = 2\pi\sqrt{\frac{I_O}{mgl}}$$

于是得出桨叶绕垂直铰 O 的转动惯量为

$$I_O = \frac{mgl}{4\pi^2}T_n^2$$

根据平行移轴公式,得出桨叶绕质心 C 的转动惯量为

$$I_C = I_O - ml^2 = \frac{mgl}{4\pi^2}T_n^2 - ml^2$$

例 2.7　考虑如图 2.10 所示的扭振系统,假定盘和轴都为均质体,不考虑轴的质量。设扭矩 T 作用在盘面产生一角位移 θ,试确定该扭振系统的运动方程。

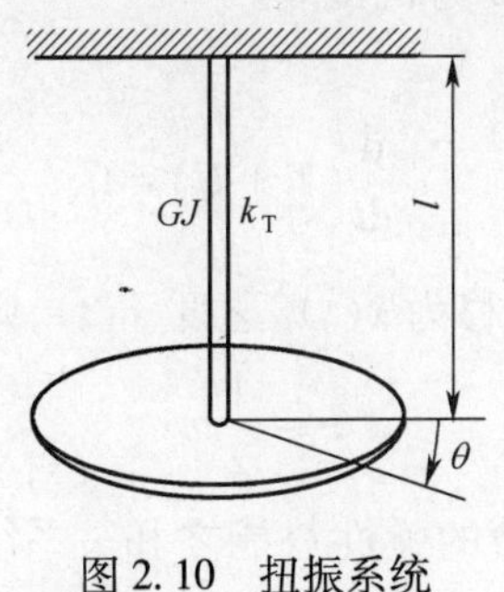

图 2.10　扭振系统

解　根据材料力学可知

$$\theta = \frac{Tl}{GJ}$$

式中:G 为剪切模量;J 为截面极惯性矩。

对圆截面而言,截面极惯性矩 J 的表达式为

$$J = \frac{\pi d^4}{32}$$

式中:d 为轴的直径。

则轴的扭转刚度可以表示为

$$k_{\mathrm{T}} = \frac{T}{\theta} = \frac{GJ}{l}$$

因此,扭转振动方程为

$$I\ddot{\theta} + k_{\mathrm{T}}\theta = 0$$

式中:I 为圆盘极转动惯量。

扭转振动固有频率为

$$\omega_{\mathrm{n}} = \sqrt{\frac{k_{\mathrm{T}}}{I}}$$

系统对初始扰动的自由振动响应为

$$\theta(t) = \theta(0)\cos\omega_{\mathrm{n}}t + \frac{\dot{\theta}(0)}{\omega_{\mathrm{n}}}\sin\omega_{\mathrm{n}}t$$

2.3　能　量　法

一个无阻尼系统做自由振动时,由于不存在阻尼,没有能量从系统中散逸,也没激励,即没有能量的输入,所以,系统的机械能守恒。这时应用能量法来建立运动微分方程和求系统的固有频率是十分方便的。

能量法,就是根据机械能守恒定律,系统在振动过程中任一瞬时机械能应保持不变,即动能和势能的和保持不变。用数学的语言可以描述为

$$T + U = E = 常数 \tag{2.16}$$

式中:T 为系统中运动质量所具有的功能;U 为系统由于弹性变形所储存的弹性势能或由于重力做功而产生的重力势能;E 为机械能。

因此,有

$$\frac{\mathrm{d}}{\mathrm{d}t}(T + U) = 0 \tag{2.17}$$

如果系统在某一时刻 t 的位移为 $x(t)$,速度 $\dot{x}(t)$,则系统的动能为

$$T = \frac{1}{2}m\dot{x}^2 \tag{2.18}$$

系统势能是重力势能和弹簧的弹性势能之和。系统从一个位置运动到另一个位置

时,势能的变化等于力所做的负功。如图2.11所示。因此,由 $mg=k\delta_{st}$,得

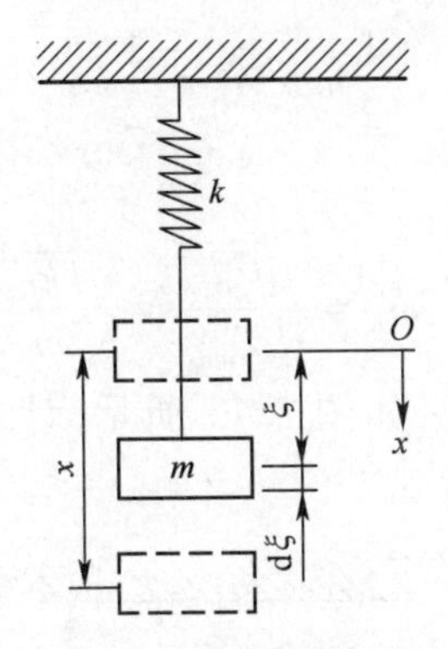

图2.11 质量弹簧系统

$$U=-\int_0^x[mg-k(\delta_{st}+\xi)]\mathrm{d}\xi=\frac{1}{2}mx^2 \tag{2.19}$$

将式(2.18)和式(2.19)代入式(2.17),有

$$\frac{\mathrm{d}}{\mathrm{d}t}\left(\frac{1}{2}m\dot{x}^2+\frac{1}{2}mx^2\right)=0 \text{ 或 } (m\ddot{x}+kx)\dot{x}=0 \tag{2.20}$$

平凡解 $\dot{x}=0$ 是静平衡条件,它不是我们感兴趣的。因此满足式(2.20)的系统运动方程为

$$m\ddot{x}+kx=0 \tag{2.21}$$

系统的动能和势能彼此将进行交换。当动能最大时,势能最小;当动能最小时,势能最大。若把势能的基点取为平衡位置,则该点的势能最小,动能最大。当在速度为0的点上时动能也为0,势能最大。且有动能和势能的最大值相等,即

$$T_{max}=U_{max} \tag{2.22}$$

这一关系式是求无阻尼振动系统固有频率的重要准则。

如图2.12所示的系统,其自由振动为简谐运动,即

$$x(t)=A\sin(\omega_n t+\psi) \tag{2.23}$$

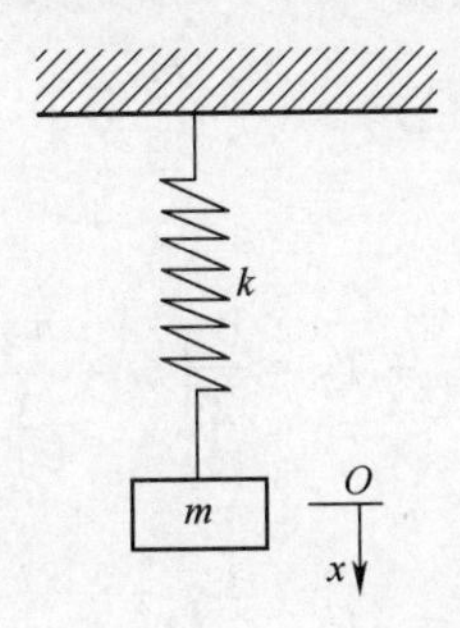

图2.12 无阻尼质量弹簧系统

由此可得其最大动能和最大势能为

$$T_{max}=\frac{1}{2}m\omega_n^2A^2,U_{max}=\frac{1}{2}kA^2 \tag{2.24}$$

由于

$$\frac{1}{2}m\omega_n^2A^2 = \frac{1}{2}kA^2 \tag{2.25}$$

故

$$\omega_n = \sqrt{\frac{U_{max}}{T_{max}}} = \sqrt{\frac{k}{m}} \tag{2.26}$$

例 2.8 有一弹簧质量系统，如图 2.13 所示，计及弹簧质量，试确定系统的固有频率。

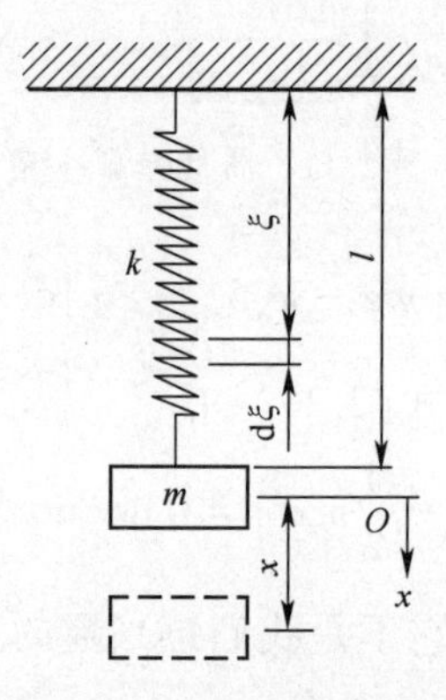

图 2.13 质量弹簧系统

解 系统处于静平衡位置时，弹簧长度为 l，单位长度的重量为 r。当系统有位移 x 和速度 $\dot{x}$ 时，距离上端 ξ 处的位置 $\frac{\xi}{l}x$，速度为 $\frac{\xi}{l}\dot{x}$。此时系统的动能有两部分：质量块 m 的动能 T_1 和弹簧质量所具有的动能 T_2，即

$$T_2 = \frac{1}{2}\int_0^l \frac{r}{g}\frac{\xi^2}{l^2}\dot{x}^2 \mathrm{d}\xi = \frac{1}{2} \cdot \frac{rl}{3g}\dot{x}^2$$

令弹簧的总质量为 m_1，则 $m_1 = \frac{rl}{g}$，有

$$T_2 = \frac{1}{2} \cdot \frac{m_1}{3}\dot{x}^2$$

故系统的总动能为

$$T = T_1 + T_2 = \frac{1}{2}\left(m + \frac{m_1}{3}\right)\dot{x}^2$$

而系统的势能为

$$U = \frac{1}{2}kx^2$$

因而，系统的固有频率 ω_n 为

$$\omega_n = \sqrt{\frac{k}{m + \frac{m_1}{3}}}$$

结果表明,对于一端固定、另一端自由的情况,在计及弹簧质量时,只要作这样的修正:把弹簧质量的 1/3 作为集中质量加到质量块 m 上,将等效质量 $m_e=m+\frac{m_1}{3}$ 作为系统质量就可得到一个等效的无质量弹簧的模型。

由此可见,若要考虑弹簧质量对固有频率的影响,只要把 1/3 的弹簧质量加到质量块上去,这样就把弹簧质量对系统固有频率的影响考虑进去了,例如,当 $m_1=0.5m$ 时,与精确解相比,误差为 0.5%;当 $m_1=m$ 时,误差为 0.75%。

例 2.9　如图 2.14 所示质量弹簧滑轮系统。设轮子无侧向摆动,且轮子与绳子间无滑动,不计绳子和弹簧的质量,轮子是均质的,半径为 R,质量为 M,重物质量 m,试列出系统微幅振动微分方程,求出其固有频率。

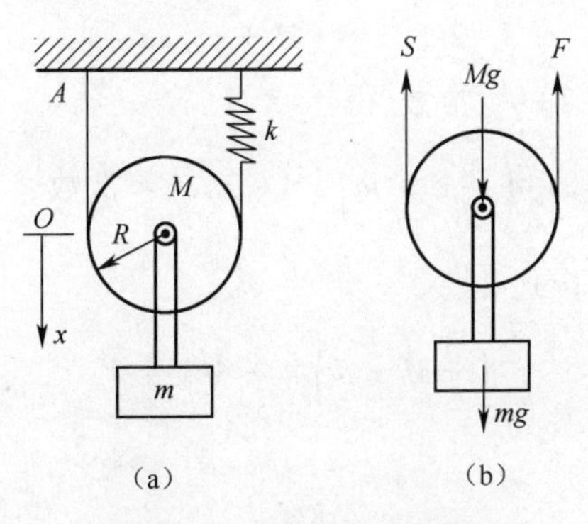

图 2.14　质量弹簧滑轮系统

解　方法 1(应用动量矩定理求解) 以 x 为广义坐标(静平衡位置为坐标原点),静平衡时:

$$(M+m)gR=k\delta_{st}\cdot 2R$$

即 $\delta_{st}=\frac{M+m}{2k}\cdot g$,则任意位置 x 时,有

$$F=k(\delta_{st}+2x)=\frac{M+m}{2}\cdot g+2kx$$

应用动量矩定理:

$$L_A=m\dot{x}R+M\dot{x}R+\frac{1}{2}MR^2\frac{x}{R}=\left(\frac{3}{2}M+m\right)R\ddot{x}$$

$$\Sigma M_A(\boldsymbol{F})=(M+m)gR-F\cdot 2RR=-4kxR.$$

由 $\frac{\mathrm{d}L_A}{\mathrm{d}t}=\Sigma M_A(\boldsymbol{F})$,有

$$\left(\frac{3}{2}M+m\right)R\ddot{x}=-4kxR$$

振动微分方程为

$$\ddot{x}+\frac{8k}{3M+2m}x=0$$

固有频率为

$$\omega_{\mathrm{n}}=\sqrt{\frac{8k}{3M+2m}}$$

方法 2 （用机械能守恒法求解）用机械能守恒定律以 x 为广义坐标（取静平衡位置为原点）

$$T=\frac{1}{2}M\dot{x}^2+\frac{1}{2}m\dot{x}^2+\frac{1}{2}\frac{MR^2}{2}\left(\frac{\dot{x}}{R}\right)^2=\frac{1}{2}\left(\frac{3}{2}M+m\right)\dot{x}^2$$

以平衡位置为计算势能的零位置，并注意轮心位移 x 时弹簧伸长 $2x$，则有

$$U=\frac{k}{2}[(\delta_{\mathrm{st}}+2x)^2-\delta_{\mathrm{st}}^2]-(M+x)gx=2kx^2+2k\delta_{\mathrm{st}}x-(M+m)gx$$

又因为因平衡时

$$2k\delta_{\mathrm{st}}x=(M+m)gx$$

所以有势能为 $U=2kx^2$。由 $T+U=$常数，得

$$\frac{1}{2}\left(\frac{3}{2}M+m\right)\dot{x}^2+2kx^2=\text{常数}$$

对时间 t 求导，再消去公因子 $\dot{x}$，得

$$\left(\frac{3}{2}M+m\right)\ddot{x}+4kx=0$$

振动微分方程为

$$\ddot{x}+\frac{8k}{3M+2m}x=0$$

固有频率为

$$\omega_{\mathrm{n}}=\sqrt{\frac{8k}{3M+2m}}$$

例 2.10 如图 2.15 所示鼓轮，鼓轮质量 M，鼓轮对轮心回转半径为 ρ，鼓轮在水平面上只滚不滑，鼓轮的大轮半径 R，鼓轮的小轮半径为 r，弹簧刚度为 k_1 和 k_2，重物质量为 m，不计轮 D 和弹簧质量，且绳索不可伸长，求系统微振动的固有频率。

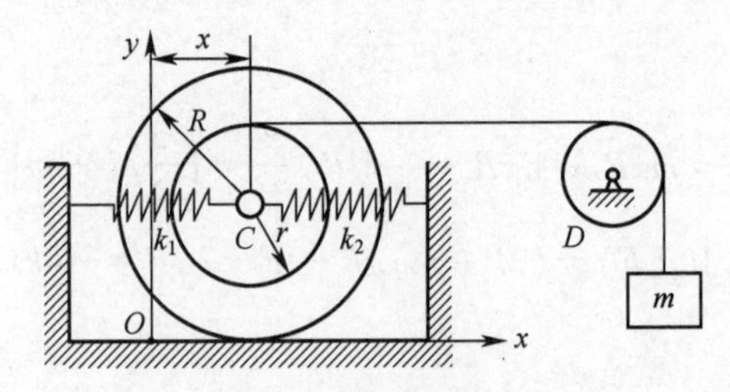

图 2.15 鼓轮系统

解 取静平衡位置 O 为坐标原点，取 C 偏离平衡位置 x 为广义坐标。系统的最大动能为

$$T_{\max}=\frac{1}{2}M\dot{x}_{\max}^2+\frac{1}{2}M\rho^2\left(\frac{\dot{x}_{\max}}{R}\right)^2+\frac{1}{2}m\left(\frac{R+r}{R}\dot{x}_{\max}\right)^2$$

$$= \frac{1}{2R^2}[M(\rho^2 + R^2) + m(R + r)^2]\dot{x}_{\max}^2$$

系统的最大势能为

$$U_{\max} = \frac{1}{2}(k_1 + k_2)[(x_{\max} + \delta_{\mathrm{st}})^2 - \delta_{\mathrm{st}}^2]M + mg\frac{R + r}{R}x_{\max}$$

$$= \frac{1}{2}(k_1 + k_2)x_{\max}^2$$

式中

$$\delta_{\mathrm{st}} = \frac{mg(R + r)}{(k_1 + k_2)R}$$

设 $x = A\sin(\omega_n + \varphi)$，则有 $x_{\max} = A$，$\dot{x}_{\max} = A\omega_n$，即

$$T_{\max} = \frac{M(\rho^2 + R^2) + m(R + r)^2}{2R^2}\omega_n^2 A^2$$

$$U_{\max} = \frac{1}{2}(k_1 + k_2)A^2$$

根据 $T_{\max} = U_{\max}$，解得

$$\frac{M(\rho^2 + R^2) + m(R + r)^2}{2R^2}\omega_n^2 A^2 = \frac{1}{2}(k_1 + k_2)A^2$$

解可得

$$\omega_n = \sqrt{\frac{(k_1 + k_2)R^2}{M(\rho^2 + R^2) + m(R + r)^2}}$$

例 2.11 如图 2.16 所示，半径为 r 的均质圆柱可在半径为 R 的圆轨面内无滑动地以圆轨面最低位置 O 为平衡位置左右微幅摆动，试导出柱体的摆动方程，并求其固有频率。

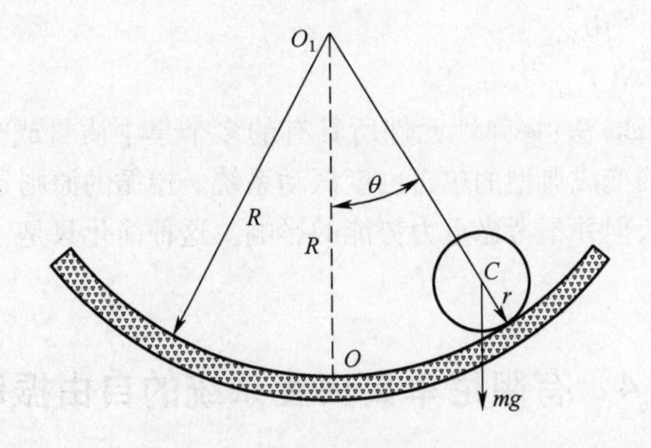

图 2.16 圆柱滚动系统

解 设圆柱体质量为 m，摆角 θ 为变量，如图 2.16 所示逆时针为正，当系统有 θ 摆角时，系统的势能为

$$U = mg(R - r)(1 - \cos\theta) \approx \frac{1}{2}mg(R - r)\theta^2$$

设 $\dot{\varphi}$ 为圆柱体转动的角速度，则质心的瞬时速度为

$$v_C = (R-r)\dot{\theta} = r\dot{\varphi} \Rightarrow \dot{\varphi} = \frac{R-r}{r}\dot{\theta}$$

记圆柱体绕瞬时接触点 A 的转动惯量 I_A,则

$$I_A = I_C + mr^2 = \frac{1}{2}mr^2 + mr^2 = \frac{3}{2}mr^2$$

则系统的动能为

$$T = \frac{1}{2}I_A\dot{\varphi} = \frac{1}{2}\cdot\frac{3}{2}mr^2\cdot\left(\frac{R-r}{r}\dot{\theta}\right)^2 = \frac{3}{4}m(R-r)^2\dot{\theta}^2$$

或者换一种思路,圆柱体的动能等于质心的平动动能加转动动能:

$$T = \frac{1}{2}I_C\dot{\varphi}^2 + \frac{1}{2}mv_C^2 = \frac{3}{4}m(R-r)^2\dot{\theta}^2$$

根据能量法的基本思想,任意瞬时,有

$$\frac{\mathrm{d}(T+U)}{\mathrm{d}t} = \frac{\mathrm{d}\left(\frac{3}{4}m(R-r)^2\dot{\theta}^2 + \frac{1}{2}mg(R-r)\theta^2\right)}{\mathrm{d}t} = 0$$

即

$$3(R-r)\ddot{\theta} + 2g\theta = 0$$

则系统的固有频率为

$$\omega_n = \sqrt{\frac{2g}{3(R-r)}}$$

系统固有频率计算方法总结:

(1) 直接法:$\omega_n = \sqrt{k/m}$。

(2) 静位移法:$\omega_n = \sqrt{g/\delta_{st}}$。

(3) 能量法:$\omega_n = \sqrt{\dfrac{U_{max}}{T_{max}}}$。

(4) 瑞利(Rayleigh)法:将弹性元件所具有的多个集中质量或分布质量简化到系统的集中质量上去,从而变成典型的单自由度振动系统。遵循的原则是:简化后系统的动能与原系统的动能相等,但并不考虑重力势能的影响。这种简化只是一种近似方法,但误差不大。

2.4 有阻尼单自由度系统的自由振动

在自由振动中略去阻尼,系统在振动过程中没有能量损失,机械能守恒,故系统才能保持持久的等幅振动。实际系统中都存在有阻尼,系统在振动过程中有能量损失,在振动过程中,随着时间的推移振幅将不断减小,直至振动完全停止,这种衰减的自由振动称为有阻尼自由振动。

最常见的阻尼有黏性阻尼、库仑阻尼或干摩擦阻尼、结构阻尼。今后,如果没有特别说明,有阻尼系统就是指黏性阻尼系统。

2.4.1 黏性阻尼自由振动

如图2.17所示是一个黏性阻尼器。一个直径为d，长为L的活塞，带有两个直径为D的小孔。油的黏度为μ，密度为ρ。

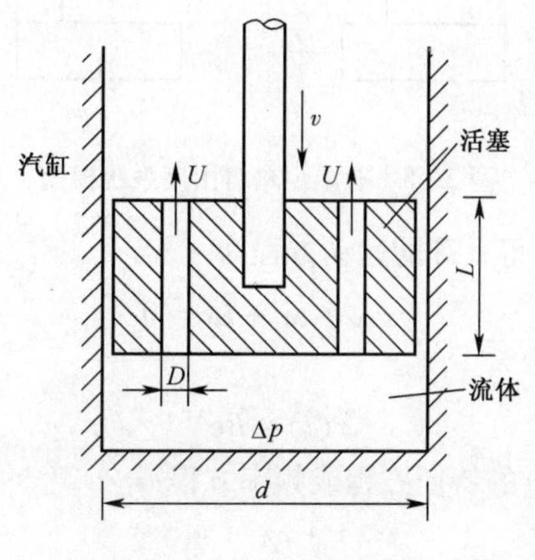

图2.17 黏性阻尼器

对层流，通过小孔的压力降为

$$\Delta p = \rho\left(\frac{L}{D}\right)\frac{U^2}{2}f$$

式中：U为油流过小孔的平均速度，f为摩擦因数，有

$$f = \frac{64\mu}{UD\rho}$$

因而

$$\Delta p = \left(\frac{32L\mu}{D^2}\right)U$$

而油的平均速度U有下列关系

$$U = \frac{1}{2}\left(\frac{L}{D}\right)^2 v$$

式中：v为活塞运动速度。

所以，有

$$\Delta p = \left(\frac{16L\mu}{D^2}\right)\left(\frac{L}{D}\right)^2 v$$

由于Δp而作用于活塞上阻力的大小近似地表示为

$$F_{\mathrm{d}} = \frac{\pi d^2}{4}\Delta p = 4\pi L\mu\left(\frac{d}{D}\right)^4 v$$

这表明，黏性阻尼器的阻力与速度成正比，方向与速度相反。这时，阻尼系数为

$$c = 4\pi L\mu\left(\frac{d}{D}\right)^4$$

如图2.18所示是一个具有黏性阻尼的单自由度系统理论模型。

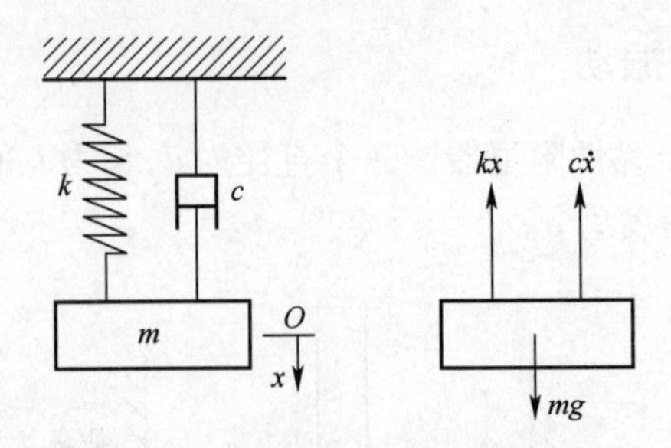

图 2.18　有阻尼单自由度系统模型

应用牛顿运动定律,可得系统的运动方程为

$$m\ddot{x} + c\dot{x} + kx = 0 \tag{2.27}$$

我们假设式(2.27)的解为

$$x(t) = B\mathrm{e}^{\lambda t}$$

代入式(2.27),得式(2.27)的特征方程或频率方程:

$$m\lambda^2 + c\lambda + k = 0 \tag{2.28}$$

特征式(2.28)的根为

$$\lambda_{1,2} = \frac{-c \pm \sqrt{\Delta}}{2m} = \frac{-c \pm \sqrt{c^2 - 4mk}}{2m} = -\frac{c}{2m} \pm \sqrt{\left(\frac{c}{2m}\right)^2 - \frac{k}{m}} \tag{2.29}$$

$\lambda_{1,2}$也称为式(2.27)的特征值或固有值。式(2.27)的通解为

$$x(t) = B_1\mathrm{e}\lambda_1 t + B_2\mathrm{e}\lambda_2 t \tag{2.30}$$

式中:B_1, B_2 为任意常数,由初始条件 $x(0)=x_0, \dot{x}(0)=\dot{x}_0$ 确定。

特征值 λ_1 和 λ_2 取决于量

$$\left(\frac{c}{2m}\right)^2 - \frac{k}{m}$$

当其为零时,有

$$\frac{c}{2m} = \sqrt{\frac{k}{m}} = \omega_{\mathrm{n}} \quad \text{或} \quad c = 2m\omega_{\mathrm{n}} = 2\sqrt{mk}$$

这时,特征值为二重根 $\lambda_1=\lambda_2=-\frac{c}{2m}$,式(2.27)的通解为

$$x(t) = (B_1 + B_2 t)\mathrm{e}^{-\frac{c}{2m}t} \tag{2.31}$$

出现重特征值的情况有着特定的意义,这时的阻尼系数称为临界阻尼系数(Critical Damping),用 $c_0=2\sqrt{mk}$ 来表示。利用临界阻尼系数的符号,特征值的表达式(2.29)可以改写为

$$\lambda_{1,2} = -\frac{c}{c_0}\omega_{\mathrm{n}} \pm \omega_{\mathrm{n}}\sqrt{\left(\frac{c}{c_0}\right)^2 - 1} \tag{2.32}$$

或

$$\lambda_{1,2} = (-\zeta \pm \sqrt{\zeta^2 - 1})\,\omega_{\mathrm{n}} \tag{2.33}$$

式中

$$\zeta = \frac{c}{c_0} = \frac{c}{2\sqrt{mk}} = \frac{c}{2m\omega_n} \tag{2.34}$$

称为阻尼比,是系统的实际阻尼与系统临界阻尼系数之比。

由于式(2.27)通解的性质决定于特征值 $\lambda_{1,2}$,因此特征值 $\lambda_{1,2}$ 的性质决定于 $\sqrt{\zeta^2-1}$ 是实数、零还是虚线。下面给出定义:

$\zeta<1$ 时,$\sqrt{\zeta^2-1}$ 是虚数,称为弱阻尼状态;

$\zeta=1$ 时,$\sqrt{\zeta^2-1}$ 是零,称为临界阻尼状态;

$\zeta>1$ 时,$\sqrt{\zeta^2-1}$ 是实数,称为强阻尼状态。

下面分别根据 ζ 的取值讨论式(2.27)通解的性质。

1. $\zeta<1$ 或 $c<2\sqrt{mk}$

利用系统阻尼比 ζ 和无阻尼固有频率 ω_n,可将式(2.27)改写为

$$\ddot{x} + 2\zeta\omega_n\dot{x} + \omega_n^2 x = 0 \tag{2.35}$$

式(2.33)表明,特征值 λ_1 和 λ_2 的性质取决于 ζ 的值。这时,特征值为二共轭复根

$$\lambda_{1,2} = (-\zeta \pm \mathrm{j}\sqrt{1-\zeta^2})\omega_n \tag{2.36}$$

式中 $\mathrm{j}^2=-1$。则式(2.27)或式(2.35)的通解可以表示为

$$\begin{aligned} x(t) &= B_1 e^{(-\zeta+\mathrm{j}\sqrt{1-\zeta^2})\omega_n t} + B_2 e^{(-\zeta-\mathrm{j}\sqrt{1-\zeta^2})\omega_n t} \\ &= e^{-\zeta\omega_n t}(D_1\cos\sqrt{1-\zeta^2}\,\omega_n t + D_2\sin\sqrt{1-\zeta^2}\,\omega_n t) \end{aligned} \tag{2.37}$$

式中:任意常数 B_1 和 B_2 为共轭复数,且有

$$D_1 = B_1 + B_2,\ D_2 = \mathrm{j}(B_1 - B_2)$$

D_1 和 D_2 为实常数。常数 D_1 和 D_2 取决于初始位移 $x(0)$ 和初始速度 $\dot{x}(0)$。令 $t=0$,则 $x(0)=x_0$,$\dot{x}(0)=\dot{x}_0$,代入式(2.37)可解得

$$D_1 = x_0,\ D_2 = \frac{\dot{x}_0 + \zeta\omega_n x_0}{\sqrt{1-\zeta^2}\,\omega_n}$$

系统在上述条件下的响应为

$$x(t) = e^{-\zeta\omega_n t}\left(x_0\cos\sqrt{1-\zeta^2}\,\omega_n t + \frac{\dot{x}_0 + \zeta\omega_n x_0}{\sqrt{1-\zeta^2}\,\omega_n}\sin\sqrt{1-\zeta^2}\,\omega_n t\right) \tag{2.38}$$

上式也可改写为

$$x(t) = e^{-\zeta\omega_n t}\left(x_0\cos\omega_d t + \frac{\dot{x}_0 + \zeta\omega_n x_0}{\omega_d}\sin\omega_d t\right) \tag{2.39}$$

方程的解还可以表示为

$$x(t) = A e^{-\zeta\omega_n t}\sin(\omega_d t + \psi) \tag{2.40}$$

式中

$$A = \sqrt{\frac{\dot{x}_0^2 + 2\zeta\omega_n x_0\dot{x}_0 + \omega_n^2 x_0^2}{\sqrt{1-\zeta^2}\,\omega_n}},\ \psi = \arctan\frac{x_0\sqrt{1-\zeta^2}\,\omega_n}{\dot{x}_0 + \zeta\omega_n x_0},\ \omega_d = \sqrt{1-\zeta^2}\,\omega_n \tag{2.41}$$

其中：A 为振幅；ω_d 为有阻尼固有频率，它取决于系统的物理参数；ψ 为初相角。

黏性阻尼系统的自由振动，其位移 $x(t)$ 是一个具有振幅随时间按指数衰减的简谐函数 $Ae^{-\zeta\omega_n t}$。其一般的运动形式如图 2.19 所示。

实际阻尼小于临界阻尼的系统称为欠阻尼系统或弱阻尼系统。从响应式中可看出系统的振动不再是等幅的简谐振动，振幅被限制在 $\pm Ae^{-\zeta\omega_n t}$ 内，是一种衰减振动，随着时间的延续，振动逐渐衰减直到消失。

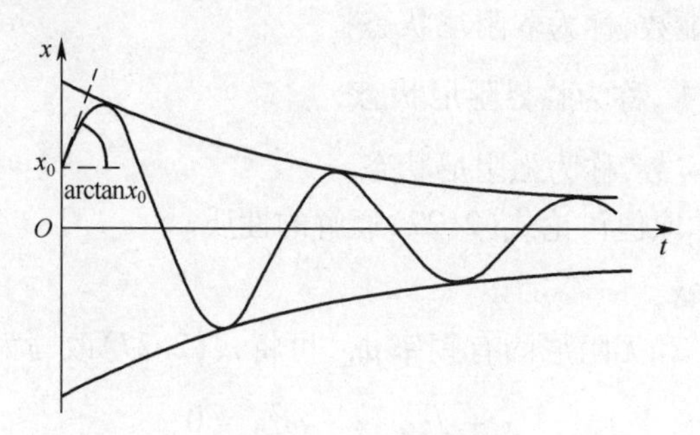

图 2.19　欠阻尼系统

从图 2.19 中可以看出，有阻尼的自由振动虽然是衰减，但同一方向任意两相邻最大振幅之间的时间是相等的，此时间即为阻尼自由振动的周期，常用 T_d 表示，且

$$T_d = \frac{2\pi}{\omega_d} = \frac{2\pi}{\sqrt{1-\zeta^2}\,\omega_n} = \frac{T}{\sqrt{1-\zeta^2}} \tag{2.42}$$

式中：T 为无阻尼自由振动时的周期。

显然，有阻尼系统的自由振动的周期要比它所对应的无阻尼自由振动的周期要长。

在上述衰减振动中，相邻两振幅之比

$$\frac{A_1}{A_2} = \frac{A_2}{A_3} = \frac{A_3}{A_4} = \cdots = \frac{A_i}{A_{i+1}} = e^{\zeta\omega_n T_d} \tag{2.43}$$

是一定值，常用 η 来表示，称为**减幅系数**。实际工程应用中，常用对数减幅系数 δ 来代替减幅系数 η。即

$$\delta = \ln\frac{A_1}{A_2} = \ln\frac{A_2}{A_3} = \ln\frac{A_3}{A_4} = \cdots = \ln\frac{A_i}{A_{i+1}} = \zeta\omega_n T_d = \frac{2\pi\zeta}{\sqrt{1-\zeta^2}} \tag{2.44}$$

表示有阻尼自由振动振幅衰减的程度，ζ 越大，即阻尼越大，振幅衰减越快。

由于

$$\frac{A_1}{A_{i+1}} = \frac{A_1}{A_2} \times \frac{A_2}{A_3} \times \frac{A_3}{A_4} \times \cdots \times \frac{A_i}{A_{i+1}} = e^{i\delta} \tag{2.45}$$

所以对数减幅系数也可表示为

$$\delta = \frac{1}{i}\ln\frac{A_1}{A_{i+1}} \tag{2.46}$$

利用式(2.47)可以计算使振幅衰减到一定程度所需要的时间，即衰减时间。

2. $\zeta=1$ 或 $c=2\sqrt{mk}$

这种阻尼系数等于临界阻尼系数的系统称为临界阻尼系统。由于 $\zeta=1$，系统的运动

方程可以表示为

$$x(t)=(B_1+B_2t)\mathrm{e}^{-\omega_{\mathrm{n}}t} \tag{2.47}$$

这是一个线性函数与一个按指数衰减的函数之积。其一般运动形式如图 2.20 所示。

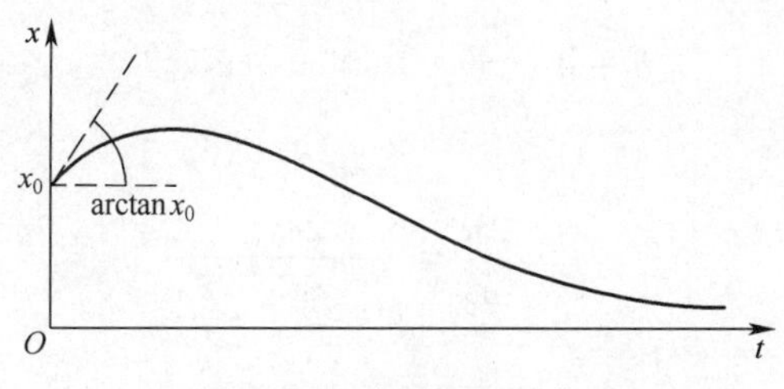

图 2.20　临界阻尼系统

显然系统不发生振荡,这种运动也是非周期的,这时阻尼的大小是使系统将要开始振动而有未发生振动的一种临界状态。若与强阻尼状态相比,在相同条件下,临界阻尼系统的运动衰减得要快,因此一些仪表的指针机构常设计为临界阻尼。

3. $\zeta>1$ 或 $c>2\sqrt{mk}$

这种阻尼系数大于临界阻尼系数的系统称为过**阻尼系统或强阻尼系统**。其特征值为两个实数,即

$$\lambda_{1,2}=(-\zeta\pm\sqrt{\zeta^2-1})\omega_{\mathrm{n}} \tag{2.48}$$

由于$\sqrt{\zeta^2-1}<\zeta$,则 λ_1 和 λ_2 都是负实数,因而系统的运动是两个按指数衰减的运动之和,即

$$x(t)=B_1\mathrm{e}^{(-\zeta+\sqrt{\zeta^2-1})\omega_{\mathrm{n}}t}+B_2\mathrm{e}^{(-\zeta-\sqrt{\zeta^2-1})\omega_{\mathrm{n}}t} \tag{2.49}$$

过阻尼系统的运动形式如图 2.21 所示。系统的运动是非振荡的,表明系统的阻尼已大到使振体离开平衡位置后,根本不发生振动,而只是缓慢地回到平衡位置,阻尼越大,复位的时间越长。

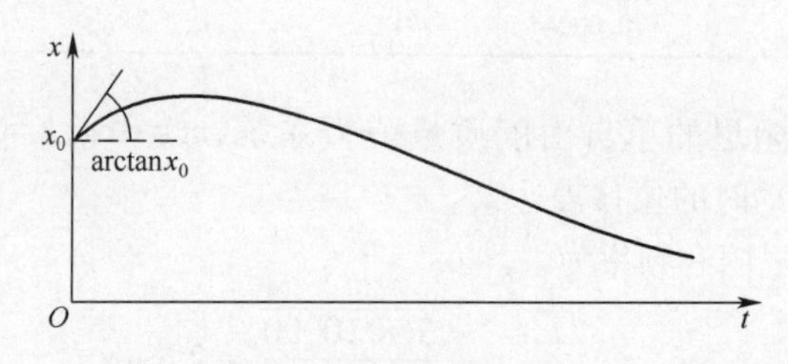

图 2.21　过阻尼系统

例 2.12　考虑有一个欠阻尼质量弹簧系统,质量为 m,弹簧常数为 k。测得其自由振动数据 x_i,如图 2.19 所示,试根据衰减曲线确定其阻尼大小。

解　由式(2.40)和图 2.19 可知,在时间 t_i,系统运动的幅值为 x_i,即有

$$x_i=x(t_i)=A\mathrm{e}^{-\zeta\omega_{\mathrm{n}}t_i}\sin(\omega_{\mathrm{d}}t_i+\psi) \tag{2.50}$$

而在 t_i+T 时刻,T 为周期,其振动幅值记为 x_{i+T},有

$$x_{i+T}=x(t_i+T)=A\mathrm{e}^{-\zeta\omega_{\mathrm{n}}(t_i+T)}\sin(\omega_{\mathrm{d}}(t_i+T)+\psi) \tag{2.51}$$

前后两个幅值的比为

$$\frac{x_i}{x_{i+T}}=\frac{A\mathrm{e}^{-\zeta\omega_n t_i}\sin(\omega_d t_i+\psi)}{A\mathrm{e}^{-\zeta\omega_n(t_i+T)}\sin(\omega_d(t_i+T)+\psi)}=\mathrm{e}^{\zeta\omega_n T}=\text{常数} \tag{2.52}$$

上式表明,系统的两个相邻差周期的幅值的比是常数。令

$$\delta=\ln\frac{x_i}{x_{i+T}}=\ln\mathrm{e}^{\zeta\omega_n T}=\zeta\omega_n T \tag{2.53}$$

把

$$T=\frac{2\pi}{\omega_d}=\frac{2\pi}{\omega_n\sqrt{1-\zeta^2}} \tag{2.54}$$

代入上式,得

$$\delta=\zeta\omega_n\cdot\frac{2\pi}{\omega_n\sqrt{1-\zeta^2}}=\frac{2\pi\zeta}{\sqrt{1-\zeta^2}} \tag{2.55}$$

如果 ζ 很小,则 $\delta\approx2\pi\zeta$,δ 称为对数衰减率。也可由相隔 n 个周期的 x_i 和 x_{i+nT}(n 为整数)之比来确定,即

$$\ln\frac{x_i}{x_{i+nT}}=n\zeta\omega_n T=n\delta \tag{2.56}$$

根据测的自由振动数据,由 x_i 和 x_{i+T}或与 x_{i+nT}确定 δ,从而确定 ζ。再由 m、k 和 ζ 确定 c。当系统的阻尼机制无法精确知道而要用等效黏性阻尼建模时,这个方法特别有用。

几种常用材料的对数衰减率如表 2.1 所列。

表 2.1　常用材料的对数衰减率

材料	δ	材料	δ
橡皮	0.25200	铆接的钢结构	0.18900
混凝土	0.12600	木材	0.01890
冷轧钢	0.00378	冷轧铝	0.00126
磷青铜	0.00044		

例 2.13　一个有阻尼的单自由度质量弹簧系统,$m=8\text{kg}$,$k=5\text{N/mm}$,$c=0.2\text{N}\cdot\text{s/mm}$,试确定质量 m 振动时的位移表达式。

解　系统的无阻尼固有频率为

$$\omega_n=\sqrt{\frac{k}{m}}=\sqrt{\frac{5\times10000}{8}}=25\text{rad/s}$$

系统的临界阻尼系数为

$$c_0=2m\omega_n=2\times8\times25=400\text{N}\cdot\text{s/m}$$

或者用另一种方法计算系统的临界阻尼系数为

$$c_0=2\sqrt{mk}=2\sqrt{8\times5\times1000}=400\text{N}\cdot\text{s/m}$$

则系统的阻尼比为

$$\zeta=\frac{c}{c_0}=\frac{0.2\times1000}{400}=0.5$$

显然系统是弱阻尼系统,其有阻尼固有频率为

$$\omega_{\mathrm{d}} = \sqrt{1-\zeta^2}\,\omega_{\mathrm{n}} = \sqrt{1-(0.5)^2} \times 25 = 21.65\mathrm{rad/s}$$

且有

$$\zeta\omega_{\mathrm{n}} = 0.5 \times 25 = 12.5$$

因而系统自由振动时的位移表达式为

$$x(t) = A\mathrm{e}^{-12.5t}\sin(21.65t + \psi)$$

式中:A,ψ 可由初始条件确定。

例 2.14　一台水准仪,由轻质杆 B 和一个直径为 d 的浮筒构成,如图 2.22 所示,浮筒质量为 m,横截面积为 A,液体的密度为 ρ。为使系统稳定不发生振动,在距支点 l 处安装了黏性阻尼器,试确定阻尼器的阻尼系数。

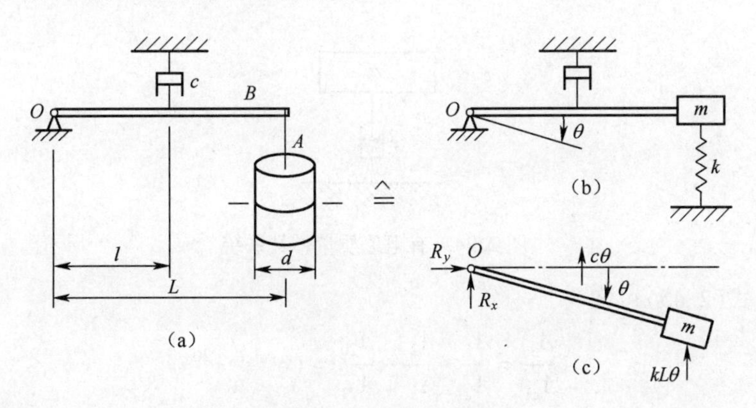

图 2.22　水准仪力学模型

解　假定浮筒的质量为 m,横截面积为 A,液体的密度为 ρ。阻尼器安装在支点 l 处,略去杆 B 的质量。浮筒在液体中沿垂直方向振动时,其运动方程为

$$m\ddot{x} + \rho gAx = 0 \tag{2.57}$$

其等效弹簧常数 $k=\rho gA$。

浮筒模型如图 2.23 所示。

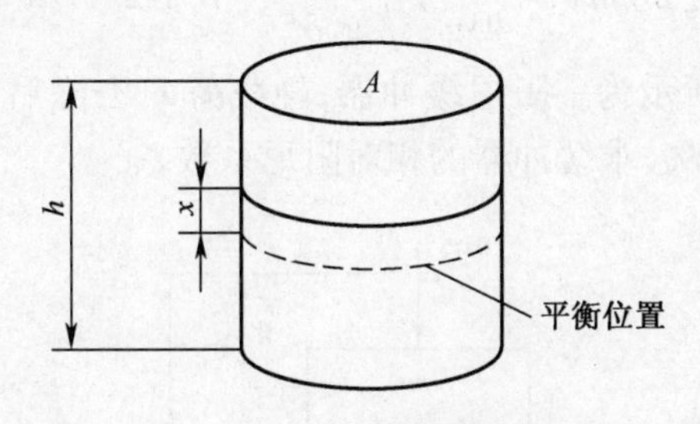

图 2.23　浮筒模型

从而系统的运动方程为

$$mL^2\ddot{\theta} + cl^2\dot{\theta} + kL^2\theta = 0 \tag{2.58}$$

因而有

$$(c_0l^2) - 4(mL^2)(kL^2) = 0 \tag{2.59}$$

可得临界阻尼系数

$$c_0 = 2\left(\frac{L}{l}\right)^2 \sqrt{mk} = 2\left(\frac{L}{l}\right)^2 \sqrt{m\rho g A} \tag{2.60}$$

要使系统不发生自由振动,阻尼器的阻尼系数应满足

$$c > c_0 \tag{2.61}$$

例 2.15 如图 2.24 所示有阻尼质量弹簧系统,质量弹簧系统,$W=150\text{N}$,$\delta_{\text{st}}=1\text{cm}$,$A_1=0.8\text{cm}$,$A_{21}=0.16\text{cm}$,求阻尼系数 c。

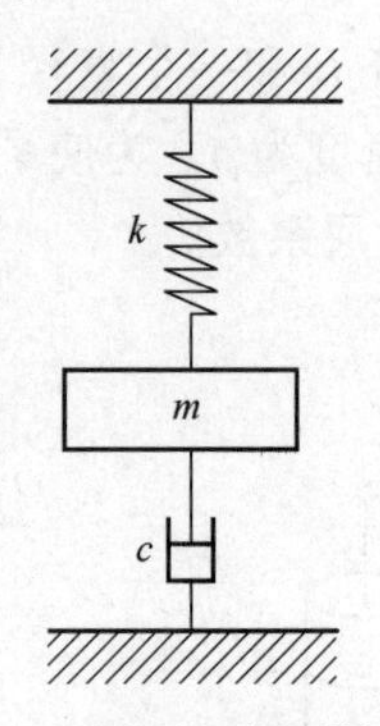

图 2.24 有阻尼质量弹簧系统

解 由式(2.45)可知

$$\frac{A_1}{A_{21}} = \frac{A_1}{A_2} \cdot \frac{A_2}{A_3} \cdots \frac{A_{20}}{A_{21}} = (\mathrm{e}^{\zeta\omega_{\text{n}}T_{\text{c}}})^{20} \tag{2.62}$$

即

$$\frac{0.8}{0.16} = (\mathrm{e}^{\zeta\omega_{\text{n}}T_{\text{d}}})^{20} \Rightarrow \ln 5 = 20\zeta\omega_{\text{n}}T_{\text{d}} = \frac{20\zeta\omega_{\text{n}} \cdot 2\pi}{\omega_{\text{n}}\sqrt{1-\zeta^2}}$$

由于 ζ 很小,则 $\ln 5 \approx 40\pi\zeta$。

由式(2.34)可知

$$c = \zeta 2\sqrt{mk} = \frac{\ln 5}{40\pi} 2\sqrt{\frac{W}{g}\frac{W}{\delta_{\text{st}}}} = 0.122\text{N} \cdot \text{s/m}$$

例 2.16 如图 2.25 所示为一阻尼缓冲器,静载荷 F 去除后质量块越过平衡位置的最大位移为初始位移的 10%,求缓冲器的相对阻尼系数 ζ。

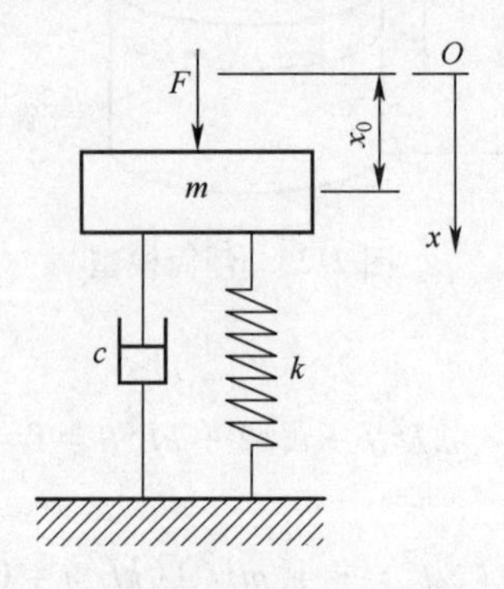

图 2.25 阻尼缓冲器

解 由题意可知，$\dot{x}(0)=0$，设 $x(0)=x_0$，代入式(2.39)，得

$$x(t)=\mathrm{e}^{-\zeta\omega_n t}\left(x_0\cos\omega_d t+\frac{\zeta\omega_n x_0}{\omega_d}\sin\omega_d t\right) \tag{2.63}$$

求导得到速度为

$$\dot{x}(t)=-\frac{\omega_n^2 x_0}{\omega_d}\mathrm{e}^{-\zeta\omega_n t}\sin\omega_d t \tag{2.64}$$

设在时刻 t_1 时，质量块越过平衡位置到达最大位移，这时的速度为

$$\dot{x}(t_1)=-\frac{\omega_n^2 x_0}{\omega_d}\mathrm{e}^{-\zeta\omega_n t_1}\sin\omega_d t_1=0$$

由此可求得

$$t_1=\frac{\pi}{\omega_d}$$

即经过半个周期后出现第一个振幅 x_1，求得

$$x_1=x(t_1)=-x_0\mathrm{e}^{-\zeta\omega_n t_1}=-x_0\mathrm{e}^{-\frac{\pi\zeta}{\sqrt{1-\zeta^2}}}$$

而由题意可知

$$\left|\frac{x_1}{x_0}\right|=\mathrm{e}^{-\frac{\pi\zeta}{\sqrt{1-\zeta^2}}}=\frac{10}{100}$$

解得

$$\zeta=\sqrt{\frac{(\ln 10)^2}{(\ln 10)^2+\pi^2}}=\sqrt{\frac{2.3026^2}{2.3026^2+\pi^2}}=0.5912$$

2.4.2 结构阻尼自由振动

弹性材料特别是金属材料表现出一种结构阻尼的性质。试验表明，在结构阻尼中，每一循环损失的能量与材料的刚度成正比，与位移的平方成正比，而与频率无关。这种阻尼是由于材料的受力变形而产生的内摩擦，力和变形之间产生了相位滞后，如图2.26所示，这种曲线称为**迟滞曲线**。所包含的面积是每一加载循环中能量的损失，可表示为

$$\Delta E=\int F\mathrm{d}x$$

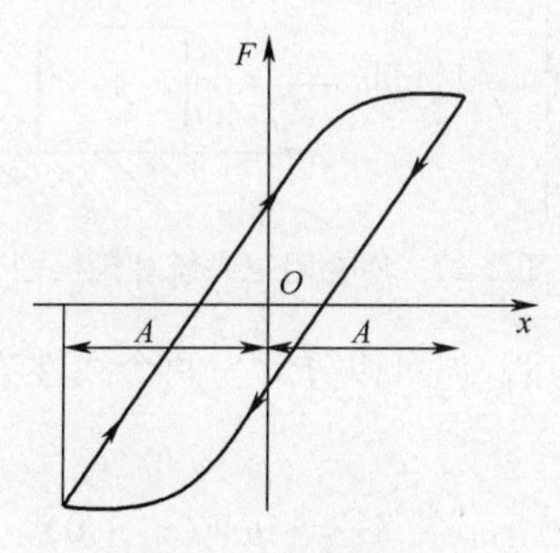

图2.26 结构阻尼

试验表明，在结构阻尼中，每一循环损失的能量与材料的刚度成正比，与位移振幅的

平方成正比，而与频率无关。则它的能量可以表示为

$$\Delta E = -\pi\beta kA^2 = \pi hA^2$$

式中：β 为无量纲的结构阻尼常数；k 为等效弹簧常数；A 为振幅。

结构阻尼虽是最常见的一种阻尼形式，由于它用能量损失来定义，且和振幅间有非线性关系，故在数学上难于处理。为此，定义了一个等效黏性阻尼系数，使得两者在每一循环中损失的能量相等。

对于简揩振动，黏性阻尼产生的阻尼力为

$$F_d = -c\dot{x} = c\omega A\cos(\omega t + \psi)$$

在每一循环中损失的能量为

$$\Delta E = \int_0^{2\pi/\omega} c\dot{x}\mathrm{d}x = \int_0^{2\pi/\omega} c\dot{x}^2\mathrm{d}t = \pi c\omega A^2$$

使 ΔE 的两个方程相等，并且 c_e 表示等效黏性阻尼系数，则有

$$\Delta E = \pi\beta kA^2 = \pi hA^2 = \pi c_e\omega A^2 \Rightarrow c_e = \frac{\beta k}{\omega} = \frac{h}{\omega} \tag{2.65}$$

对于结构阻尼，其对数衰减率为

$$\delta \approx \pi\beta$$

可以用试验确定 β，从而算出其等效黏性阻尼系数。

2.4.3 库仑阻尼

库仑阻尼也称干摩擦阻尼。当物体在没有润滑的表面上滑动时，会产生干摩擦力。干摩擦力的大小正比与接触表面间的法向力，方向与运动方向相反。用数学式子可以表示为

$$F_d = -\mu W\frac{\dot{x}}{|\dot{x}|} = -\mu W\mathrm{Sgn}(\dot{x}) \tag{2.66}$$

式中：μ 为动摩擦因数；W 为质量块重量；Sgn 为符号函数。

具有库仑阻尼系统的理论模型如图 2.27 所示。其运动方程为

$$m\ddot{x} + \mu W\mathrm{Sgn}(\dot{x}) + kx = 0 \tag{2.67}$$

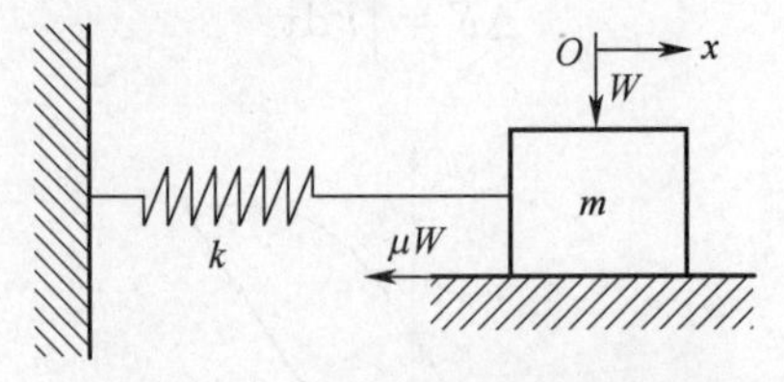

图 2.27 库仑阻尼系统理论模型

式(2.67)是一个非线性方程，但可以分解为两个线性方程，一个对应于正的 $\dot{x}$，另一个对应于负的 $\dot{x}$，即

$$\begin{cases} m\ddot{x} + kx = -\mu W(\dot{x} > 0) \\ m\ddot{x} + kx = -\mu W(\dot{x} < 0) \end{cases} \tag{2.68}$$

式(2.68)是一个非齐次微分方程，它的解是齐次方程的解和非齐次方程的特解。因

此,可表示为

$$x(t)=A\sin(\omega_{\mathrm{n}}t+\psi)-\frac{\mu W}{k}(\dot{x}>0) \tag{2.69}$$

$$x(t)=A\sin(\omega_{\mathrm{n}}t+\psi)-\frac{\mu W}{k}(\dot{x}>0) \tag{2.70}$$

假定系统受到初始条件 $x(0)=x_0,\dot{x}=0$ 的作用,系统向左边运动。这时,系统的位移为

$$x(t)=\left(x_0-\frac{\mu W}{k}\right)\cos(\omega_{\mathrm{n}}t)+\frac{\mu W}{k} \tag{2.71}$$

式(2.71)只在运动方向逆向以前适用,这时速度将变为零,有

$$\dot{x}(t)=-\omega_{\mathrm{n}}\left(x_0-\frac{\mu W}{k}\right)\sin(\omega_{\mathrm{n}}t)$$

对于时刻 $t=\dfrac{\pi}{\omega_{\mathrm{n}}}=\dfrac{T}{2}$,这时位移为

$$x\left(\frac{\pi}{\omega_{\mathrm{n}}}\right)=\left(x_0-\frac{\mu W}{k}\right)(-1)+\frac{\mu W}{k}=-\left(x_0-2\frac{\mu W}{k}\right)$$

上式表明,运动到左边的最大位移比原始位移 x_0 小了 $2\dfrac{\mu W}{k}$,这是因干摩擦而引起的能量损失的结果。对于下半个循环(向右运动),由式(2.69)描述,其初始条件为 $x\left(\dfrac{\pi}{\omega_{\mathrm{n}}}\right)=-\left(x_0-2\dfrac{\mu W}{k}\right)$ 和 $\dot{x}\left(\dfrac{\pi}{\omega_{\mathrm{n}}}\right)=0$,且 $x_0>2\dfrac{\mu W}{k}$,故得

$$x(t)=\left(x_0-3\frac{\mu W}{k}\right)\cos(\omega_{\mathrm{n}}t)-\frac{\mu W}{k} \tag{2.72}$$

这个表达式只是对极右位置,在速度再次变为零以前有效。为了寻找对应的时间,使速度等于零,得 $t=\dfrac{2\pi}{\omega_{\mathrm{n}}}=T$,这时的最大位移为

$$x\left(\frac{2\pi}{\omega_{\mathrm{n}}}\right)=\left(x_0-3\frac{\mu W}{k}\right)-\frac{\mu W}{k}=x_0-4\frac{\mu W}{k}$$

如图 2.28 所示,这时系统运动了一个循环,有

$$x=x_0-4\frac{\mu W}{k}$$

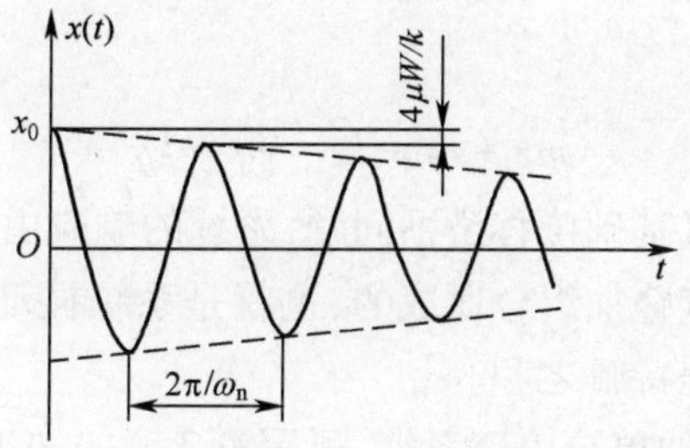

图 2.28 库仑阻尼

系统运动规律为每半个循环振幅将减小 $2\frac{\mu W}{k}$。具有库仑阻尼的系统是一个具有线性衰减振幅的简谐运动。自由振动的频率不受阻尼的影响。系统的运动并不一定停留在原来的静止位置,恢复力比摩擦力小,系统运动就会逐渐停止。

2.5 单自由度机动武器系统的振动

某些实际系统之所以可以简化成单自由度振动系统,或者因为系统本身很简单,例如单摆系统;或者因为实际振动系统分析精度要求和研究目的所限,例如在不平路面激励作用下,只研究装甲车辆车身的垂直振动,其他质量和其他方向的振动忽略不计,而且由于轮胎远离车身,动变形很小,可以忽略轮胎的弹性和质量,这样就可以把装甲车辆车身这样一个复杂的振动系统简化为一个单自由度系统,如图 2.29 所示。

此外,在进行复杂系统特殊模态振动分析时,通常要构造该系统的单自由度模型。因为单自由度系统的振动分析是一切振动分析的基础,即使很复杂的多自由度系统振动问题,经过解耦后就可以转化为单自由度系统问题,同样可以用单自由度系统的振动分析方法来分析。

如图 2.29 所示模型是分析轮式装甲车辆振动的单自由度系统模型,由车身质量 m 和弹簧刚度 k、减振器阻尼系数为 c 的悬架组成,q 为路面激励不平度函数,它是沿路前进方向的坐标 x 为参数的随机过程。

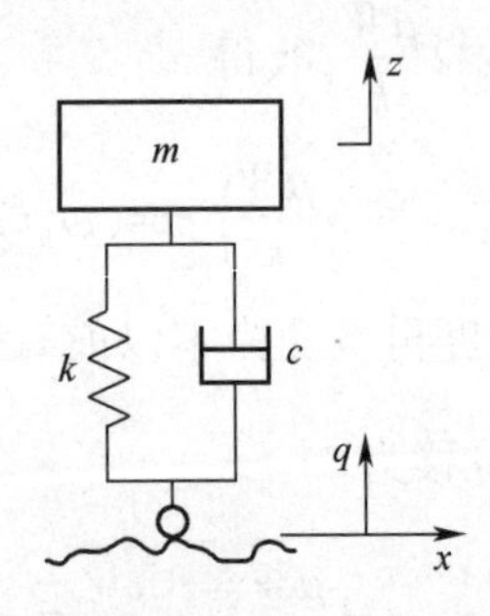

图 2.29　轮式装甲车辆单自由度系统模型

取车身垂直位移坐标 z 的原点在静力平衡位置,可得到系统运动的微分方程为

$$m\ddot{z} + c(\dot{z} - \dot{q}) + k(z - q) = 0 \tag{2.73}$$

即

$$m\ddot{z} + c\dot{z} + kz = c\dot{q} + kq \tag{2.74}$$

这是单自由度系统随机基础位移激励问题,系统的响应由两部分组成的,即由系统自由振动响应和强迫振动响应叠加组合而成的,也就是系统振动响应等于振动微分方程的齐次方程的解和非齐次方程特解之和。

当激励 $q\neq0$ 为激励下的单自由度系统,可用第 3 章的知识解决。在这里只讨论当激励 $q=0$ 时的情形,即为自由振动。

令 $2n=\frac{c}{m}, \omega_n^2=\frac{k}{m}$，则由式(2.74)可得单质量系统的自由振动微分方程为

$$\ddot{z}+2n\dot{z}+\omega_n^2 z=0 \tag{2.75}$$

式中：n 为阻尼系数；ω_n 为系统的固有圆频率；ζ 为阻尼比。阻尼对系统的影响取决于 n 与 ω_n 的比值 ζ，即 $\zeta=\frac{n}{\omega_n}=\frac{c}{2\sqrt{km}}$。

轮式装甲车辆悬架系统阻尼比 ζ，通常在 0.25 左右，属于小阻尼。因此，振动系统的齐次微分方程的解，也就是车身自由衰减的振动响应为

$$z=A\mathrm{e}^{-\zeta\omega_n t}\sin(\sqrt{1-\zeta^2}\,\omega_n t+\varphi) \tag{2.76}$$

式中：A 为由初始条件所决定的幅值常数；φ 为由初始条件决定的初相角。

幅值 A 和初相角 φ 的表达式为

$$A=\sqrt{\frac{z_0^2+2\zeta\omega_n\dot{z}_0 z_0+\omega_n^2 z_0^2}{(1-\zeta^2)\omega_n^2}},\quad \varphi=\arctan\frac{z_0\sqrt{1-\zeta^2}\,\omega_n}{\dot{z}_0+\zeta\omega_n z_0} \tag{2.77}$$

由式(2.76)可知，有阻尼的自由衰减振动，车身质量 m 以有阻尼的固有频率 $\sqrt{1-\zeta^2}\,\omega_n$ 振动，而振幅却按 $\mathrm{e}^{-\zeta\omega_n t}$ 规律衰减。所以可以看出阻尼对自由振动有两个方面的影响，分别如下：

(1) 阻尼使固有频率降低。如果无阻尼自由振动系统原固有频率 $\omega_n=\sqrt{\frac{k}{m}}$，则弱阻尼悬架系统的固有频率 ω_d 为

$$\omega_d=\sqrt{1-\zeta^2}\,\omega_n \tag{2.78}$$

因此，可知弱阻尼悬架系统的固有频率 ω_d 比无阻尼系统的固有频率 ω_n 降低，且随阻尼比 ζ 逐渐增大，则固有频率 ω_d 逐渐下降。

工程上小阻尼振动系统的固有圆频率 ω_d，可以近似地认为等于无阻尼振动系统的固有圆频率 ω_n，即 $\omega_n\approx\omega_d$。因此，车身振动的固有圆频率和固有频率分别为

$$\omega_n=\sqrt{\frac{k}{m}},\quad f_0=\frac{\omega_n}{2\pi}=\frac{1}{2\pi}\sqrt{\frac{k}{m}} \tag{2.79}$$

(2) 阻尼决定振幅的衰减程度。设相邻两振幅分别为 A_i 和 A_{i+1}，它们的比值 η 称为减幅系数：

$$\eta=\frac{A_i}{A_{i+1}}=\frac{A\mathrm{e}^{-\zeta\omega_n t}}{A\mathrm{e}^{-\zeta\omega_n(t+T)}}=\mathrm{e}^{\zeta\omega_n T}=\mathrm{e}^{nT}=\mathrm{e}^{\frac{2\pi\zeta}{\sqrt{1-\zeta^2}}} \tag{2.80}$$

式中：T 为振动系统的周期；n 为衰减系统，n 越大表示阻尼越大，振幅衰减也就越大。

令 $\delta=\ln\eta=\ln\frac{A_i}{A_{i+1}}=\zeta\omega_n T=\frac{2\pi\zeta}{\sqrt{1-\zeta^2}}$ 为对数衰减率，因此，得

$$\ln\eta=\frac{2\pi\zeta}{\sqrt{1-\zeta^2}} \tag{2.81}$$

所以，由式(2.81)可得振动系统的阻尼比为

$$\zeta^2 = \frac{1}{1 + \dfrac{4\pi^2}{\ln^2\eta}} \tag{2.82}$$

若$\zeta \ll 1$，则由式(2.82)，得$\ln\eta = 2\pi\zeta$，因此，小阻尼车辆悬架系统的阻尼比可近似表示为

$$\zeta \approx \frac{\ln\eta}{2\pi} \tag{2.83}$$

第 3 章

机动武器单自由度系统的强迫振动

学习目标与要求

1. 了解工程实际中强迫振动的现象及基本概念。
2. 掌握几种典型的单自由度强迫振动的基本规律。
3. 掌握简谐振动理论在机动武器减振、隔振及振动测试中的应用。
4. 了解非简谐激励作用下系统的振动响应分析。

3.1 引　　言

强迫振动指的是系统在外部激励下的振动,在实际的工程机械振动中经常遇到,如行使中的汽车由于道路不平而引起的振动;飞行中的飞机受到气流的扰动引起的振动;地震引起建筑物的振动;电动机由于转子质量不平衡而引起的振动等。外部激励可表现为持续的随时间变化的激励力、激励位移和激励速度。

最简单的情况是系统受到简谐激励作用下所发生的振动,它是研究其他一般的周期激励或非周期激励振动的基础,揭示的一些规律和特性具有普遍的意义,所以本节讨论简谐激励引起系统的响应。

有 3 种典型的情况,即外部简谐激励引起、系统本身的偏心质量所引起和基础或支承运动引起。

3.2　机动武器单自由度系统的强迫振动基础

3.2.1　简谐激励作用下的强迫振动

单自由度系统在简谐激励力作用下的强迫振动的理论模型如图 3.1 所示。

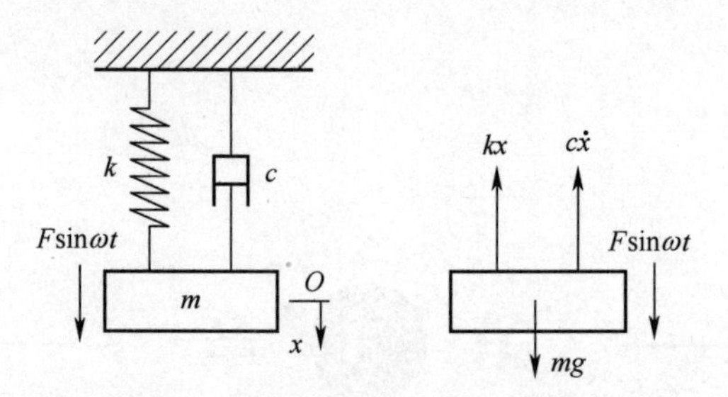

图 3.1 简谐激励作用下的强迫振动

系统的运动方程为

$$m\ddot{x} + c\dot{x} + kx = F\sin\omega t \tag{3.1}$$

式中:F 为激励力振幅;ω 为激励频率。

方程是一个非齐次方程,在一般情况下,还受到初始条件 $x(0) = x_0, \dot{x}(0) = \dot{x}_0$ 的作用。非齐次方程的通解分为两部分,即齐次方程的通解和非齐次方程的特解。

对于欠阻尼系统,式(3.1)齐次方程的通解为

$$x_{\mathrm{h}}(t) = A\mathrm{e}^{-\zeta\omega_{\mathrm{n}}t}\sin(\omega_{\mathrm{d}}t + \psi) \tag{3.2}$$

式(3.1)方程的特解,我们用复指数法来求解。为此,以 $F\mathrm{e}^{\mathrm{j}\omega t}$ 代替 $F\sin\omega t$,得

$$m\ddot{x} + c\dot{x} + kx = F\mathrm{e}^{\mathrm{j}\omega t} \tag{3.3}$$

假设式(3.3)的特解为

$$x_{\mathrm{s}}(t) = \overline{X}\mathrm{e}^{\mathrm{j}\omega t} \tag{3.4}$$

式中:$\overline{X}$ 为复振幅。

把式(3.4)代入式(3.3),有

$$(k - \omega^2 m + \mathrm{j}\omega c)\overline{X}\mathrm{e}^{\mathrm{j}\omega t} = F\mathrm{e}^{\mathrm{j}\omega t} \tag{3.5}$$

从而可得

$$\overline{X} = \frac{F}{k - \omega^2 m + \mathrm{j}\omega c} = X\mathrm{e}^{-\mathrm{j}\varphi} \tag{3.6}$$

式中:X,φ 分别为振幅和相角,它们也是复振幅 $\overline{X}$ 的模和幅角。

$$X = |\overline{X}| = \frac{F}{\sqrt{(k - \omega^2 m)^2 + \omega^2 c^2}} \tag{3.7}$$

$$\varphi = \mathrm{Arg}\overline{X} = \arctan\frac{\omega c}{k - \omega^2 m} \tag{3.8}$$

因此式(3.3)的特解为

$$x_{\mathrm{s}}(t) = \overline{X}\mathrm{e}^{\mathrm{j}\omega t} = X\mathrm{e}^{-\mathrm{j}\varphi}\mathrm{e}^{\mathrm{j}\omega t} = X\mathrm{e}^{\mathrm{j}(\omega t - \varphi)} \tag{3.9}$$

由于式(3.1)中的激励力是正弦函数,因为 $F\sin\omega t = \mathrm{Im}[F\mathrm{e}^{\mathrm{j}\omega t}]$,则式(3.1)的通解也取式(3.9)的虚部。因而,对于弱阻尼系统,式(3.1)的通解为

$$\begin{aligned} x(t) &= x_{\mathrm{h}}(t) + x_{\mathrm{s}}(t) \\ &= A\mathrm{e}^{-\zeta\omega_{\mathrm{n}}t}\sin(\omega_{\mathrm{d}}t + \psi) + \frac{F}{\sqrt{(k - \omega^2 m)^2 + \omega^2 c^2}}\sin(\omega t - \varphi) \end{aligned} \tag{3.10}$$

把初始条件 $x(0)=x_0, \dot{x}(0)=\dot{x}_0$ 代入式(3.10)就得到了系统在初始条件下,在简谐激励力作用下的运动的表达式。运动曲线如图3.2所示。

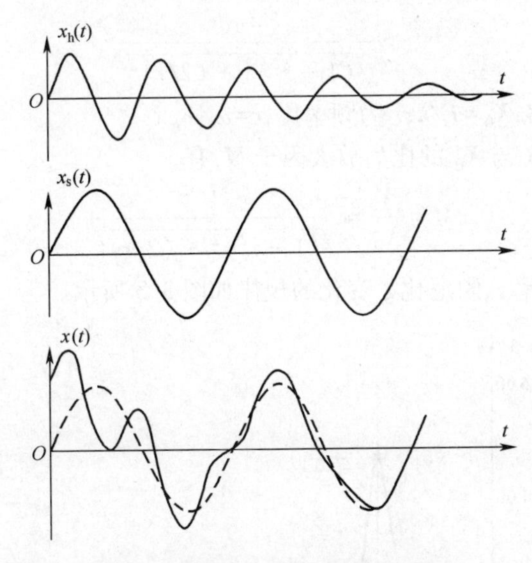

图3.2 简谐激励作用下的强迫振动

下面根据图3.2进行讨论:

(1) 系统发生的运动是频率为 ω_d 的简谐振动 $x_h(t)$ 和频率为 ω 的简谐振动 $x_s(t)$ 的组合运动。

(2) 由于阻尼的存在,经过一定的时间后 $x_h(t)$ 将趋于消失。因此,$x_h(t)$ 和 $x_s(t)$ 的合成运动只在有限的时间内存在,这一过程称为瞬态振动或过渡过程。

(3) 系统持续振动只有与外激励力有关的响应 $x_s(t)$,$x_s(t)$ 称为稳态振动、稳态响应或强迫振动。

稳态响应才是研究强迫振动问题的关键,为方便起见,省去 $x_s(t)$ 的下标"s"。系统的稳态响应表达式为

$$x(t) = X\sin(\omega t - \varphi) \tag{3.11}$$

线性振动理论一个重要结论就是式(3.11)表明的,即在简谐激励力作用下,系统将产生一个与激励力相同频率的简谐振动,但滞后一个相角 φ,振幅由激励力的幅值、振动系统的物理参数(m,c,k)等确定。

强迫振动的性质和特点如下:

(1) 由式(3.7)和式(3.8)可知,强迫振动的振幅 X 和相角 φ 与初始条件无关,由系统的物理参数(m,c,k)和激励力的特征值(F,ω)决定。

(2) 强迫振动的振幅是工程技术人员十分关心的参数。式(3.7)可以改写为

$$X = \frac{F}{\sqrt{(k-\omega^2 m)^2 + \omega^2 c^2}}$$

$$= \frac{F}{k\sqrt{(1-\omega^2/\omega_n^2)^2 + \omega^2 c^2/k^2}}$$

$$= \frac{X_0}{\sqrt{(1-\omega^2/\omega_n^2)^2 + 4\zeta^2\omega^2/\omega_n^2}}$$

$$= \frac{X_0}{\sqrt{(1-r^2)^2 + (2\zeta r)^2}} \tag{3.12}$$

式中：X_0 为等效静位移，$X_0 = F/k$；r 为频率比，$r = \omega/\omega_n$。

定义 强迫振幅 X 与 X_0 的比为放大因子 M，有

$$M = \frac{X}{X_0} = \frac{1}{\sqrt{(1-r^2)^2 + (2\zeta r)^2}} \tag{3.13}$$

放大因子 M 随频率 r、阻尼比 ζ 变化的规律如图 3.3 所示。

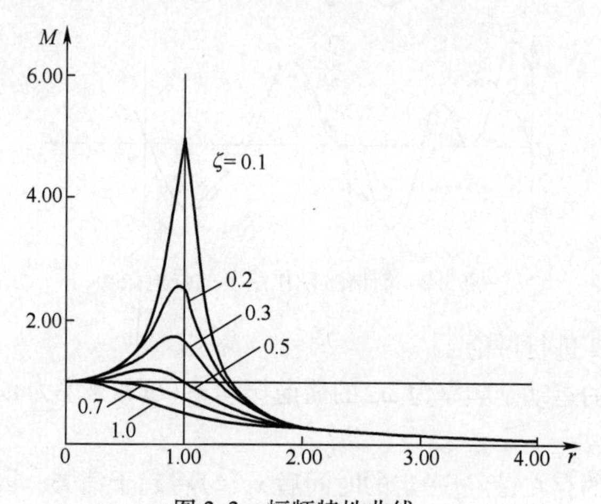

图 3.3 幅频特性曲线

当 $r\to 0$ 时，$M\to 1$，而且与阻尼无关。即频率接近于零时，振幅与静位移相近。当 $r\to\infty$ 时，$M\to 0$，与阻尼无关。在激励频率很高时振幅趋于零，即质量不能跟上力的快速变化，将停留在平衡位置不动。

当 $r=1$ 时，若 $\zeta=0$，在理论上 $M\to\infty$。即当系统中不存在阻尼时，激励频率和系统固有频率一致，振幅将趋于无限大，这种现象称为共振。

称 $r=1$，即 $\omega=\omega_n$ 时的频率为共振频率。当系统中存在阻尼时，振幅是有限的，其最大值并不在 $\omega=\omega_n$ 处。

由

$$\frac{dM}{dr} = \frac{-4r(1-r^2) + 8r\zeta^2}{2((1-r^2)^2 + 4r^2\zeta^2)^{3/2}} = 0$$

即要求 $-4r(1-r^2)+8r\zeta^2=0$。因此，得

$$r = 0, r = -\sqrt{1-2\zeta^2}, r = \sqrt{1-2\zeta^2}$$

可得振幅最大时的频率比和振幅分别为

$$r_{max} = \sqrt{1-2\zeta^2} \tag{3.14}$$

$$M_{max} = \frac{1}{2\zeta\sqrt{1-\zeta^2}} \tag{3.15}$$

只有无阻尼时共振频率才是 ω_n。有阻尼时，最大振幅的频率 $\omega_n\sqrt{1-2\zeta^2}$ 比 ω_n 小。当阻尼较小时，可以近似地看作 ω_n。

当 $\zeta>0$，即使只有很微小的阻尼，也使最大振幅限制在有限的范围内。由式(3.14)可知，若 $\zeta=1/\sqrt{2}$，则 $r_{max}=0$，即振幅的最大值发生在 $\omega=0$ 处，也就是静止时位移最大，由此可得出以下结论：

① 当 $\zeta\geqslant1/\sqrt{2}$ 时，不论 r 为何值，$M\leqslant1$。

② 当 $\zeta<1/\sqrt{2}$ 时，对于很小或很大的 r 值，阻尼对振幅的影响可以略去。

远离共振频率的区域，阻尼对减小振幅的作用不大。

在共振区域时的振幅由阻尼决定。例如：

① 当 $r=1$ 时，$M=\dfrac{1}{2\zeta}$。

② 当 $r=\sqrt{1-2\zeta^2}$ 时，$M=\dfrac{1}{2\zeta\sqrt{1-\zeta^2}}$。

(3) 强迫振动与激励力之间有相位差 φ。式(3.8)可以改写为

$$\varphi=\arctan\frac{\omega c}{k-\omega^2 m}=\arctan\frac{2\zeta r}{1-r^2} \tag{3.16}$$

相角 φ 与 r、ζ 有关。以 ζ 为参数，相角 φ 随 r，即 ω 变化的曲线如图3.4所示。

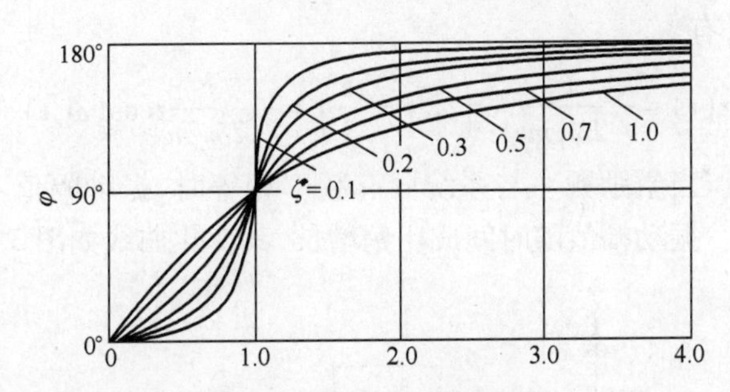

图3.4 相频特性曲线

对于不同的阻尼值，相角 φ 在0到 π 之间变化。对于 $\zeta=0$，当 $r<1$ 时，$\varphi=0$；当 $r>1$ 时，$\varphi=\pi$；当 $r=1$ 时，相角 φ 为 $0\sim\pi$。对于 $\xi>0$，有

① 当 r 很小时，即激励频率与固有频率相比很小时，运动与激励力有相同的相位 $\varphi\approx0$。

② 当 r 很大时，即激励频率与固有频率相比很大时，响应趋于零，而相角等于 π，这表明运动和激励力有反相位 $\varphi\approx\pi$。

③当 $r=1$ 时，激励频率等于固有频率时，共振的振幅很大，而相角 $\varphi=\pi/2$，运动的速度与激励力相同。

例3.1 有一无阻尼系统，其固有频率为 ω_n。受到一简谐激励 $F\sin\omega_n t$ 的作用，试确定其强迫振动。

解 系统的运动方程为

$$m\ddot{x} + kx = F\sin\omega_{\mathrm{n}}t \quad 或 \quad \ddot{x} + \omega_{\mathrm{n}}^2 x = \frac{F}{m}\sin\omega_{\mathrm{n}}t$$

用$\frac{F}{m}\mathrm{e}^{\mathrm{j}\omega_{\mathrm{n}}t}$代换$\frac{F}{m}\sin\omega_{\mathrm{n}}t$，则上式可变为

$$\ddot{x} + \omega_{\mathrm{n}}^2 x = \frac{F}{m}\mathrm{e}^{\mathrm{j}\omega_{\mathrm{n}}t}$$

假设上面方程的解的形式为$x(t) = \overline{X}\mathrm{e}^{\mathrm{j}\omega_{\mathrm{n}}t}$，代入上式，得

$$0 = \frac{F}{m}\mathrm{e}^{\mathrm{j}\omega_{\mathrm{n}}t}$$

当且仅当$F=0$时成立，而$F\neq 0$，因此该解是不能成立的。

再假设方程的解为

$$x(t) = \overline{X}t\mathrm{e}^{\mathrm{j}\omega_{\mathrm{n}}t}$$

代入运动方程，得

$$\mathrm{j}2\omega_{\mathrm{n}}\overline{X} = \frac{F}{m} \Rightarrow \overline{X} = \frac{F}{\mathrm{j}2\omega_{\mathrm{n}}m} = -\frac{F}{2\omega_{\mathrm{n}}m}\mathrm{e}^{\mathrm{j}\frac{\pi}{2}}$$

因此，有

$$x(t) = \frac{F}{2\omega_{\mathrm{n}}m}t\mathrm{e}^{\mathrm{j}\left(\omega_{\mathrm{n}}t+\frac{\pi}{2}\right)}$$

对于激励力$F\sin\omega_{\mathrm{n}}t$，有

$$x(t) = -\frac{F}{2\omega_{\mathrm{n}}m}t\sin\left(\omega_{\mathrm{n}}t + \frac{\pi}{2}\right) = -\frac{F}{2\omega_{\mathrm{n}}m}t\cos(\omega_{\mathrm{n}}t)$$

对于无阻尼系统，当激励频率与系统固有频率相等时，振动幅值不是立即达到无限大，而是有一个过程。振动幅值随时间成比例增长，其变化曲线如图3.5所示。

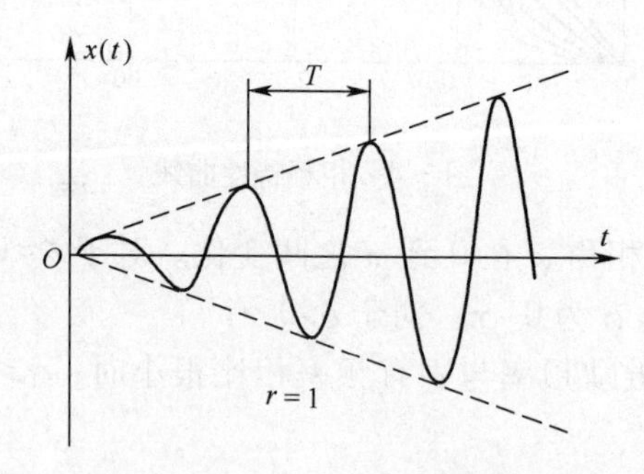

图3.5　共振时幅值变化曲线

这一结论符合实际情况。从理论上说，振幅最终将达到无限大，而实际上，当振幅增大到某一数值时，弹簧要损坏，用一种不希望的方式消除了振动问题。

例3.2　如图3.6所示，已知质量块m重$P=3500\mathrm{N}$，两个等刚度的弹簧的刚度系数$k=20000\mathrm{N/m}$，正弦激励力的幅值为$Q=100\mathrm{N}$，激励力的频率为$f=2.5\mathrm{Hz}$，阻尼器的阻尼$c=1600\mathrm{N\cdot s/m}$，求强迫振动的方程。

解　由图3.6可知系统的固有频率为

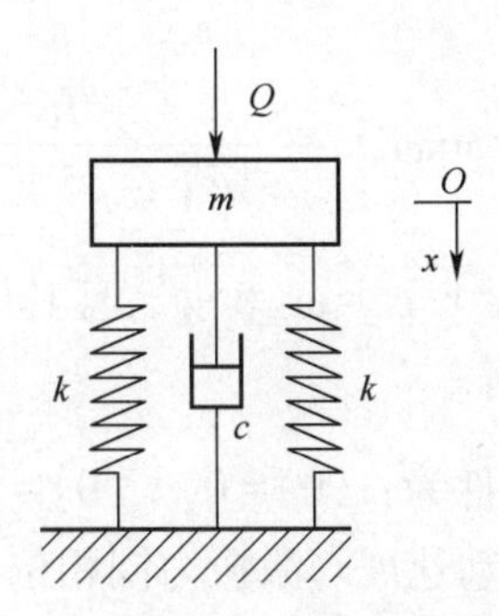

图3.6 正弦激励的质量弹簧阻尼系统

$$\omega_{\mathrm{n}}=\sqrt{\frac{k_{\mathrm{eq}}}{m}}=\sqrt{\frac{k+k}{P/g}}=10.58\mathrm{rad/s}$$

等效静位移 X_0 为

$$X_0=\frac{Q}{k_{\mathrm{eq}}}=\frac{100}{2\times 20000}=2.5\times 10^{-3}\mathrm{m}$$

系统的阻尼比 ζ 为

$$\zeta=\frac{c}{2m\omega_{\mathrm{n}}}=\frac{1600\times 9.8}{2\times 3500\times 10.58}\approx 0.212$$

系统的频率比 r 为

$$r=\frac{\omega}{\omega_{\mathrm{n}}}=\frac{2\pi f}{\omega_{\mathrm{n}}}=\frac{2\times\pi\times 2.5}{10.58}\approx 1.485$$

强迫振动的放大因子 M 为

$$\begin{aligned}M&=\frac{1}{\sqrt{(1-r^2)^2+(2\zeta r)^2}}\\&=\frac{1}{\sqrt{(1-1.485)^2+(2\times 0.212\times 1.485)^2}}\\&\approx 0.736\end{aligned}$$

强迫振动的振幅 X 为

$$X=MX_0=0.736\times 2.5\times 10^{-3}=1.84\times 10^{-3}\mathrm{m}$$

强迫振动与激励力之间的相位差 φ 为

$$\begin{aligned}\varphi&=\arctan\frac{2\zeta r}{1-r^2}=\arctan\frac{2\times 0.212\times 1.485}{1-1.485^2}\\&\approx\arctan(-0.522)\approx 0.847\pi\end{aligned}$$

强迫振动的运动方程为

$$x(t)=X\sin(2\pi ft-\varphi)=1.84\sin(5\pi t-0.847\pi)(\mathrm{mm})$$

例3.3 考察一次阻尼系统,激励频率 ω 与固有频率 ω_{n} 相等,初始时刻系统静止在平衡位置上,试求在激振力 $f_0\cos\omega t$ 作用下系统运动的全过程。

解 系统的运动微分方程为

$$m\ddot{x}(t)+c\dot{x}(t)+kx(t)=f_0\cos\omega t=f_0\sin\left(\omega t+\frac{\pi}{2}\right)$$

上式的通解为

$$x(t)=\mathrm{e}^{-\zeta\omega_{\mathrm{n}}t}(A_1\cos\omega_{\mathrm{d}}t+A_2\sin\omega_{\mathrm{d}}t)+\frac{f_0/k}{\sqrt{(1-r^2)^2+(2\zeta r)^2}}\sin\left(\omega t+\frac{\pi}{2}+\varphi\right)$$

式中:系统的有阻尼频率 $\omega_{\mathrm{d}}=\omega_{\mathrm{n}}\sqrt{1-\zeta^2}=\omega\sqrt{1-\zeta^2}$,且其中第一部分为系统的自由振动的通解,第二部分为强迫振动的特解。

根据题意可知系统的初始条件为:$x(0)=0,\ \dot{x}(0)=0$。根据题意,激励与系统的频率比为 $r=1$。又因为共振时系统振动速度与激振力同相位,而激振力的相位为零,即

$$\frac{\pi}{2}+\varphi=0\Rightarrow\varphi=-\frac{\pi}{2}$$

则系统的通解可简化为

$$x(t)=\mathrm{e}^{-\zeta\omega_{\mathrm{n}}t}(A_1\cos\omega_{\mathrm{d}}t+A_2\sin\omega_{\mathrm{d}}t)+\frac{f_0}{c\omega}\sin(\omega t)$$

把位移初始条件 $x(0)=0$ 代入上式,得

$$A_1=0$$

则系统的通解可进一步化简为

$$x(t)=\mathrm{e}^{-\zeta\omega_{\mathrm{n}}t}A_2\sin\omega_{\mathrm{d}}t+\frac{f_0}{c\omega}\sin(\omega t)$$

对上式对时间 t 取一阶导数,得系统的速度表达式为

$$\dot{x}(t)=-\zeta\omega_{\mathrm{n}}A_2\mathrm{e}^{-\zeta\omega_{\mathrm{n}}t}\sin\omega_{\mathrm{d}}t+A_2\omega_{\mathrm{d}}\mathrm{e}^{-\zeta\omega_{\mathrm{n}}t}\cos\omega_{\mathrm{d}}t+\frac{f_0}{c}\cos(\omega t)$$

把速度初始条件 $\dot{x}(0)=0$ 代入上式,得

$$0=-\zeta\omega_{\mathrm{n}}A_2\times 0+A_2\omega_{\mathrm{d}}\times 1+\frac{f_0}{c}\times 1$$

即

$$A_2=\frac{f_0}{c\omega_{\mathrm{d}}}=\frac{f_0}{c\omega\sqrt{1-\zeta^2}}$$

则系统的通解为 $(\omega=\omega_{\mathrm{n}})$

$$x(t)=-\frac{f_0}{c\omega\sqrt{1-\zeta^2}}\mathrm{e}^{-\zeta\omega_{\mathrm{n}}t}\sin\omega_{\mathrm{d}}t+\frac{f_0}{c\omega}\sin\omega t$$

$$=\frac{f_0}{c\omega}\left(\sin\omega t-\frac{1}{\sqrt{1-\zeta^2}}\mathrm{e}^{-\zeta\omega_{\mathrm{n}}t}\sin\sqrt{1-\zeta^2}\,\omega_{\mathrm{n}}t\right)$$

对于 $\zeta\ll 1$,可取如下近似:$\sqrt{1-\zeta^2}\approx 1$,将上式可化简为

$$x(t)=\frac{f_0}{c\omega_{\mathrm{n}}}(1-\mathrm{e}^{\zeta\omega_{\mathrm{n}}t})\sin\omega_{\mathrm{n}}t$$

系统响应的时间历程如图 3.7 所示,它给出了共振初期的过渡过程。

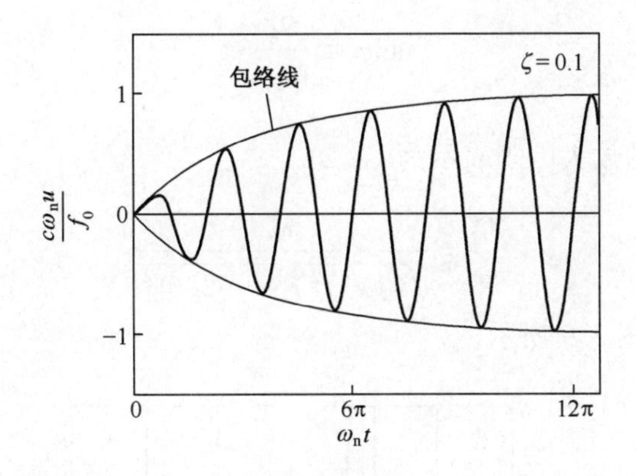

图 3.7 共振的过渡过程

3.2.2 旋转不平衡质量引起的强迫振动

旋转机械中转动部分的质量总存在着质量不平衡。为了研究由此而引起的运动，如图 3.8 所示。

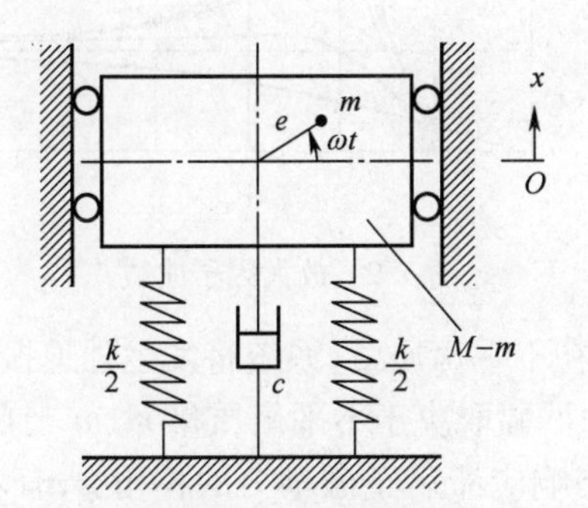

图 3.8 共振的过渡过程

机器可视为刚体，除旋转不平衡质量外，其余部分有相同的位移，选静平衡时，旋转中心 O 的位置为坐标原点。在 t 时刻，对于质量 $M-m$，其位移为 $x(t)$，而不平衡质量的位移为 $x(t)+e\sin\omega t$。

根据牛顿第二运动定律可得系统的运动方程为

$$(M-m)\frac{\mathrm{d}^2x}{\mathrm{d}t^2}+m\frac{\mathrm{d}^2}{\mathrm{d}t^2}(x+e\sin\omega t)+c\frac{\mathrm{d}x}{\mathrm{d}t}+kx=0$$

整理，得

$$M\ddot{x}+c\dot{x}+kx=me\omega^2\sin\omega t \tag{3.17}$$

方程的形式与式(3.1)相似，只是由 $me\omega^2$ 代替了振幅 F。因而式(3.17)的稳态响应可表示为

$$x(t)=X\sin(\omega_n t-\varphi) \tag{3.18}$$

式中

$$X=\frac{me\omega^2}{\sqrt{(k-\omega^2M)^2+\omega^2c^2}}=\frac{\frac{m}{M}er^2}{\sqrt{(1-r^2)^2+(2\zeta r)^2}} \tag{3.19}$$

$$\tan\varphi = \frac{2\zeta r}{1 - r^2} \tag{3.20}$$

这时 $\omega_n = \sqrt{\dfrac{k}{M}}$，系统的放大因子表示为

$$\frac{MX}{me} = \frac{r^2}{\sqrt{(1 - r^2)^2 + (2\zeta r)^2}} \tag{3.21}$$

放大因子曲线如图 3.9 所示。

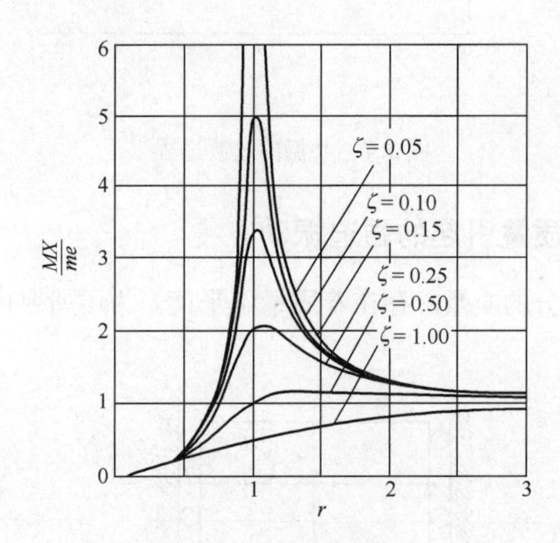

图 3.9　放大因子曲线

式(3.18)表明，由于存在不平衡质量，系统将发生强迫振动，振动的频率 ω 就是机器的角速度。系统稳态响应的振幅取决于不平衡质量 m、m 与旋转中心 O 的偏心距离 e 和角速度的平方。系统的稳态响应滞后于激励力的相角 φ，有着与简谐激励力相同的表达式，因而，频率比 r、阻尼比 ζ 的变化规律与简谐激励力完全相同。

式(3.21)和图 3.9 表示了振幅随 r 和 ζ 变化的规律。

(1) 当 r 很小时，$\dfrac{MX}{me} \to 0$，$\varphi \to 0$；

(2) 当 r 很大时，$\dfrac{MX}{me} \to 1$，$\varphi \to \pi$；

(3) 当 $r = 1$ 时，$\dfrac{MX}{me} \to \dfrac{1}{2\zeta}$，$\varphi = \dfrac{\pi}{2}$。

最大振幅发生在

$$r_{\max} = \sqrt{1 - 2\zeta^2}$$

即位于 $r = 1$ 的右边，其大小为

$$M_{\max} = \frac{1}{2\zeta\sqrt{1 - \zeta^2}}$$

3.2.3　基础运动引起的强迫振动

在实际的工程振动问题中，许多强迫振动的产生是由于基础或支承运动引起的。前

面所研究的系统都是安装在不动的基础或支承上，下面研究基础或支承运动引起的强迫振动。基础运动的力学模型如图 3.10 所示。

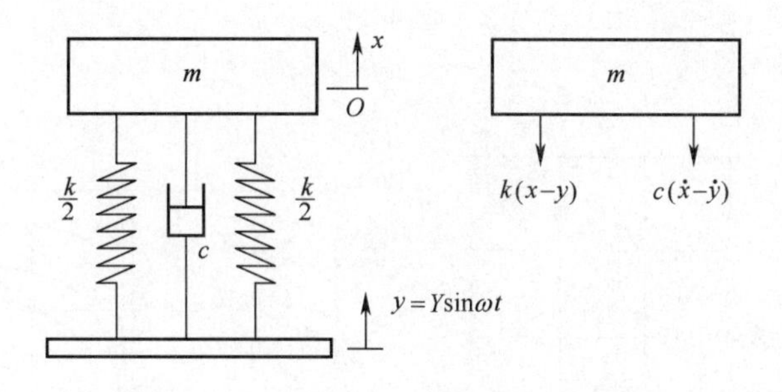

图 3.10　基础运动引起的强迫振动模型

假定基础的运动为 $y(t)=Y\sin\omega t$，根据牛顿第二运动定律，可以列出系统的运动方程为

$$m\ddot{x}=-c(\dot{x}-\dot{y})-k(x-y)$$

整理，得

$$m\ddot{x}+c\dot{x}+kx=c\dot{y}+ky \tag{3.22}$$

由式(3.22)可知基础运动使系统受到两个作用力：与位移 $y(t)$ 同相位、经过弹簧传给质量 m 的力 ky；与速度 $\dot{y}(t)$ 同相位、经过阻尼器传给质量 m 的力 $c\dot{y}$。

利用复指数法求解，用 $Y\mathrm{e}^{\mathrm{j}\omega t}$ 替换 $Y\sin\omega t$，并假定式(3.22) 的解为

$$x(t)=\bar{X}\mathrm{e}^{\mathrm{j}\omega t}$$

代入式(3.22)，得

$$\bar{X}=\frac{k+\mathrm{j}\omega c}{k-\omega^2 m+\mathrm{j}\omega c}Y=X\mathrm{e}^{\mathrm{j}\varphi} \tag{3.23}$$

式中：X 为振幅；φ 为响应与激励之间的相位差。

则振幅 X，响应与激励之间的相位差 φ 可以表示为

$$X=Y\sqrt{\frac{1+(2\zeta r)^2}{(1-r^2)^2+(2\zeta r)^2}} \tag{3.24}$$

$$\tan\varphi=\frac{2\zeta r^3}{1-r^2+4\zeta^2 r^2} \tag{3.25}$$

式(3.22)的稳态响应为

$$x(t)=\bar{X}\sin\omega t=X\sin(\omega t-\varphi) \tag{3.26}$$

式(3.24)可以表示成

$$\frac{X}{Y}=\sqrt{\frac{1+(2\zeta r)^2}{(1-r^2)^2+(2\zeta r)^2}} \tag{3.27}$$

$\frac{X}{Y}$以 ζ 为参数，随 r 变化的幅频曲线如图 3.11 所示。由幅频曲线可知：当 $r=0$ 和 $r=\sqrt{2}$时，$X/Y=1$，与 ζ 无关；当 $r>\sqrt{2}$时，$X<Y$，且阻尼小的 X/Y 比值要比阻尼大的时候小。

φ 以 ζ 为参数，随 r 变化的相频曲线如图 3.12 所示。由相频曲线可知：当 $\zeta=0$ 和 $r<1$ 时，响应与激励同相位；当 $\zeta=0$ 和 $r>1$ 时，响应与激反相位；当 $\zeta>0$ 和 $r\to1$ 时，$\varphi\to0$；当 $\zeta>0$ 和 $r\to\infty$ 时，$\varphi\to\dfrac{\pi}{2}$。

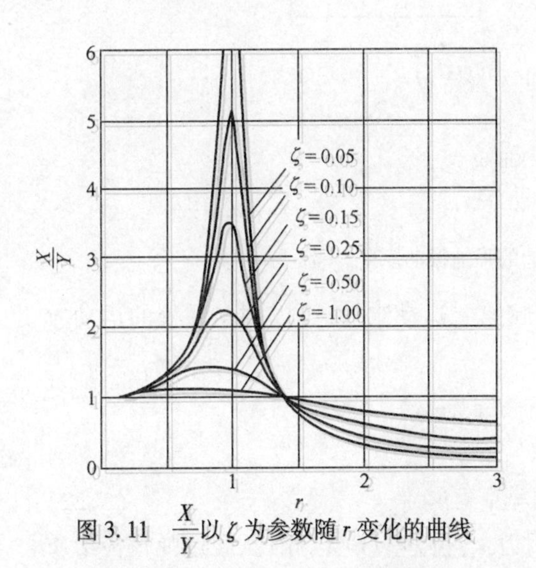

图 3.11　$\dfrac{X}{Y}$ 以 ζ 为参数随 r 变化的曲线

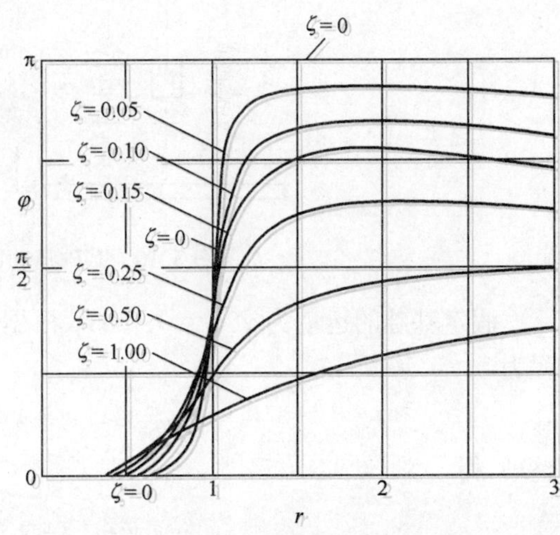

图 3.12　φ 以 ζ 为参数随 r 变化的曲线

例 3.4　有一发电机组，要确定其振动的大小，采用了如图 3.13(a)所示的方式。一个固定在三角架上的读数显微镜安装在机组的左边，而右边安装了一个标尺。若测得振动的峰值为 0.18mm，求机组的振幅。

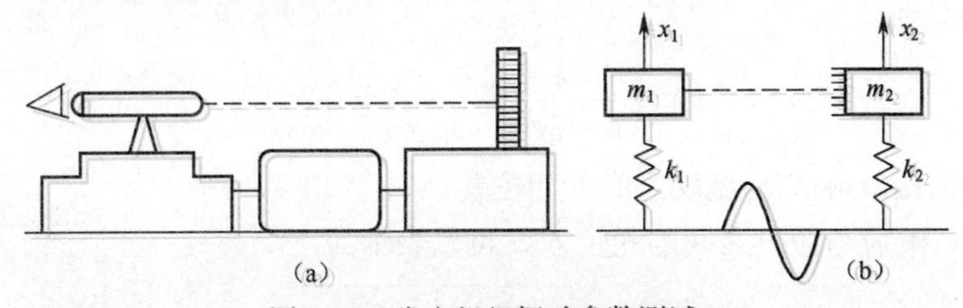

图 3.13　发电机组振动参数测试

解　因为读数系统和标尺都不是刚体，而是弹性体，可以简化为两个弹簧质量系统(略去阻尼)，如图 3.13(b)所示。

假定机组的振动为 $y(t)=Y\sin\omega t$，读数系统的质量为 $m_1=1\text{kg}$，弹簧常数 $k_1=7.5\times10^4\text{N/m}$，标尺系统的质量 $m_2=1.8\text{kg}$，簧常数 $k_2=15\times10^4\text{N/m}$，则可以分别列出两系统的运动方程：

$$m_1\ddot{x}_1+k_1x_1=k_1Y\sin\omega t$$

$$m_2\ddot{x}_2+k_2x_2=k_2Y\sin\omega t$$

解方程，得

$$X_1=\frac{k_1Y}{k_1-\omega^2m_1}\quad X_2=\frac{k_2Y}{k_2-\omega^2m_2}$$

假定机组的振动的频率为 $f=50\text{Hz}$，即 $\omega=2\pi f=314\text{rad/s}$。则两个系统的固有频率分

别为

$$\omega_{n1}=\sqrt{\frac{k_1}{m_1}}\approx 274\text{rad/s}\quad \omega_{n2}=\sqrt{\frac{k_2}{m_2}}\approx 289\text{rad/s}$$

显然有 $\omega>\omega_{n2}>\omega_{n1}$，即激励频率 ω 对于整个系统的频率比都大于1。对于无阻尼系统，两个响应滞后激励的相角都是 π，它们本身是同相位。因此测得的峰峰值为 $X=X_2-X_1$ 的两倍，即 $2X=0.18\text{mm}$。其中 X_1 为读数系统振动的幅值，X_2 为标尺系统振动的幅值。

$$X=X_2-X_1=\left(\frac{k_2}{k_2-\omega^2 m_2}-\frac{k_1}{k_1-\omega^2 m_1}\right)Y$$

解该方程，得

$$Y=0.039\text{mm}$$

3.3 简谐激励强迫振动理论的应用

3.3.1 积极隔振和消极隔振

振动常常对机器、仪器和设备的工作性能产生有害影响，为了消除这种影响，隔振是一种有效的措施。隔振有积极隔振和消极隔振两种。

把振源与地基隔离开来以减小它对周围的影响而采取的措施称为积极隔振或主动隔振；为了减小外界振动对设备的影响而采取的隔振措施称为消极隔振或被动隔振。例如发动机是振源，为了抑制发动机的振动对车身的影响而采取的隔振措施如橡胶垫、金属网等属于积极隔振；而为了减小路面的振动对汽车的影响而采取的减振措施如钢板弹簧、螺旋弹簧、阻尼器等属于消极隔振。

1. 积极隔振

采用积极隔振措施的目的是为了减小振动力的传播，即与机器振动有关的力将传递给机器的支撑结构，即将机器安装在合理设计的柔性支撑上，这一支撑就称为隔振装置。积极隔振的理论模型如图3.14所示。

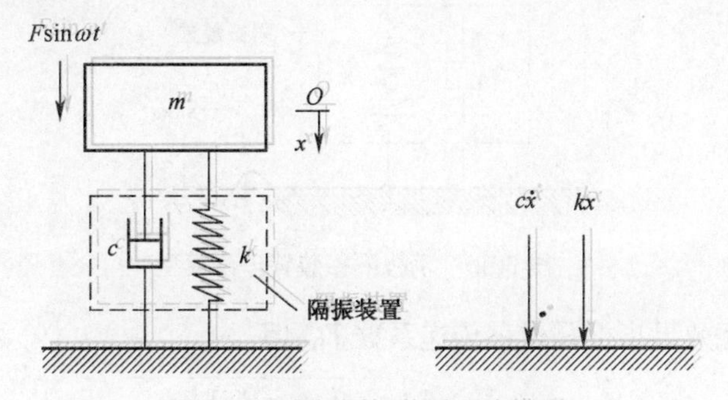

图3.14 积极隔振装置理论模型

经隔振装置传递到地基的力有两部分：

$$\begin{cases}F_s=kx=kX\sin(\omega t-\varphi) & \text{(弹簧力)}\\ F_d=c\dot{x}=c\omega X\cos(\omega t-\varphi) & \text{(阻尼力)}\end{cases}$$

式中：F_s，F_d 为相同频率、相位差 π/2 的简谐作用力。

因此，传给地基的力的最大值或振幅 F_T 为

$$F_T = \sqrt{(kX)^2 + (c\omega X)^2} = kX\sqrt{1 + (2\zeta r)^2} \tag{3.28}$$

由于在 $F\sin\omega t$ 作用下，系统稳态响应的振幅为

$$X = \frac{F}{k\sqrt{(1 - r^2)^2 + (2\zeta r)^2}}$$

则

$$F_T = \frac{F\sqrt{1 + (2\zeta r)^2}}{\sqrt{(1 - r^2)^2 + (2\zeta r)^2}} \tag{3.29}$$

评价积极隔振效果的指标是力传递系数 T_F

$$T_F = \frac{F_T}{F} = \frac{\sqrt{1 + (2\zeta r)^2}}{\sqrt{(1 - r^2)^2 + (2\zeta r)^2}} \tag{3.30}$$

合理设计的隔振装置应选择适当的弹簧常数 k 和阻尼系数 c，使传递系数 T_F 达到要求的指标，这就需要讨论 T_F 和 ζ 和 r 的关系式(3.30)。这一部分将与消极隔振一起讨论。

2. 消极隔振

周围的振动经过地基的传递会使机器产生振动。为了消除这一影响，可以设计合理的隔振装置减小机器的振动。消极隔振或者被动隔振的理论模型如图 3.15 所示。该模型与基础运动的模型相同。因此，隔振后系统稳态响应的振幅为

$$X = Y\sqrt{\frac{1 + (2\zeta r)^2}{(1 - r^2)^2 + (2\zeta r)^2}}$$

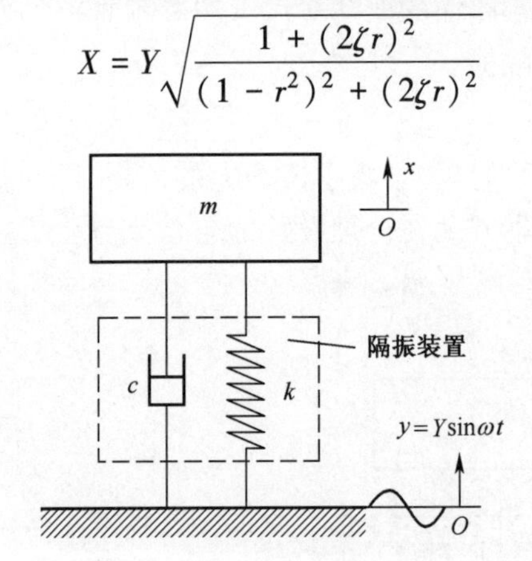

图 3.15　消极隔振装置理论模型

评价消极隔振效果指标是位移传递系数 T_D，即

$$T_D = \frac{X}{Y} = \sqrt{\frac{1 + (2\zeta r)^2}{(1 - r^2)^2 + (2\zeta r)^2}} \tag{3.31}$$

位移传递系数 T_D 和力的传递系数 T_F 的表达式完全相同。因此，在设计积极隔振装置或消极隔振装置时所遵循的准则是相同的。令 $T_F = T_D = T_R$，T_R 称为**传递系数**。传递系数 T_R 随 ζ 和 r 的变化曲线如图 3.16 所示。

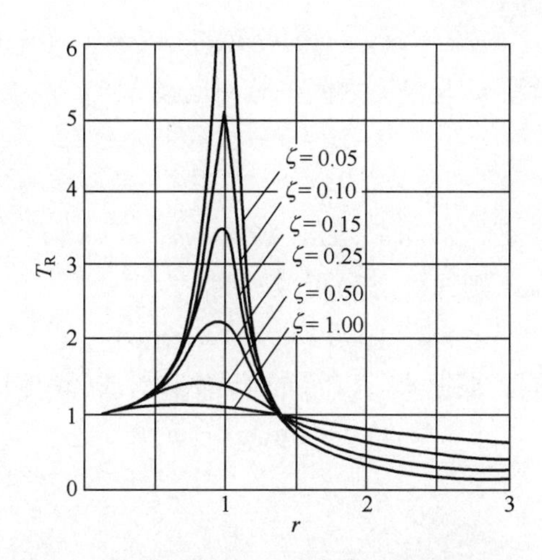

图 3.16　传递系数 T_R 随 ζ 和 r 的变化曲线

在 $r=0$ 和 $r=\sqrt{2}$ 时，$T_R=1$，与阻尼无关，即传递的力或位移与施加给系统的力或位移相等。在 $0<r<\sqrt{2}$ 的频段内传递的力或位移都比施加的力或位移大。当 $r>\sqrt{2}$ 时，所有曲线都表明：传递系数随着激励频率的增大而减小。

综上所述可以得出两点结论：

（1）不论阻尼比为多少，只有在 $r>\sqrt{2}$ 时才有隔振效果。

（2）对于某个给定的 $r>\sqrt{2}$ 值，当阻尼比减小时，传递系数也减小。

因此，为了隔振，最好的办法似乎是用一个无阻尼弹簧，即频率比 $r>\sqrt{2}$。在实际工作时，机器有个起动过程，将通过共振区。因而，小量的阻尼是人们期望的。不过，零阻尼情况只是理想情况，实际上小阻尼总是存在的。

3.3.2　振动测试仪器的设计

振动测试仪器有 3 种基本形式，即测试位移、速度和加速度的仪器，它们都是根据基础激励引起的强迫振动的原理设计的。必须指出，在测量时应把仪器固定在被测对象上，并使仪器的振动方向与被测对象的振动方向一致。

振动测试仪器一般由装在机座中的弹簧-质量-阻尼系统和测量质量与机座间相对位移的装置组成，振动测试仪器的理论模型如图 3.17 所示。假定 $x(t)$ 为仪器质量块 m 的运动，$y(t)$ 为仪器机座，即被测对象的运动，则系统运动方程为

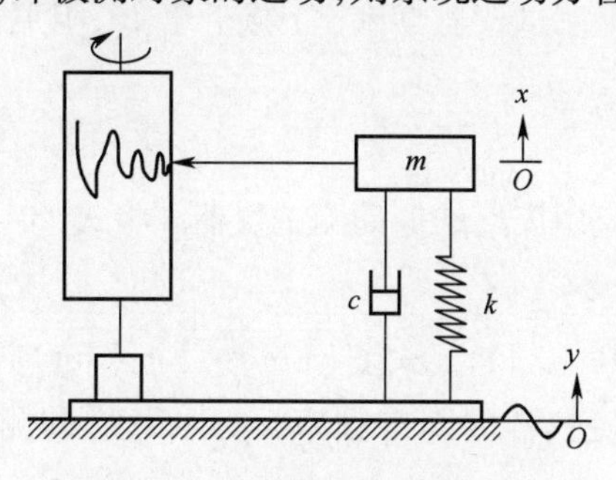

图 3.17　振动测试仪器理论模型

$$m\ddot{x} + c(\dot{x} - \dot{y}) + k(x - y) = 0 \tag{3.32}$$

由于仪器记录是质量块 m 与机座之间的相对运动,令

$$z = x - y$$

则(3.32)可变换为

$$m\ddot{z} + c\dot{z} + kz = - m\ddot{y} \tag{3.33}$$

若机座的运动 $y(t) = Y\sin\omega t$,则式(3.33)可改写为

$$m\ddot{z} + c\dot{z} + kz = mY\omega^2\sin\omega t \tag{3.34}$$

式(3.34)与式(3.17)相同。根据式(3.17)的求解结果,式(3.34)的解为

$$z(t) = Z\sin(\omega t - \varphi) \tag{3.35}$$

式中

$$Z = \frac{mY\omega^2}{\sqrt{(k - \omega^2 m)^2 + \omega^2 c^2}} \tag{3.36}$$

或

$$\frac{Z}{Y} = \frac{r^2}{\sqrt{(1 - r^2)^2 + (2\zeta r)^2}} \tag{3.37}$$

相角 φ

$$\tan\varphi = \frac{\omega c}{k - \omega^2 m} = \frac{2\zeta r}{1 - r^2} \tag{3.38}$$

式(3.37)是设计振动测试仪器的基本依据。

1. 位移传感器

如果测试的频率 ω 比仪器的固有频率 ω_n 要高得多,即频率比 r 很高,则

$$Z/Y = [(1/r^2 - 1)^2 + (2\zeta/r)^2]^{-1/2} \to 1$$

仪器质量块 m 与机座之间的相对位移 z 接近于机座的位移 y,但相位差 π,而质量块 m 的绝对位移 x 接近于零,即保持稳定,这就提供了一个进行位移测试的基准系统。仪器记录的是被测对象运动的位移,这种测试仪器就称为**位移传感器**。

测试频率与仪器的固有频率相比越大则测试精度越高,即要求 $r \gg 1$。作为一条规则:位移传感器的固有频率至少要比最低测试频率小两倍。位移传感器是一种固有频率很低的振动测试仪器。

如果测试的运动不是纯正弦波,包含有高次谐波,这些高次谐波,频率比 r 则更高,仪器的指示精度将更高。实际测试仪器频率比 r 接近于 10,阻尼比 $\zeta \approx 0.7$。位移传感器的响应特性曲线如图 3.18 所示。

2. 加速度传感器

加速度传感器是一种应用广泛的振动测试仪器。将式(3.37)做一些变换,得

$$\frac{Z}{Y\omega^2} = \frac{Z}{\ddot{Y}} = \frac{1}{\omega_n^2\sqrt{(1 - r^2)^2 + (2\zeta r)^2}} \tag{3.39}$$

如果测试的频率 ω 要比仪器的固有频率 ω_n 小很多,即测试时的频率比 $r \ll 1$,由式(3.39)可知

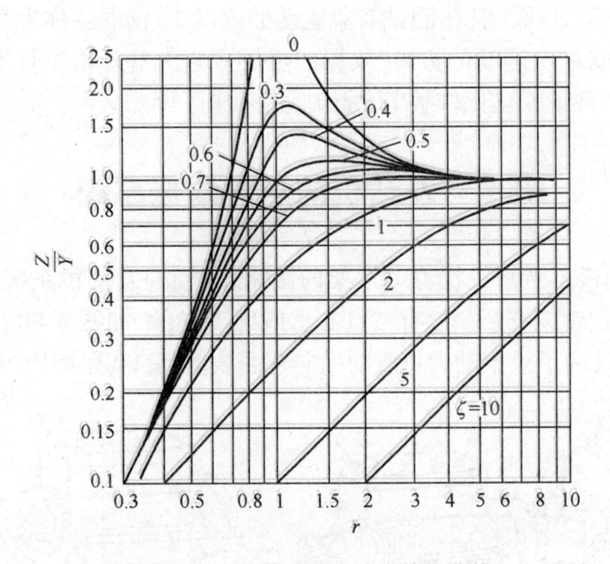

图 3. 18 位移传感器的响应特性曲线

$$Z \to \frac{Y\omega^2}{\omega_n^2} = \frac{\ddot{Y}}{\omega_n^2} \tag{3.40}$$

即测得的相对位移 Z 与测试对象运动加速度 $\ddot{Y}$ 近似成正比，这种仪器称为**加速度传感器**。加速度传感器是一种固有频率很高的传感器。作为一条规则：加速度传感器的固有频率至少要比测试的最高频率高两倍。实际测试仪器阻尼比 $\zeta=0.7$。加速度传感器的响应特性曲线如图 3. 19 所示。

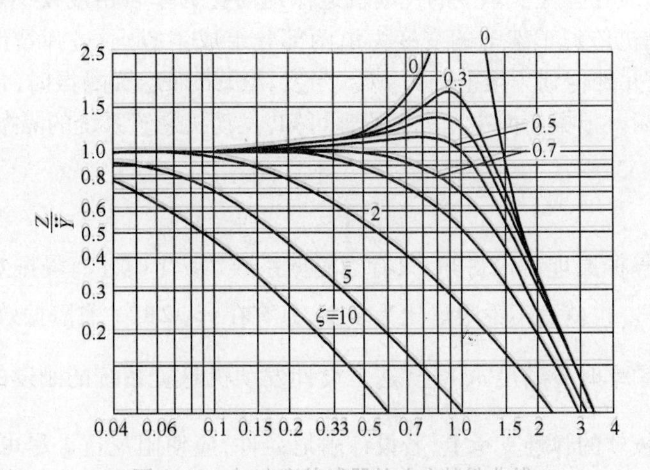

图 3. 19 加速度传感器的响应特性曲线

3. 速度传感器

如果测试频率等于仪器的固有频率 ω_n，即测试时的频率比 $r=1$，则由式(3. 37)得

$$Z = \frac{Yr}{2\zeta} = \frac{\dot{Y}}{2\zeta\omega_n} = \frac{\dot{Y}}{c/m} \tag{3.41}$$

输出的相对位移 Z 将正比于测试对象运动的速度 $\dot{Y}$,仪器就称为**速度传感器**。

显然,为了限制相对运动的振幅,仪器的阻尼应当大些。由于仪器常数 c/m 决定于阻尼系数 c,它对于环境变化比较敏感,故给应用带来了困难。

3.4 发动机的悬置隔振系统

为了减少发动机不平衡干扰力对车架的影响,车辆的发动机系统都用弹性支承(也称悬置系统)安装在车架上。一般有三点支承或四点支承,如图 3.20 所示。对于装甲车辆的大功率发动机,为了减少动力总成的纵向弯曲振动,有时还采用中间辅助支承。

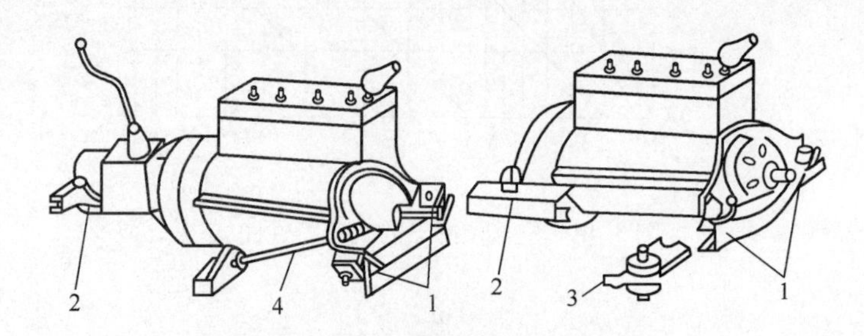

图 3.20 发动机悬置装置

1—前支撑;2—后支撑;3—弹性元件;4—拉杆。

发动机悬置系统隔振效果的好坏,主要看隔振系数或传递系数 T_R 的大小,当传递系数 $T_R<1$ 时,悬置才有隔振作用。为了说明这个结论和发动机隔振设计中应遵循和满足的条件,可以将安装在弹性支承上的发动机近似地简化为单自由度模型。在周期性的干扰力作用下,发动机传到车架上的交变力由两部分组成:一是通过弹簧传到车架上的力 kx;二是通过阻尼元件传到车架上的力 $c\dot{x}$。当发动机未加悬置隔振时,传到车架上的力就是激振力 $F\sin\omega t$。根据前面主动隔振原理可知,发动机悬置系统的隔振系数为

$$T_R = \frac{F_T}{F} = \frac{\sqrt{1+(2\zeta r)^2}}{k\sqrt{(1-r^2)^2+(2\zeta r)^2}} \tag{3.42}$$

由前面主动隔振原理讨论得知,只有当隔振系数 $T_R<1$ 时才有隔振效果,而且 T_R 越小,隔振效果越好。也就是不论阻尼比为多少,只有在 $r>\sqrt{2}$ 时才有隔振效果,这就要求设计发动机的固有频率时应满足 $\omega_n<\frac{\omega}{\sqrt{2}}$,这是设计发动机悬置系统的刚度的依据。使发动机悬置在一个比较软的弹性支承上,若设计阻尼元件,应使阻尼比 ζ 尽可能小,以得到尽量小的力传递率,但同时还要校核发动机的振幅,看是否会影响其正常工作。

由于发动机的工作转速范围很宽,要求在全部转速范围内不出现共振是不可能的。根据发动机的工作特点,其工作转速范围由低到高大致可分为几个区段:起动过程区,怠速运转区,加速过渡区及常用工具转速区。由于怠速运转区和常用工作转速区是常用区段,所以,一般都希望尽可能把发动机的固有频率安排在起动过程区内,使其有较低的固有频率。可以根据这些原则对发动机的悬置进行初步的设计计算。

3.5 非简谐激励作用下系统的响应

在许多实际问题中,系统所受到的激励并不是简谐激励,而可能是一般的周期激励或非周期的激励,所以必须研究这两种更一般的情况。

3.5.1 任意周期激励的响应

一个质量弹簧阻尼系统,受到了周期激励力 $F(t)$ 的作用,其运动方程为

$$m\ddot{x} + c\dot{x} + kx = F(t) \tag{3.43}$$

且

$$F(t + T) = F(t) \tag{3.44}$$

式中:T 为周期。

任意一个周期激励函数,在一般情况下可以分解成一系列不同谐波的简谐激励,对这些简谐激励求出各自的响应,然后根据线性系统的叠加原理把这些响应叠加起来,即为该周期激励下系统的响应。因此,求线性系统对任意周期激励的响应,实质上就是求简谐激励响应的推广。

另一方面,在数学上我们知道,任何一个周期函数,只要满足一定的条件,都可以展开成傅里叶级数,但必须具备如下两个条件:

(1) 函数在一个周期上连续或只有有限个间断点,而且间断点上函数的左右极限分别存在。

(2) 函数在一个周期内只有有限个极大和极小值。

因此,对于线性系统在受到周期激励作用时,系统稳态响应的计算就很简单,可以把计算步骤归纳如下:

第一步,把该周期激励展成傅里叶级数。

第二步,把级数的每一项视作一简谐激励,确定其稳态响应。

第三步,把所有简谐稳态响应加起来,就得到了系统对该周期激励的稳态响应。

因此式(3.43)的周期激励 $F(t)$ 可以表示为

$$F(t) = \frac{a_0}{2} + \sum_{n=1}^{\infty}(a_n\cos n\omega t + b_n\sin n\omega t)$$

式中:$\omega = 2\pi/T$ 为周期激励力的基频;a_0,a_n 和 b_n 为傅里叶级数的系数,其表达式为

$$a_0 = \frac{2}{T}\int_0^T F(t)\,\mathrm{d}t;\ a_n = \frac{2}{T}\int_0^T F(t)\cos n\omega t\,\mathrm{d}t;\ b_n = \frac{2}{T}\int_0^T F(t)\sin n\omega t\,\mathrm{d}t$$

则系统在周期激励力 $F(t)$ 作用下的运动微分式(3.43)可以改写为

$$m\ddot{x} + c\dot{x} + kx = \frac{a_0}{2} + \sum_{n=1}^{\infty}(a_n\cos n\omega t + b_n\sin n\omega t) \tag{3.45}$$

常数项 $a_0/2$ 的稳态响应为 $a_0/(2k)$ 。

对于 $a_n\cos n\omega t$ 的稳态响应分别为

$$\frac{a_n}{k\sqrt{(1 - r_n^2)^2 + (2\zeta r_n)^2}}\cos(n\omega t - \varphi_n) \tag{3.46}$$

对于 $b_n\sin n\omega t$ 的稳态响应分别为

$$\frac{b_n}{k\sqrt{(1-r_n^2)^2+(2\zeta r_n)^2}}\sin(n\omega t-\varphi_n) \tag{3.47}$$

式中

$$\begin{cases} r_n = nr = \dfrac{n\omega}{\omega_n} \\ \tan\varphi_n = \dfrac{2\zeta r_n}{1-r_n^2} \end{cases} \tag{3.48}$$

于是,系统的稳态响应为

$$x(t)=\frac{a_0}{2k}+\sum_{n=1}^{\infty}\frac{a_n}{k\sqrt{(1-r_n^2)^2+(2\zeta r_n)^2}}\cos(n\omega t-\varphi_n)+$$
$$\sum_{n=1}^{\infty}\frac{b_n}{k\sqrt{(1-r_n^2)^2+(2\zeta r_n)^2}}\sin(n\omega t-\varphi_n) \tag{3.49}$$

系统的稳态响应也是一个无穷级数。对于大多数工程问题,计算有限项已可以满足要求。

需要指出的是:当方程右边的某个谐波的频率与系统固有频率相等时就会发生共振,对应项的振幅就会很大。因此,周期激励有着比简谐激励发生共振的更大可能性。

例 3.5 如图 3.21 所示的单缸发动机模型,在汽缸活塞的运动过程中,不平衡的往复运动将使整个系统受到周期性的干扰力,试分析系统稳态强迫振动过程。

解 在干扰力的分析中,活塞杆的质量可以用两个质量来代替,第一个质量位于曲柄销钉处,第二个质量位于活塞处,运动中所有不平衡的质量,都可以简化到这两点,分别用 M_1 和 M_2 表示。以向下为正方向,则 M_1 的惯性力的竖直分量为

$$F_1=-M_1\omega^2 r\cos\omega t$$

式中:ω 为曲柄角速度;r 为曲柄半径;ωt 为曲柄与竖直轴线的夹角。

往复质量 M_2 的运动比较复杂,由如图 3.21 所示的几何关系,得

$$x=l(1-\cos\alpha)+r(1-\cos\omega t)$$

$$r\sin\omega t=l\sin\alpha\Rightarrow\sin\alpha=\frac{r}{l}\sin\omega t$$

活塞杆的长度 l 通常要比曲柄半径大好几倍,因此,有

$$\cos\alpha=\sqrt{1-\frac{r^2}{l^2}\sin^2\omega t}\approx1-\frac{r^2}{2l^2}\sin^2\omega t$$

把上式代入 x 的表达式,得

$$x=r(1-\cos\omega t)+\frac{r^2}{2l}\sin^2\omega t$$

则往复质量 M_2 的速度和加速度为

$$\dot{x}=r\omega\sin\omega t+\frac{r^2\omega}{2l}\sin2\omega t,\ddot{x}=r\omega^2\cos\omega t+\frac{r^2\omega}{l}\sin2\omega t$$

M_2 产生的惯性力为

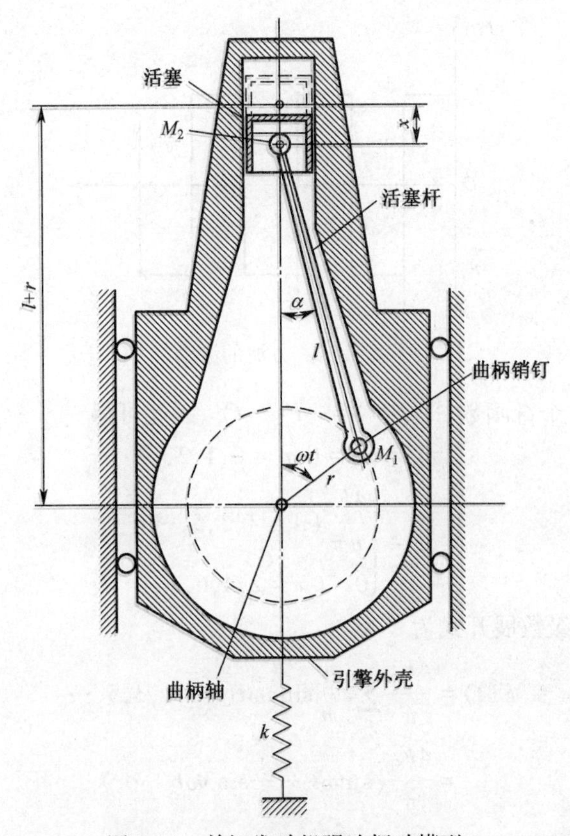

图 3.21　单缸发动机强迫振动模型

$$F_2 = -M_2\ddot{x} = -M_2\omega^2 r(\cos\omega t + \frac{r}{l}\cos 2\omega t)$$

则系统受到的总干扰力为

$$F(t) = -(M_1 + M_2)\omega^2 r\cos\omega t - \frac{r}{l}M_2\omega^2 r\cos 2\omega t$$

如果系统总质量为 M,支承刚度为 k,则系统动力学方程为

$$M\ddot{x} + kx = F_1 + F_2 = -(M_1 + M_2)\omega^2 r\cos\omega t - \frac{r}{l}M_2\omega^2 r\cos 2\omega t$$

采用叠加原理求得系统稳态响应解为

$$x(t) = -\frac{(M_1 + M_2)\omega^2 r}{k - M\omega^2}\cos\omega t - \frac{M_2\omega^2 r^2}{l(k - 4M\omega^2)}\cos 2\omega t$$

从上式可以看出,单缸发动机具有两个临界速率:第一个是机器转动频率与系统固有频率 $w = \sqrt{k/M}$ 相等时;第二个是机器转动频率是固有频率 ω 的 1/2 时。

例 3.6　有一个无阻尼单自由度系统,受到如图 3.22 所示的方波激励,系统的固有频率为 ω_n,试确定系统的稳态响应。

解　在一个周期内,激励函数 $F(t)$ 可以表示为

$$F(t) = \begin{cases} F_0 & (mT < t < (m + 1/2)T) \\ -F_0 & ((m + 1/2)T < t < (m + 1)T) \end{cases}, m = 0,1,2,\cdots$$

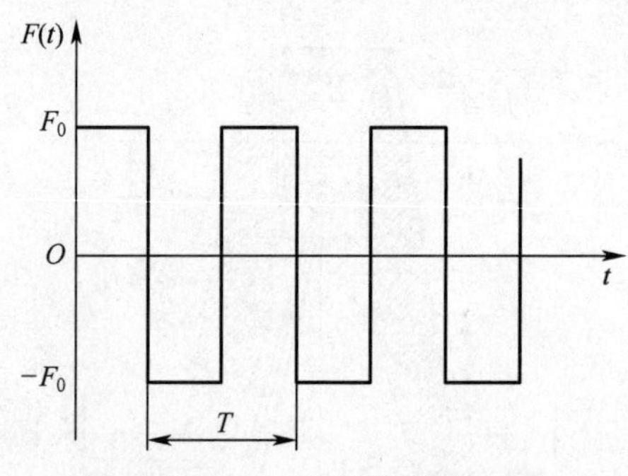

图 3.22　方波的激励

由于 $F(t)$ 是一个奇函数,即 $F(t)=-F(-t)$,因此可得

$$a_0=a_n=0,n=0,1,2,\cdots$$

$$b_n=\begin{cases}\dfrac{4F_0}{n\pi}(n=1,3,5,\cdots)\\0\quad(n=2,4,6,\cdots)\end{cases}$$

所以 $F(t)$ 的傅里叶级数展开式为

$$\begin{aligned}F(t)&=\frac{4F_0}{\pi}\sum_n\frac{1}{n}\sin n\omega t(n=1,3,5,\cdots)\\&=\frac{4F_0}{\pi}\left(\sin\omega t+\frac{1}{3}\sin3\omega t+\cdots\right)\end{aligned}$$

上式第一项 $\dfrac{4F_0}{\pi}\sin\omega t$ 的激励下的系统响应为

$$x_1(t)=\frac{4F_0}{k\pi}\cdot\frac{\sin\omega t}{1-\left(\dfrac{\omega}{\omega_n}\right)^2}$$

第二项 $\dfrac{4F_0}{3\pi}\sin3\omega t$ 的激励下的系统响应为

$$x_2(t)=\frac{4F_0}{k\pi}\cdot\frac{\sin3\omega t}{3\left[1-\left(\dfrac{3\omega}{\omega_n}\right)^2\right]}$$

由叠加原理,可得系统的稳态响应为

$$x(t)=\frac{4F_0}{k\pi}\left(\frac{\sin\omega t}{1-\left(\dfrac{\omega}{\omega_n}\right)^2}+\frac{\sin3\omega t}{3\left[1-\left(\dfrac{3\omega}{\omega_n}\right)^2\right]}+\cdots\right)$$

例 3.7　有一凸轮机构,凸轮以 60r/min 旋转,升程为 1m,产生锯齿形运动,如图 3.23所示,并将运动传递给一个质量弹簧阻尼系统,试确定系统的稳态响应。

解　在一个周期内激励函数 $x_1(t)$ 可以表示为

$$x_1(t)=\frac{1}{T}t$$

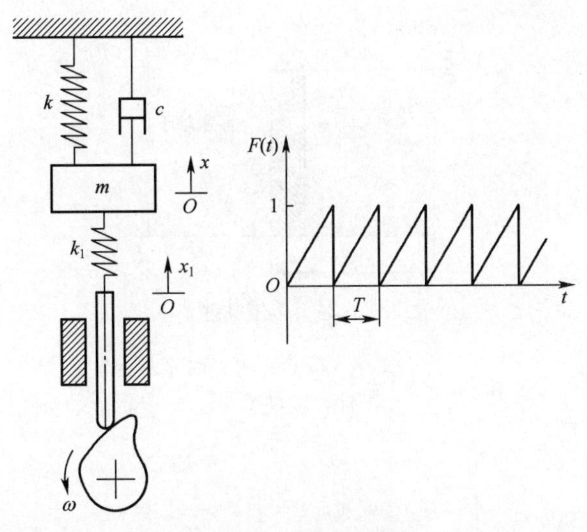

图 3.23　锯齿波的激励

展成傅里叶级数为

$$x_1(t)=\frac{1}{2}-\frac{1}{\pi}\sum_{n=1}^{\infty}\frac{1}{n}\sin 2\pi nt$$

系统的运动方程为

$$m\ddot{x}+c\dot{x}+(k+k_1)x=k_1x_1$$

因而系统的稳态响应为

$$x(t)=\frac{k_1}{k+k_1}\left[\frac{1}{2}-\frac{1}{\pi}\sum_{n=1}^{\infty}\frac{\sin(2\pi nt-\varphi_n)}{n\sqrt{(1-r_n^2)^2+(2\zeta r_n)^2}}\right],\tan\varphi_n=\frac{2\zeta r_n}{1-r_n^2}$$

3.5.2　非周期激励作用下的系统响应

在许多工程问题中,系统所受到的激励是非周期的任意时间函数,或者是在极短时间间隔内的冲击作用。在这种激励情况下,系统通常没有稳态响应,而只有瞬态响应,在激励作用停止后,系统按固有频率做自由振动。系统在这种激励下的振动状态,包括激励作用停止后的自由振动,称为任意激励的响应。

因为任意激励无周期特征,可把任意激励的作用看成一系列冲量 $F(t)\mathrm{d}t$ 的连续作用。对于线性系统,激励引起的响应可以看成一系列冲量响应的叠加,这就是处理任意激励的基本思想。

为了后面分析方便,我们先学习一下有关脉冲函数的预备知识。单位脉冲常用 δ 函数来表示,δ 函数由下面两个式子定义:

$$\delta(t-\tau)=\begin{cases}0(t\neq\tau)\\\infty\ (t=\tau)\end{cases}\tag{3.50}$$

且具有

$$\int_{-\infty}^{+\infty}\delta(t-\tau)\mathrm{d}t=1\tag{3.51}$$

为了更好地理解 δ 函数,现考察 $\delta_\varepsilon(t-\tau)$,如图 3.24 所示。该函数的表达式为

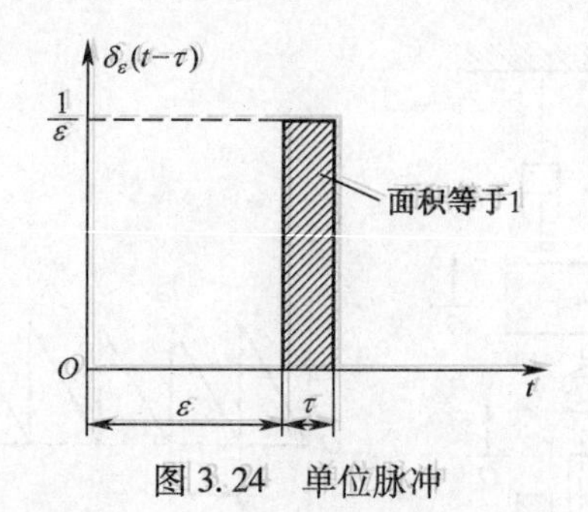

图 3.24　单位脉冲

$$\delta_{\varepsilon}(t-\tau)=\begin{cases}1/\varepsilon(\varepsilon \leqslant t \leqslant \tau+\varepsilon)\\0(\text{其他})\end{cases} \tag{3.52}$$

显然

$$\int_{-\infty}^{+\infty}\delta_{\varepsilon}(t-\tau)\,\mathrm{d}t=\int_{\tau}^{\tau+\varepsilon}\frac{1}{\varepsilon}\mathrm{d}t=1 \tag{3.53}$$

由此可得

$$\lim_{\varepsilon\to 0}\delta_{\varepsilon}(t-\tau)=\delta(t-\tau) \tag{3.54}$$

可见 δ 函数的单位是其自变量单位的倒数,例如上式中自变量 t 的单位为秒,则该 δ 函数的单位为 1/秒。$\delta(t-\tau)$ 函数具有如下性质:

(1) 筛选性。

$$\int_{-\infty}^{\infty}f(t)\delta(t-\tau)\,\mathrm{d}t=\lim_{\varepsilon\to 0}\int_{\tau}^{\tau+\varepsilon}\frac{1}{\varepsilon}f(t)\,\mathrm{d}t=\lim_{\varepsilon\to 0}\frac{1}{\varepsilon}\varepsilon f(\tau+\theta\varepsilon)=f(\tau) \tag{3.55}$$

上式推导用到了积分中值定理,其中 $0\leqslant\theta\leqslant1$。容易推知

$$\int_{0}^{t}f(t)\delta(t-\tau)\,\mathrm{d}t=f(\tau)\ (0<\tau<t) \tag{3.56}$$

(2) $\delta(t-\tau)$ 函数可将集中量化为分布量。作用时间很短、冲量有限的力称为**冲激力**。假设有一冲激力由 $t=\tau$ 时刻开始作用,至 $t=\tau+\varepsilon$ 停止,产生的冲量为一常数 I_{ε},则该力的平均值为

$$f_{\varepsilon}=I_{\varepsilon}/\varepsilon=I_{\varepsilon}\delta_{\varepsilon}(t-\tau)$$

令上式中 $\varepsilon\to0$,得

$$f=I\delta(t-\tau)$$

上式的物理意义是:一冲激力在 $t=\tau$ 时刻作用,在无限短时间内产生了有限冲量 I,这一冲激力在这无限短时间内的值很大。由于冲量是力对时间积分的集中量,所以力就是冲量在时间上的分布量。可进一步理解为:冲量乘以 δ 函数后得到其在时间上的分布量——作用力。该概念可进一步推广为:任一量与 δ 函数相乘后得到相应于该量的分布量。

对于一个有阻尼的弹簧质量系统,受到如图 3.25 所示的冲量作用。当大小为 F 的力只在 Δt 的时间内作用时,冲量为

$$\hat{F}=\int_{a}^{a+\Delta t}F(t)\,\mathrm{d}t=\int_{a}^{a+\Delta t}F\mathrm{d}t \tag{3.57}$$

定义单位脉冲为

$$I=\lim_{\Delta t\to 0}\int_{a}^{a+\Delta t}F\mathrm{d}t=1 \tag{3.58}$$

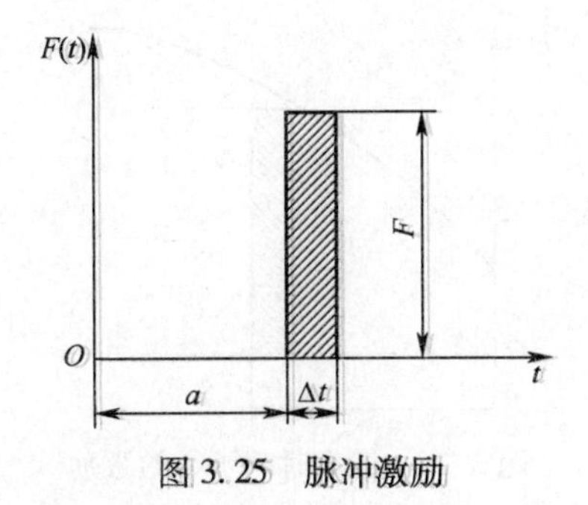

图 3.25 脉冲激励

显然当 $\Delta t \to 0$ 时,为使 $F\mathrm{d}t$ 有限的值,F 将趋于无限大。利用 δ 函数的性质可以把在时间 $t=a$ 作用的脉冲力 $F(t)$ 产生的冲量表示为

$$F(t)=\hat{F}\delta(t-a) \tag{3.59}$$

一个有阻尼的质量弹簧系统,在 $t=0$,初始条件 $x(0)=\dot{x}(0)=0$ 时,受到一个脉冲力的作用,由动量原理,得

$$\int_0^{\Delta t} F(t)\mathrm{d}t = mv(\Delta t)=m\dot{x}(\Delta t) \tag{3.60}$$

式中:$\dot{x}(\Delta t)$ 为质量 m 在受到冲量后瞬时速度。

由于 Δt 很小,引入符号 $\Delta t=0^+$,并利用式(3.59),当 $a=0$ 时,得

$$\int_0^{0^+} \hat{F}\delta(t)\mathrm{d}t = m\dot{x}(0^+) \tag{3.61}$$

即

$$\dot{x}(0^+)=\hat{F}/m \tag{3.62}$$

式(3.62)表明,由于 Δt 是如此之小,系统的运动与由 $x(0)=0,\dot{x}(0)=\hat{F}/m$ 的初始条件引起的自由振动是相同的。

对于弱阻尼系统,在上述初始条件下的自由振动为

$$x(t)=\begin{cases}[\hat{F}/(m\omega_{\mathrm{d}})]\mathrm{e}^{-\zeta\omega_{\mathrm{n}}t}\sin\omega_{\mathrm{d}}t & (t>0)\\ 0 & (t<0)\end{cases} \tag{3.63}$$

引入脉冲响应函数 $h(t)$,则系统对 $t=0$ 时作用的脉冲力的响应可以表示为

$$x(t)=\hat{F}h(t) \tag{3.64}$$

而

$$h(t)=\begin{cases}[1/(m\omega_{\mathrm{d}})]\mathrm{e}^{-\zeta\omega_{\mathrm{n}}t}\sin\omega_{\mathrm{d}}t & (t>0)\\ 0 & (t<0)\end{cases} \tag{3.65}$$

$h(t)$ 也就是在单位脉冲力 $\delta(t)$ 作用下的系统响应。

如果系统受到一个如图 3.26 所示的任意时间函数的激励力的作用,其响应将如何呢?

可以把它分割成无限多个在时间区间 $\mathrm{d}\tau$ 上作用的脉冲力 $F(\tau)$。根据式(3.64),对在 $t=\tau$ 作用的单个冲量 $\hat{F}=F(\tau)\mathrm{d}\tau$,系统的响应为

$$\mathrm{d}x=\hat{F}h(t-\tau)=F(\tau)h(t-\tau)\mathrm{d}\tau \tag{3.66}$$

对于线性系统,在时间 t,系统的响应就是在这一时间内所有单个冲量 $F(\tau)\mathrm{d}\tau$ 响应的总和,即

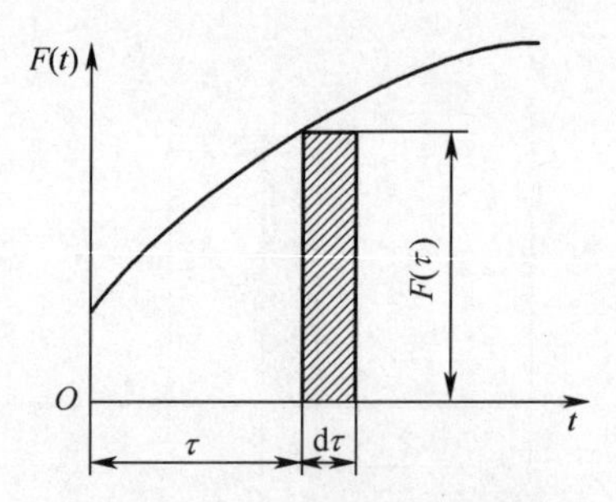

图 3.26　任意时间函数的激励

$$x(t)=\int_0^t F(\tau)h(t-\tau)\mathrm{d}\tau \tag{3.67}$$

由式(3.65),得

$$x(t)=\frac{1}{m\omega_{\mathrm{d}}}\int_0^t F(\tau)\mathrm{e}^{-\zeta\omega_{\mathrm{n}}(t-\tau)}\sin\omega_{\mathrm{d}}(t-\tau)\mathrm{d}\tau \tag{3.68}$$

式(3.67)和式(3.68)是有阻尼单自由度系统对任意时间函数激励力的响应,称为**杜哈美(Duhamel)积分**。

若考虑到初始条件 $x(0)=x_0,\dot{x}(0)=\dot{x}$ 的作用,则系统的通解为

$$x(t)=\mathrm{e}^{-\zeta\omega_{\mathrm{n}}t}\left(x_0\cos\omega_{\mathrm{d}}t+\frac{\zeta\omega_{\mathrm{n}}x_0+\dot{x}}{\omega_{\mathrm{d}}}\sin\omega_{\mathrm{d}}t\right)+\frac{1}{m\omega_{\mathrm{d}}}\int_0^t F(\tau)\mathrm{e}^{-\zeta\omega_{\mathrm{n}}(t-\tau)}\sin\omega_{\mathrm{d}}(t-\tau)\mathrm{d}\tau \tag{3.69}$$

式中的第一部分只与初始条件有关,第二部分只与激励力有关。式(3.69)是系统运的一般表达式。不难看出,在第二部分也包含有阻尼自由振动,它不是稳态运动。

例 3.8　确定有阻尼的弹簧质量系统对如图 3.27 所示阶跃激励力的响应。

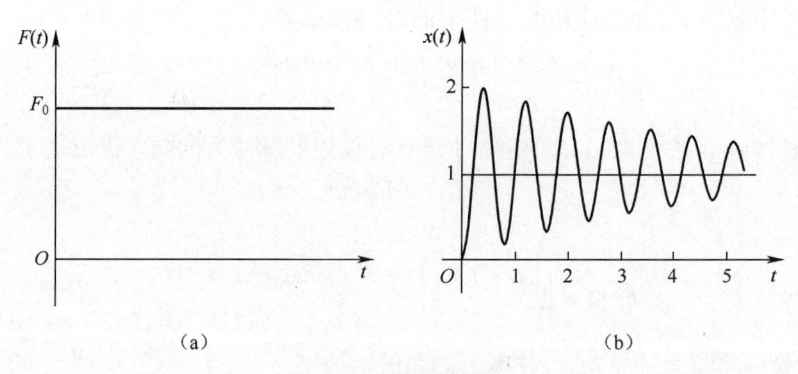

图 3.27　阶跃激励力

解　单位阶跃函数定义为

$$u(t-a)=\begin{cases}0(t<a)\\1(t>a)\end{cases} \tag{3.70}$$

函数在 $t=a$ 处是不连续的,在这一点,函数值由 0 跳到 1。如果在 $t=0$ 处不连续,则单位阶跃函数为 $u(t)$。

任意时间函数 $F(t)$ 与 $u(t)$ 的乘积将自动地使 $t<0$ 的 $F(t)$ 部分等于 0,而不影响 $t>0$

的部分。单位阶跃函数与单位脉冲函数有下列关系：

$$u(t-a)=\int_{-\infty}^{t}\delta(\xi-a)\mathrm{d}\xi \tag{3.71}$$

式中：ζ 为积分变量。

式(3.71)也可以表示为

$$\delta(t-a)=\frac{\mathrm{d}}{\mathrm{d}t}u(t-a) \tag{3.72}$$

因而，图3.27(a)所示的激励力可以表示为

$$F(t)=F_0u(t) \tag{3.73}$$

因而系统的响应可以表示为

$$\begin{aligned}x(t)&=\frac{F_0}{m\omega_{\mathrm{d}}}\int_0^t u(\tau)h(t-\tau)\mathrm{d}\tau\\&=\frac{F_0}{m\omega_{\mathrm{d}}}\int_0^t \mathrm{e}^{-\zeta\omega_{\mathrm{n}}(t-\tau)}\sin\omega_{\mathrm{d}}(t-\tau)\mathrm{d}\tau\\&=\frac{F_0}{k}\left[1-\frac{\mathrm{e}^{-\zeta\omega_{\mathrm{n}}t}}{\sqrt{1-\zeta^2}}\cos(\omega_{\mathrm{d}}t-\psi)\right]\end{aligned}$$

$$\tan\psi=\frac{\zeta}{\sqrt{1-\zeta^2}}$$

系统的响应曲线如图3.27(b)所示。定义单位阶跃响应 $g(t)$ 为

$$g(t)=\frac{1}{k}\left[1-\frac{\mathrm{e}^{-\zeta\omega_{\mathrm{n}}t}}{\sqrt{1-\zeta^2}}\cos(\omega_{\mathrm{d}}t-\psi)\right] \tag{3.74}$$

例3.9 确定无阻碍尼单自由度系统对图3.28所示矩形脉冲的响应。

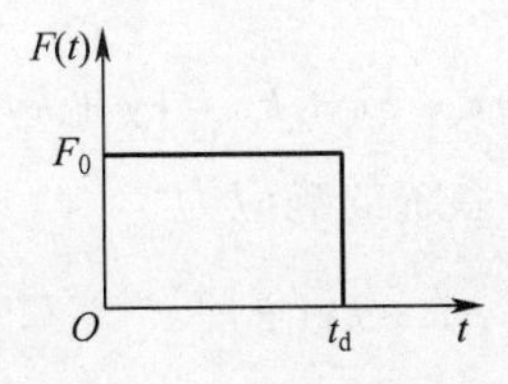

图3.28 矩形脉冲激励力

解 激励力的表达式为

$$F(t)=\begin{cases}0 & (t<0)\\F_0 & (0<t<t_{\mathrm{d}})\\0 & (t>t_{\mathrm{d}})\end{cases}$$

系统的响应可以分两种情况考虑。

(1) $t<t_{\mathrm{d}}$，此时系统响应同例3.8，为

$$x(t)=\frac{F_0}{k}(1-\cos\omega_{\mathrm{n}}t)$$

(2) $t>t_{\mathrm{d}}$，此时系统响应为

$$\begin{aligned}
x(t) &= \int_0^t F(\tau)h(t-\tau)\mathrm{d}\tau \\
&= \int_0^{t_\mathrm{d}} F(\tau)h(t-\tau)\mathrm{d}\tau + \int_{t_\mathrm{d}}^t F(\tau)h(t-\tau)\mathrm{d}\tau \\
&= \frac{1}{m\omega_\mathrm{n}}\int_0^{t_\mathrm{d}} \sin\omega_\mathrm{n}(t-\tau)\mathrm{d}\tau \\
&= \frac{F_0}{k}[\sin\omega_\mathrm{n}(t-t_\mathrm{d}) - \sin\omega_\mathrm{n} t]
\end{aligned}$$

系统响应的图形如图 3.29 所示。

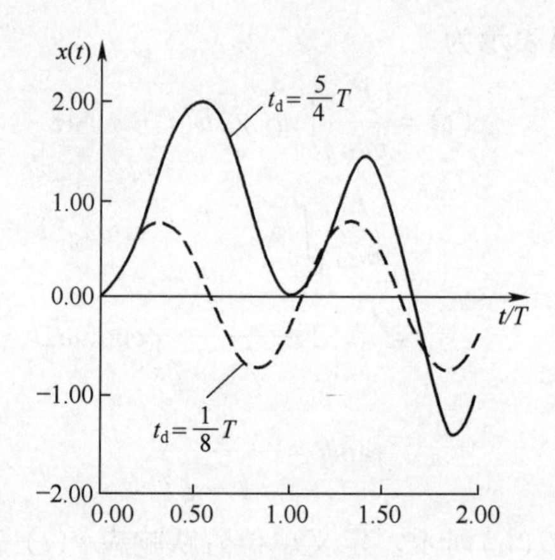

图 3.29 系统响应曲线

对于质量弹簧阻尼系统，在受到任意时间函数的基础运动 $y(t)$ 作用时，系统的运动方程为

$$m\ddot{x} + c\dot{x} + kx = c\dot{y} + ky \tag{3.75}$$

把 $c\dot{y} + ky$ 视作激励力 $F(t)$，即得系统的响应为

$$x(t) = \frac{1}{m\omega_\mathrm{d}}\int_0^{t_\mathrm{d}} [c\dot{y}(\tau) + ky(\tau)]\mathrm{e}^{-\zeta\omega_\mathrm{n}(t-\tau)}\sin\omega_\mathrm{d}(t-\tau)\mathrm{d}\tau \tag{3.76}$$

3.5.3 脉冲响应函数与频响函数

对于质量弹簧阻尼系统，受简谐激励力作用时，系统的运动方程可以表示为

$$m\ddot{x} + c\dot{x} + kx = F\mathrm{e}^{\mathrm{j}\omega t} \tag{3.77}$$

若系统的稳态响应为

$$x(t) = \overline{X}\mathrm{e}^{\mathrm{j}\omega t}$$

把它们代入式(3.77)，得

$$(k - \omega^2 m + \mathrm{j}\omega c)\overline{X} = F \tag{3.78}$$

从而得到系统稳态响应的复振幅为

$$\overline{X}(\omega) = \frac{F}{k - \omega^2 m + \mathrm{j}\omega c} \tag{3.79}$$

定义

$$H(\omega)=\frac{\overline{X}(\omega)}{F}=\frac{1}{k-\omega^2 m+\mathrm{j}\omega c} \tag{3.80}$$

或

$$H(\omega)=\frac{\overline{X}(\omega)}{F(\omega)}=\frac{1}{k-\omega^2 m+\mathrm{j}\omega c} \tag{3.81}$$

为系统的**频响函数**,则式(3.78)可以改写为

$$\overline{X}(\omega)=H(\omega)F(\omega) \tag{3.82}$$

若系统的输入为单位脉冲函数,即

$$F(t)=1\cdot\delta(t)$$

由傅里叶变换,得 $F(\omega)=1$,因而,有

$$\overline{X}(\omega)=H(\omega) \tag{3.83}$$

至于 $x(t)$ 和 $\overline{X}(\omega)$,有下列关系:

$$\overline{X}(\omega)=\int_{-\infty}^{\infty}x(t)\mathrm{e}^{-\mathrm{j}\omega t}\mathrm{d}t \tag{3.84}$$

$$x(t)=\frac{1}{2\pi}\int_{-\infty}^{\infty}\overline{X}(\omega)\mathrm{e}^{\mathrm{j}\omega t}\mathrm{d}\omega \tag{3.85}$$

在单位脉冲力的作用下,系统的响应为 $h(t)$,由式(3.85)和式(3.83),得

$$h(t)=\frac{1}{2\pi}\int_{-\infty}^{\infty}\overline{X}(\omega)\mathrm{e}^{\mathrm{j}\omega t}\mathrm{d}\omega=\frac{1}{2\pi}\int_{-\infty}^{\infty}H(\omega)\mathrm{e}^{\mathrm{j}\omega t}\mathrm{d}\omega \tag{3.86}$$

显然,频响函数就是脉冲响应函数的傅里叶变换,即

$$H(\omega)=\int_{-\infty}^{\infty}h(t)\mathrm{e}^{-\mathrm{j}\omega t}\mathrm{d}t \tag{3.87}$$

系统脉冲响应函数 $h(t)$ 和频响函数 $H(\omega)$ 取决于系统的物理参数。脉冲响应函数 $h(t)$ 是系统特性在时域中的表现。频响函数 $H(\omega)$ 是系统特性在频域中的表现。系统脉冲响应函数和频响函数在现代机械结构动态特性分析中有着重要的作用。

3.5.4 傅里叶变换

瞬态激励是一种非周期函数,不能展开为傅里叶级数,但瞬态激励 $f(t)$ 一般可有下列傅里叶变换对存在:

$$\begin{cases}F(\omega)=\int_{-\infty}^{+\infty}f(t)\mathrm{e}^{-\mathrm{j}\omega t}\mathrm{d}t\\ f(t)=\dfrac{1}{2\pi}\int_{-\infty}^{+\infty}F(\omega)\mathrm{d}\omega\end{cases} \tag{3.88}$$

式中:频域复函数 $F(\omega)$ 称为时域实函数的**傅里叶正变换**;$f(t)$ 为**傅里叶逆变换**。

$F(\omega)$ 是复函数,它的模和辐角分别反映了激励 $f(t)$ 在频率 ω 处的幅值和相位,$F(\omega)$ 是关于频率 ω 的连续函数。

表3.1和表3.2列出了傅里叶变换的性质及一些常用函数的变换结果。

表 3.1 傅里叶变换的性质

性质	原函数 $f(t),f_1(t),f_2(t)$	傅里叶变换 $F(\omega),F_1(\omega),F_2(\omega)$
线性	$\alpha f_1(t)+\beta f_2(t)$	$\alpha F_1(\omega)+\beta F_2(\omega)$
时移	$f(t-\tau)$	$e^{-j\omega\tau}F(\omega)$
频移	$e^{j\omega_0 t}f(t)$	$F(\omega-\omega_0)$
时域导数	$f^{(n)}(t)$	$(j\omega)F(\omega)$
频域导数	$(-jt)^n f(t)$	$F^{(n)}(\omega)$
积分	$\int_{-\infty}^{t} f(t)\mathrm{d}t$	$\frac{F(\omega)}{j\omega}$
卷积	$f_1(t)*f_2(t)=\int_0^t f_1(t-\tau)f_2(\tau)\mathrm{d}\tau$	$F_1(\omega)F_2(\omega)$

表 3.2 常用傅里叶变换对

原函数	傅里叶变换	原函数	傅里叶变换
$\delta(t)$	1	1	$2\pi\delta(\omega)$
$s(t)$	$\frac{1}{j\omega}+\pi\delta(\omega)$	$ts(t)$	$\frac{1}{(j\omega)^2}$
$\cos(\omega_0 t)$	$\pi[\delta(\omega+\omega_0)+\delta(\omega-\omega_0)]$	$e^{j\omega_0 t}$	$2\pi\delta(\omega-\omega_0)$
$\sin(\omega_0 t)$	$j\pi[\delta(\omega+\omega_0)-\delta(\omega-\omega_0)]$	$s(t)\cos(\omega_0 t)$	$\frac{j\omega}{\omega_0^2-\omega^2}$
$s(t)e^{j\omega_0 t}$	$\frac{1}{j(\omega-\omega_0)}$	$s(t)\sin\omega_0 t$	$\frac{\omega_0^2}{\omega_0^2-\omega^2}$
$s(t)e^{-\alpha t}\sin\omega_0 t,\alpha>0$	$\frac{\omega_0}{\omega_0^2-(\omega-j\alpha)^2}$	$e^{-\alpha t},\alpha>0$	$\frac{2\alpha}{\alpha^2+\omega^2}$
$s(t)e^{-\alpha t}\cos\omega_0 t,\alpha>0$	$\frac{j(\omega-j\alpha)}{\omega_0^2-(\omega-j\alpha)^2}$	$s(t)e^{-\alpha t},\alpha>0$	$\frac{1}{\alpha+j\omega}$

函数 $f(t)$ 的拉普拉斯变换对定义为

$$\begin{cases} F(s)=\int_0^{+\infty} f(t)e^{-st}\mathrm{d}t \\ f(t)=\frac{1}{2\pi}\int_{\sigma-j\omega}^{\sigma+j\omega} F(s)e^{st}\mathrm{d}s \end{cases} \tag{3.89}$$

其中 $s=\sigma+j\omega$ 为复变量,它对应复平面上的点。

该复平面上的区域称为**拉普拉斯域**或简称为 **s 域**。

拉普拉斯变换的性质及常用公式如表 3.3 和表 3.4 所列。

表 3.3 拉普拉斯变换的性质

性质	原函数 $f(t),f_1(t),f_2(t)$	拉普拉斯变换 $F(s),F_1(s),F_2(s)$
线性	$\alpha f_1(t)+\beta f_2(t)$	$\alpha F_1(s)+\beta F_2(s)$
时移	$f(t-\tau),\tau>0$	$e^{-s\tau}F(s)$
频移	$e^{at}f(t)$	$F(s-a)$
卷积	$f_1(t)*f_2(t)=\int_0^t f_1(t-\tau)f_2(\tau)\mathrm{d}\tau$	$F_1(s)F_2(s)$
时域导数	$\dot{f}(t)$	$sF(s)-f(0^+)$
时域导数	$\ddot{f}(t)$	$s^2F(s)-sf(0^+)-\dot{f}(0^+)$

（续）

性质	原函数$f(t)$,$f_1(t)$,$f_2(t)$	拉普拉斯变换 $F(s)$,$F_1(s)$,$F_2(s)$
频域导数	$(-1)^n t^n f(t)$	$F^{(n)}(s)$
频域积分	$\frac{f(t)}{t}$	$\int_s^{+\infty} F(u)\mathrm{d}u$
时域积分	$\int_0^t f(u)\mathrm{d}u$	$\frac{F(s)}{s}$

表 3.4 常用拉普拉斯变换对

原函数	拉普拉斯变换	原函数	拉普拉斯变换
$\delta(t)$	1	$s(t)$	$\frac{1}{s}$
e^{at}	$\frac{1}{s-a}$	$\sin\omega t$	$\frac{\omega}{s^2+\omega^2}$
$\cos\omega t$	$\frac{s}{s^2+\omega^2}$	$\mathrm{sh}\lambda t$	$\frac{\lambda}{s^2-\lambda^2}$
$\mathrm{ch}\lambda t$	$\frac{s}{s^2-\lambda^2}$	$\mathrm{e}^{-\alpha t}\sin\omega t$	$\frac{\omega}{(s+\alpha)^2+\omega^2}$
$\frac{1}{(n-1)!}t^{n-1}\mathrm{e}^{-\alpha t}$,$n$ 为正整数	$\frac{1}{(s+a)^n}$	$\frac{1}{\omega_\mathrm{d}}\mathrm{e}^{-\zeta\omega_\mathrm{n}t}\sin\omega_\mathrm{d}t$	$\frac{1}{s^2+2\zeta\omega_\mathrm{n}s+\omega^2}$

综上所述,系统的受迫振动分析可在时域、频域或拉普拉斯域内进行。时域分析方法是杜哈梅积分法,描述系统动力学特性是单位脉冲响应函数 $h(t)$;频域分析方法是傅里叶变换法,描述系统动力学特性的是频响函数 $H(\omega)$;拉普拉斯域分析方法是拉普拉斯变换法,描述系统动力学特性的是传递函数 $H(s)$。

借助于积分变换,3 种分析方法的结果可以互相转化。

第4章

机动武器两自由度系统的振动

学习目标与要求

1. 掌握两自由度系统振动中不同于单自由度系统振动的的基本概念和理论。
2. 掌握机动武器两自由度系统自由振动和强迫振动的基本规律。
3. 掌握强迫振动理论在机动武器吸振器设计中的应用。
4. 了解两自由度振动系统的位移方程的求解原理及过程。

4.1 引　言

机械振动理论是研究机械系统振动规律的基本理论。机械系统的振动是很复杂的,其原因之一是机械中的各个构件都具有分布的质量和分布的弹性,实际上是一个连续弹性体的振动问题,也是一个无限多自由度系统的力学问题。但实际机械中的振动问题,在一定条件下,往往可以简化为一个简单的模型来分析。在最简单的情况下,可以将机械系统简化成具有单个集中质量和无质量弹簧所组成的单自由度系统来研究。应用前面讲过的单自由度系统的振动理论,已可以解决振动中的许多问题。当然,较为复杂的机械系统,用单自由度的模型往往不能得到满意的结果,必须采用比较复杂的多自由度系统或无限多自由度系统的模型。

从数学上来说,单自由度系统的振动微分方程是单个的二阶微分方程,而且我们讨论的范围还是线性定常方程,比较容易求解。但多自由度系统则不同,这种系统的数学模型是二阶多元建立的微分方程组,且方程组之间在变量上存在着互相耦合。也就是说在力学上系统质量之间存在着力的相互联系,在数学上方程之间存在着变量的联系,简言之,就是一个方程包含多个变量及其导数。一般讲,3 个自由度以上的系统要得到闭合解是相当困难。在这种情况下,可以用线性变换方法,将描述实际问题的广义坐标用一种新的坐标来代替。新坐标所描述的系统运动与实际系统是相同的,但用新坐标描述的系统微分方程之间已不存在耦合，成为各自独立的微分方程，就可按单自由度系统的振动微分方程那样一一单独地求解。这种新坐标称为主坐标或模态坐标，这是研究多自由度系统振动问题的重要方法之一。

多自由度系统受初始干扰后的振动也是自由振动，但这种自由振动不像单自由度系统那样做简谐振动。多自由度系统的固有频率数一般与自由度数相等，因此，多自由度系统的自由振动是由多种频率的谐振波组合成的复合运动。这种系统在强迫振动时，只要激励频率与固有频率之一接近，就可能产生共振。

两自由度系统是最简单的多自由度系统，许多多自由度系统的物理概念及解题思路可以从两自由度系统的分析得到启迪，也是分析多自由度系统的基础。

两自由度系统只需要两个独立坐标就能完全确定系统在空间的几何位置。图4.1所示为几个两自由度系统的例子。

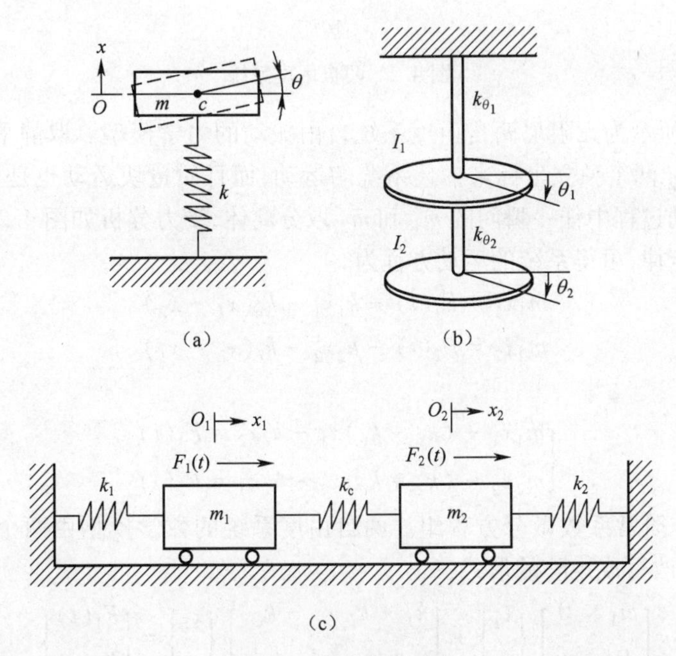

图4.1 两自由度系统

图4.1(a)虽然是单质量弹簧系统，但是质量块 m 除了在纸面内的上下运动外，还有绕质心 c 的转动，因此需要用 x 和 θ 两个独立坐标来描述。所以它是两自由度系统。图4.1(b)是扭振系统，扭轴轴心在纸面内，其扭转刚度分别为 $k_{\theta1}$ 和 $k_{\theta2}$，圆盘的转动惯量分别为 I_1 和 I_2，且垂直于扭轴轴线。两圆盘绕扭轴轴线做扭转振动，用 θ_1 和 θ_2 来描述，因而它也是两自由度系统。因而它是两自由度系统。图4.1(c)为双质量弹簧系统，表示在一个水平面上由弹簧 k_1、k_2、k_c 连接的质量块 m_1 和 m_2，需要两个独立坐标 x_1 和 x_2 便可完全确定该系统在空间的几何位置，因而它也是两自由度系统。

4.2 无阻尼两自由度系统的自由振动基础

在实际工程问题中，虽然有无数个两自由度系统的具体形式，但从振动的观点看，其运动方程都可以归结为一个一般的形式，以相同的方法去处理。为便于说明，研究如图4.2所示的两自由度系统。

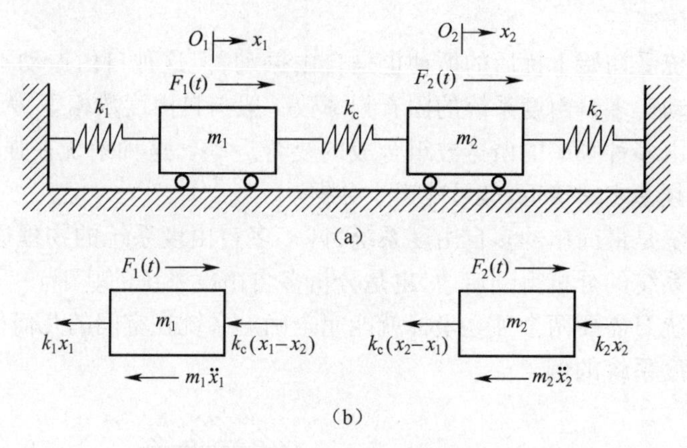

图4.2　两自由度系统

图4.2(a)所示为无阻尼两自由度系统自由振动的力学模型。取静平衡位置为坐标原点，用 x_1 和 x_2 两个独立坐标来描述系统的运动，而且质量块运动也是微幅的，系统是线性的。对振动过程中任一瞬间的 m_1 和 m_2 取分离体，受力分析如图4.2(b)所示，应用牛顿运动第二定律，可得系统的运动方程为

$$m_1\ddot{x}_1 = F_1(t) - k_1x_1 - k_c(x_1 - x_2)$$
$$m_2\ddot{x}_2 = F_2(t) - k_2x_2 - k_c(x_2 - x_1)$$

整理，得

$$\begin{cases} m_1\ddot{x}_1 + (k_1 + k_c)x_1 - k_cx_2 = F_1(t) \\ m_2\ddot{x}_2 + (k_2 + k_c)x_2 - k_cx_1 = F_2(t) \end{cases} \tag{4.1}$$

这是一个二阶常系数微分方程组。两自由度系统的数学模型由两个常微分方程组成。把式(4.1)改写成矩阵的形式：

$$\begin{bmatrix} m_1 & 0 \\ 0 & m_2 \end{bmatrix}\begin{Bmatrix} \ddot{x}_1 \\ \ddot{x}_2 \end{Bmatrix} + \begin{bmatrix} k_1 + k_c & -k_c \\ -k_c & k_2 + k_c \end{bmatrix}\begin{Bmatrix} x_1 \\ x_2 \end{Bmatrix} = \begin{Bmatrix} F_1(t) \\ F_2(t) \end{Bmatrix} \tag{4.2}$$

根据式(4.2)可以推想，两自由度系统运动方程的一般形式为

$$\begin{bmatrix} m_{11} & m_{12} \\ m_{21} & m_{22} \end{bmatrix}\begin{Bmatrix} \ddot{x}_1 \\ \ddot{x}_2 \end{Bmatrix} + \begin{bmatrix} k_{11} & k_{12} \\ k_{21} & k_{22} \end{bmatrix}\begin{Bmatrix} x_1 \\ x_2 \end{Bmatrix} = \begin{Bmatrix} F_1(t) \\ F_2(t) \end{Bmatrix} \tag{4.3}$$

令

$$\begin{bmatrix} m_{11} & m_{12} \\ m_{21} & m_{22} \end{bmatrix} = [M], \begin{bmatrix} k_{11} & k_{12} \\ k_{21} & k_{22} \end{bmatrix} = [K], \begin{Bmatrix} \ddot{x}_1 \\ \ddot{x}_2 \end{Bmatrix} = \{\ddot{x}(t)\};$$

$$\begin{Bmatrix} x_1 \\ x_2 \end{Bmatrix} = \{x(t)\}, \begin{Bmatrix} F_1(t) \\ F_2(t) \end{Bmatrix} = \{F(t)\}$$

则式(4.3)可表示为

$$[M]\{\ddot{x}\} + [K]\{x\} = \{F(t)\} \tag{4.4}$$

式中：$[M]$，$[K]$分别为质量矩阵和刚度矩阵；$\{x(t)\}$为位移向量；$\{F(t)\}$为力向量。

通常,$[M]$和$[K]$是实对称矩阵,即有

$$[M]^{\mathrm{T}}=[M],[K]^{\mathrm{T}}=[K] \tag{4.5}$$

上标T表示矩阵的转置。刚度矩阵[K]的元素称为**影响系数**。式(4.4)与无阻尼单自由度系统的运动方程在形式上相同,只是用矩阵和向量符号代替了纯量。

对于自由振动问题,不存在持续的外力激励,则存在$\{F(t)\}=\{0\}$,即$F_1(t)=0$,$F_2(t)=0$。因此,这是由于初始扰动$\{x(0)\}=\{x_0\}$,$\{\dot{x}(0)\}=\{\dot{x}_0\}$所引起的振动。这时,系统的运动方程为

$$[M]\{\ddot{x}\}+[K]\{x\}=\{0\} \tag{4.6}$$

下面继续讨论图4.2所示的系统。对照式(4.2)和式(4.3),对于图4.2所示的系统,有

$$k_{11}=k_1+k_{\mathrm{c}},k_{22}=k_2+k_{\mathrm{c}},k_{12}=k_{21}=-k_{\mathrm{c}} \tag{4.7}$$

用刚度影响系数表示,则式(4.3)可表示为

$$\begin{cases}m_1\ddot{x}_1+k_{11}x_1+k_{12}x_2=0\\m_2\ddot{x}_2+k_{21}x_1+k_{22}x_2=0\end{cases} \tag{4.8}$$

我们现在关心的是式(4.8)受到初始扰动$\{x_0\}$、$\{\dot{x}_0\}$的作用后,是否和单自由度系统一样发生自由振动。为此,要对式(4.8)求解,必须首先明确两个问题:

(1) 坐标$x_1(t)$和$x_2(t)$是否有相同的随时间变化规律:

(2) 如果有,此随时间变化的规律是什么,是否是简谐函数。

先假定$x_1(t)$和$x_2(t)$有着相同的随时间变化的规律$f(t)$,$f(t)$是实时间函数。那么,方程的解为

$$x_1(t)=u_1f(t),x_2(t)=u_2f(t) \tag{4.9}$$

式中:u_1,u_2为表示运动幅值的实常数。

把式(4.9)代入式(4.8),得

$$\begin{cases}m_1u_1\ddot{f}(t)+(k_{11}u_1+k_{12}u_2)f(t)=0\\m_2u_2\ddot{f}(t)+(k_{21}u_1+k_{22}u_2)f(t)=0\end{cases}$$

如果系统有形式为式(4.9)的解,则

$$-\frac{\ddot{f}(t)}{f(t)}=\frac{k_{11}u_1+k_{12}u_2}{m_1u_1}=\frac{k_{21}u_1+k_{22}u_2}{m_2u_2}=\lambda \tag{4.10}$$

式中:λ为一实常数。

因为$m_1,m_2,k_{11},k_{12},k_{22},u_1$和$u_2$都是实常数,因而$x_1(t)$和$x_2(t)$要有相同的时间函数,则方程

$$\ddot{f}(t)+\lambda f(t)=0 \tag{4.11}$$

和

$$\begin{cases}(k_{11}-\lambda m_1)u_1+k_{12}u_2=0\\k_{21}u_1+(k_{22}-\lambda m_2)u_2=0\end{cases} \tag{4.12}$$

要有解。先讨论微分式(4.11)。假定方程的解为

$$f(t)=Be^{st}$$

代入式(4.11),有

$$s^2 + \lambda = 0 \tag{4.13}$$

式(4.13)有两个根,$s_{1,2} = \pm\sqrt{-\lambda}$。因此,式(4.11)的通解为

$$f(t) = B_1 e^{\sqrt{-\lambda t}} + B_2 e^{-\sqrt{-\lambda t}} \tag{4.14}$$

如果 λ 为一负数,则$\sqrt{-\lambda t}$和$-\sqrt{-\lambda t}$为实数。当 $t\to\infty$ 时,$f(t)$第一项将趋于无限大,而第二项按指数规律趋于零。这种结果和无阻尼系统是不相容的。对于无阻尼系统,在某一时刻输入一定能量后,能量守恒,运动既不会减小为零也不会无限地增长。因此 λ 不可能为一负数,即 λ 为一正实数。令 $\lambda = \omega\mathrm{I}_n^2$,代入式(4.14),则

$$\begin{aligned} f(t) &= B_1 e^{\omega_n t} + B_2 e^{-\omega_n t} \\ &= B_1\cos\omega_n t + \mathrm{j}B_1\sin\omega_n t + B_2\cos\omega_n t - \mathrm{j}B_2\sin\omega_n t \\ &= (B_1 + B_2)\cos\omega_n t + \mathrm{j}(B_1 - B_2)\sin\omega_n t \\ &= D_1\cos\omega_n t + D_2\sin\omega_n t \\ &= A\sin(\omega_n t + \psi) \end{aligned} \tag{4.15}$$

式中:$A = \sqrt{D_1^2 + D_2^2}$ 为振幅;$\tan\psi = \dfrac{D_1}{D_2}$ 为相角。

式(4.15)表明,如果 $x_1(t)$ 和 $x_2(t)$ 具有相同的随时间变化的规律(存在这种可能),则这个时间函数是简谐函数,那么,自由振动的频率 ω_n 是否是任意的呢?把 $\lambda = \omega_n^2$ 代入式(4.12),得

$$\begin{cases} (k_{11} - \omega_n^2 m_1)u_1 + k_{12}u_2 = 0 \\ k_{21}u_1 + (k_{22} - \omega_n^2 m_2)u_2 = 0 \end{cases} \tag{4.16}$$

或

$$\begin{bmatrix} k_{11} - \omega_n^2 m_1 & k_{12} \\ k_{21} & k_{22} - \omega_n^2 m_2 \end{bmatrix} \begin{Bmatrix} u_1 \\ u_2 \end{Bmatrix} = \begin{Bmatrix} 0 \\ 0 \end{Bmatrix} \tag{4.17}$$

这是一个参数为 ω_n^2,变量为 u_1 和 u_2 的代数方程组。

式(4.16)和式(4.17)要有非零解,则 u_1 和 u_2 的系数行列式要等于零,即

$$\begin{vmatrix} k_{11} - \omega_n^2 m_1 & k_{12} \\ k_{21} & k_{22} - \omega_n^2 m_2 \end{vmatrix} = 0 \tag{4.18}$$

式(4.18)称为系统的**特征方程**或频率方程。把式(4.18)展开,得

$$m_1 m_2 \omega_n^4 - (m_1 k_{22} + m_2 k_{11})\omega_n^2 + k_{11}k_{22} - k_{12}^2 = 0 \tag{4.19}$$

方程的两个根或特征值分别为

$$\omega_{n1,2}^2 = \frac{1}{2}\left[\frac{m_1 k_{22} + m_2 k_{11}}{m_1 m_2} \mp \sqrt{\left(\frac{m_1 k_{22} + m_2 k_{11}}{m_1 m_2}\right)^2 - 4\frac{k_{11}k_{22} - k_{12}^2}{m_1 m_2}}\right] \tag{4.20}$$

从而得到$\pm\omega_{n1}$,$\pm\omega_{n2}$,且$|\omega_{n1}|<|\omega_{n2}|$。对于实际的简谐,$-\omega_{n1}$和$-\omega_{n2}$是没有意义的。

实际上,$x_1(t)$ 和 $x_2(t)$ 只同时发生两种运动模式,即以 ω_{n1}为频率和以 ω_{n2}为频率的两个简谐振动。由式(4.20)可知,ω_{n1} 和 ω_{n2}只取决于构成系统的物理参数,故称为**系统的固有频率**。两自由度系统有两个固有频率。

下面确定 u_1 和 u_2,由式(4.16)或式(4.17)可知,它与 ω_n^2 有关,对应于系统的两个

固有频率ω_{n1}和ω_{n2}，有

$$
\begin{aligned}
r_1 &= \frac{u_{21}}{u_{11}} = -\frac{k_{11} - \omega_{n1}^2 m_1}{k_{12}} = -\frac{k_{12}}{k_{22} - \omega_{n1}^2 m_2} \\
r_2 &= \frac{u_{22}}{u_{12}} = -\frac{k_{11} - \omega_{n2}^2 m_1}{k_{12}} = -\frac{k_{12}}{k_{22} - \omega_{n2}^2 m_2}
\end{aligned}
\tag{4.21}
$$

对于u_{ij}，下标“i”表示系统的坐标序数，“j”表示系统的固有频率序数。对于两自由度系统，$i,j=1,2$。

u_{1j}和u_{2j}描述了系统发生固有频率为ω_{nj}的自由振动时的$x_1(t)$和$x_2(t)$的大小($j=1,2$)。它们分别反映了系统以某个固有频率做自由振动时的形状或阵型，可以表示为

$$
\{u\}_1 = \begin{Bmatrix} u_{11} \\ u_{21} \end{Bmatrix} = u_{11}\begin{Bmatrix} 1 \\ r_1 \end{Bmatrix}, \{u\}_2 = \begin{Bmatrix} u_{12} \\ u_{22} \end{Bmatrix} = u_{12}\begin{Bmatrix} 1 \\ r_2 \end{Bmatrix} \tag{4.22}
$$

$\{u\}_1$和$\{u\}_2$称为**特征向量、振型向量或模态向量**，r_1和r_2称为**振型比**。

固有频率和振型向量构成系统振动的固有模态的基本参数(或简称模态参数)，它们表明了系统自由振动的特性。

两自由度系统有两上固有模态，即系统的固有模态数等于系统的自由度数。

式(4.21)和式(4.22)表明：对于给定系统，特征向量或振型向量的相对比值是确定的、唯一的，取决于系统的物理参数，是系统固有的，而振幅则不同。

由式(4.9)和式(4.15)，可以得到两自由度系统运动方程的两个独立的特解，或系统两个固有模态振动的表达式：

$$
\begin{cases}
\{x(t)\}_1 = \begin{Bmatrix} x_1(t) \\ x_2(t) \end{Bmatrix}_1 = \{u\}_1 f_1(t) = A_1\begin{Bmatrix} 1 \\ r_1 \end{Bmatrix}\sin(\omega_{n1}t + \psi_1) \\
\{x(t)\}_2 = \begin{Bmatrix} x_1(t) \\ x_2(t) \end{Bmatrix}_2 = \{u\}_2 f_2(t) = A_2\begin{Bmatrix} 1 \\ r_2 \end{Bmatrix}\sin(\omega_{n2}t + \psi_2)
\end{cases}
\tag{4.23}
$$

系统自由振动的一般表达式，也就是方程的通解为

$$
\begin{aligned}
\{x(t)\} &= A_1\begin{Bmatrix} 1 \\ r_1 \end{Bmatrix}\sin(\omega_{n1}t + \psi_1) + A_2\begin{Bmatrix} 1 \\ r_2 \end{Bmatrix}\sin(\omega_{n2}t + \psi_2) \\
&= \begin{bmatrix} 1 & 1 \\ r_1 & r_2 \end{bmatrix}\begin{bmatrix} A_1\sin(\omega_{n1}t + \psi_1) \\ A_2\sin(\omega_{n2}t + \psi_2) \end{bmatrix}
\end{aligned}
\tag{4.24}
$$

系统自由振动是系统两个固有模态振动的线性组合，只有在某些特定条件下，系统才会只做某个固有频率的自由振动。

例 4.1 如图 4.2 所示系统，参数为$m_1 = m, m_2 = 2m, k_1 = k_c = k, k_2 = 2k$。试确定系统的固有模态。

解 由式(4.7)，得

$$
k_{11} = k_1 + k_c = 2k, k_{22} = k_2 + k_c = 3k, k_{12} = k_{21} = -k_c = -k
$$

这时系数的特征方程为

$$
2m^2\omega_n^4 - 7mk\omega_n^2 + 5k^2 = 0
$$

方程的两个特征值为

$$\omega_{n1}^2=\frac{k}{m},\omega_{n2}^2=\frac{5k}{2m}$$

因此,系统的两个固有频率为

$$\omega_{n1}=\sqrt{\frac{k}{m}},\omega_{n2}=\sqrt{\frac{5k}{2m}}$$

把 ω_{n1} 和 ω_{n2} 分别代入式(4.21),得

$$r_1=\frac{u_{21}}{u_{11}}=-\frac{k_{11}-\omega_{n1}^2 m_1}{k_{12}}=-\frac{2k-(k/m)m}{-k}=1$$

$$r_2=\frac{u_{22}}{u_{12}}=-\frac{k_{11}-\omega_{n2}^2 m_1}{k_{12}}=-\frac{2k-[(5k)/(2m)]m}{-k}=-0.5$$

系统的振型向量为

$$\{u\}_1=\begin{Bmatrix}1\\1\end{Bmatrix},\{u\}_2=\begin{Bmatrix}1\\-0.5\end{Bmatrix}$$

以横坐标表示静平衡位置,纵坐标表示主振型中各元素的值,可画出如图4.3所示的振型图,它们分别表示了主振型 $\{u\}_1$ 和 $\{u\}_2$。由图4.3(a)所示系统做第一阶主振动时,两个质量在平衡位置的同侧,做着同向振动。由图4.3(b)所示系统做第二阶主振动时,两个质量在平衡位置的异侧,做着异向振动,这时中间的弹簧上有一点始终不振动,其位移为0,这个点称为**波节或节点**。显然,把 u_{11} 和 u_{12},还是 u_{21} 和 u_{22} 取作1,不会影响图4.3所示的振动的形状。

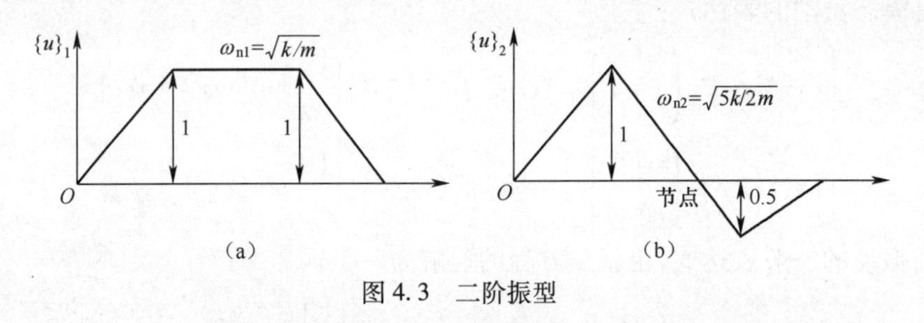

图4.3 二阶振型

4.3 主坐标与装甲车辆两自由度系统的自由振动

4.3.1 广义坐标

装甲车辆系统是个复杂的空间多自由度系统,为了简化计算,可采用一些措施来减少车身的侧倾和横向角振动,并略去位于弹簧下面的质量和减振器的影响,这样,车辆车身的振动就只有弹簧上面的质量的垂直振动和纵向角振动了。这样装甲车辆就可以简化为图4.4所示的两自由度振动系统模型。

为了简化,车身视作一刚性杆,质量为 m,质心在 C 点,车身对质心的转动惯量为 J_C。假定轮胎质量可以略去,支承系统简化为两个弹簧,弹簧常数分别为 k_1 和 k_2。当系统发生振动时,有两个方向的运动,质心 C 在垂直方向的运动 $x_1(t)$;车身绕质心 C 的转动 $\theta(t)$。根据图4.4(b),垂直方向的力平衡方程为

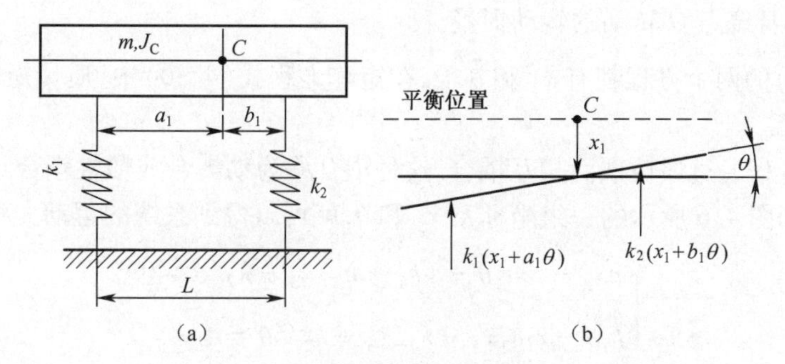

图 4.4　装甲车辆的理想化模型 1

$$m\ddot{x}_1 + k_1(x_1 + a_1\theta) + k_2(x_1 - b_1\theta) = 0 \tag{4.25}$$

而力矩平衡方程为

$$J_C\ddot{\theta}_1 + k_1(x_1 + a_1\theta)a_1 - k_2(x_1 - b_1\theta)b_1 = 0 \tag{4.26}$$

整理,得

$$\begin{cases} m\ddot{x}_1 + (k_1 + k_2)x_1 + (k_1a_1 - k_2b_1)\theta = 0 \\ J_C\ddot{\theta} + (k_1a_1 - k_2b_1)x_1 + (k_1a_1^2 + k_2b_1^2)\theta = 0 \end{cases} \tag{4.27}$$

或

$$\begin{bmatrix} m & 0 \\ 0 & J_C \end{bmatrix}\begin{Bmatrix} \ddot{x}_1 \\ \ddot{\theta} \end{Bmatrix} + \begin{bmatrix} k_1 + k_2 & k_1a_1 - k_2b_1 \\ k_1a_1 - k_2b_1 & k_1a_1^2 + k_2b_1^2 \end{bmatrix}\begin{Bmatrix} x_1 \\ \theta \end{Bmatrix} = \begin{Bmatrix} 0 \\ 0 \end{Bmatrix} \tag{4.28}$$

在式(4.27)中,两个方程都有 x 和 θ 项,在矩阵方程式(4.28)中,表现为刚度矩阵[K]有非零的非对角元。式(4.27)中两个方程不能单独求解,这种状况称为**坐标耦合**。方程式(4.28)是通过其刚度项的相互耦合,称为**静耦合或弹性耦合**。

下面采用另一种方法描述装甲车辆的模型,选用图 4.5 所示的一组坐标系 x_2 和 θ,并且有 $k_1a_2=k_2b_2$。

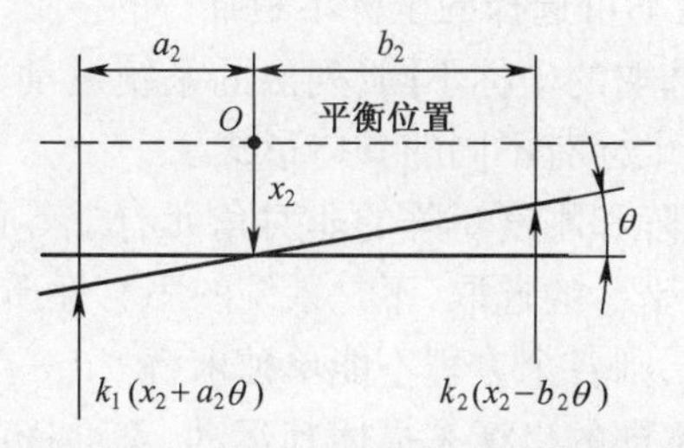

图 4.5　装甲车辆的理想化模型 2

此时可得系统的运动方程为

$$\begin{cases} m\ddot{x}_2 - me\ddot{\theta} + (k_1 + k_2)x_1 = 0 \\ J_O\ddot{\theta} - me\ddot{x}_2 + (k_1a_2^2 + k_2b_2^2)\theta = 0 \end{cases} \tag{4.29}$$

或

$$\begin{bmatrix} m & -me \\ -me & J_C \end{bmatrix}\begin{Bmatrix} \ddot{x}_2 \\ \ddot{\theta} \end{Bmatrix} + \begin{bmatrix} k_1 + k_2 & 0 \\ 0 & k_1a_2^2 + k_2b_2^2 \end{bmatrix}\begin{Bmatrix} x_2 \\ \theta \end{Bmatrix} = \begin{Bmatrix} 0 \\ 0 \end{Bmatrix} \tag{4.30}$$

式中:J_O 为车身绕点 O 转动的转动惯量。

式(4.29)的两个方程都有 $\ddot{x}_2$ 和 $\ddot{\theta}$ 项,在矩阵方程式(4.30)中,质量矩阵$[M]$具有非零的非对角元。

两运动方程通过惯性项而相互耦合,这种耦合称为**动耦合或惯性耦合**。

如果选用图4.6所示的一组坐标系 x_3 和 θ,就可以得到系统的运动方程为

$$\begin{cases} m\ddot{x}_3 - ma_1\ddot{\theta} + (k_1 + k_2)x_3 - k_2L\theta = 0 \\ J_A\ddot{\theta} - ma_1\ddot{x}_3 - k_2Lx_3 + k_2L^2\theta = 0 \end{cases} \tag{4.31}$$

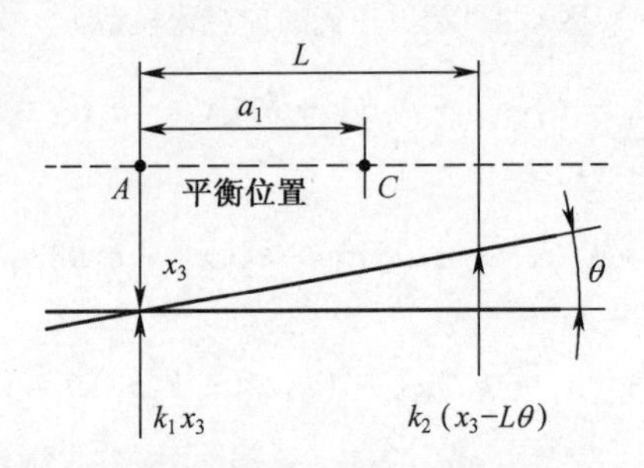

图4.6　装甲车辆的理想化模型3

或

$$\begin{bmatrix} m & -ma_1 \\ -ma_1 & J_A \end{bmatrix}\begin{Bmatrix} \ddot{x}_3 \\ \ddot{\theta} \end{Bmatrix} + \begin{bmatrix} k_1 + k_2 & -k_2L \\ -k_2L & k_1a_2^2 + k_2b_2^2 \end{bmatrix}\begin{Bmatrix} x_3 \\ \theta \end{Bmatrix} = \begin{Bmatrix} 0 \\ 0 \end{Bmatrix} \tag{4.32}$$

式中:J_A 为车身绕点 A 转动的转动惯量。

式(4.31)或式(4.32)中既含有静耦合,又含有动耦合。

通过以上分析,可以得出以下结论:

(1) 描述一个两自由度系统的运动,所需要的独立坐标数是确定的、唯一的,就是自由度数2,但是为描述系统运动可选择的坐标不是唯一的。

(2) 对于同一个系统,选取的坐标不同,列出的系统运动方程的具体形式也不同,质量矩阵和刚度矩阵对不同的坐标有不同的具体形式。

(3) 如果系统的质量矩阵和刚度矩阵的非对角元有非零的元素,则表明方程存在着坐标耦合。坐标耦合取决于坐标的选取,不是系统的固有性质。

(4) 若方程中存在耦合,则各个方程不能单独求解。

(5) 同一个系统,选取不同的坐标来描述其运动,不会影响到系统的性质,其固有特性不变。

4.3.2　主坐标

让我们再一次研究式(4.8),将方程的解表示为

$$\begin{cases} x_1(t) = q_1(t) + q_2(t) \\ x_2(t) = r_1q_1(t) + r_2q_2(t) \end{cases} \tag{4.33}$$

式中:$r_1 = u_{21}/u_{11}$,$r_2 = u_{22}/u_{12}$为振型比,由式(4.21)确定。

把式(4.33)代入式(4.8),得

$$m_1(\ddot{q}_1+\ddot{q}_2)+k_{11}(q_1+q_2)+k_{12}(r_1q_1+r_2q_2)=0 \tag{4.34}$$

$$m_2(r_1\ddot{q}_1+r_2\ddot{q}_2)+k_{12}(q_1+q_2)+k_{22}(r_1q_1+r_2q_2)=0 \tag{4.35}$$

式(4.34)乘以 m_2r_2,式(4.35)乘以 m_1,两式再相减,得

$$m_1m_2(r_2-r_1)\ddot{q}_1+(m_2r_2k_{11}+m_2r_1r_2k_{12}-m_1k_{12}-m_1r_1k_{22})q_1+ \\ (m_2r_2k_{11}+m_2r_2^2k_{12}-m_1k_{12}-m_1r_2k_{22})q_2=0 \tag{4.36}$$

式(4.34)乘以 m_2r_1,式(4.35)乘以 m_1,两式再相减,得

$$m_1m_2(r_1-r_2)\ddot{q}_2+(m_2r_1k_{11}+m_2r_1^2k_{12}-m_1k_{12}-m_1r_1k_{22})q_1+ \\ (m_2r_1k_{11}+m_2r_1r_2k_{12}-m_1k_{12}-m_1r_2k_{22})q_2=0 \tag{4.37}$$

利用式(4.21)中的 ω_{n1} 和 ω_{n2} 为系统的固有频率,则式(4.36)和式(4.37)可化简为

$$\begin{cases}\ddot{q}_1+\omega_{n1}^2q_1=0\\ \ddot{q}_2+\omega_{n2}^2q_2=0\end{cases} \tag{4.38}$$

即

$$\ddot{q}_i+\omega_{ni}^2q_i=0, i=1,2 \tag{4.39}$$

或

$$\begin{bmatrix}1&0\\0&1\end{bmatrix}\begin{Bmatrix}\ddot{q}_1\\ \ddot{q}_2\end{Bmatrix}+\begin{bmatrix}\omega_{n1}^2&0\\0&\omega_{n2}^2\end{bmatrix}\begin{Bmatrix}q_1\\q_2\end{Bmatrix}=\begin{Bmatrix}0\\0\end{Bmatrix} \tag{4.40}$$

与式(4.8)相比较,对于坐标 q_1 和 q_2,在式(4.38)或式(4.39),或式(4.40)中,每一个方程只含有一个坐标 q_i 及其二阶导数 $\ddot{q}_i$,没有静耦合也没有动耦合。

在式(4.38)或式(4.39),或式(4.40)中,每一个方程是一个独立的微分方程,相当于一个单自由度系统的运动方程,可以单独求解。这种能使系统运动方程不存在耦合,成为相互独立方程的坐标称为**主坐标**或**固有坐标**。

对于式(4.38)或式(4.39),或式(4.40)中各方程分别求解,得

$$\begin{cases}q_1(t)=A_1\sin(\omega_{n1}t+\psi_1)\\ q_2(t)=A_2\sin(\omega_{n2}t+\psi_2)\end{cases} \tag{4.41}$$

如果选取的坐标恰好是系统的主坐标,那么,沿各个主坐标发生的运动将分别对应于系统某个固有频率 ω_{n1} 和 ω_{n2} 的简谐运动,而不是组合运动。

从上面的推导可以看出,对于一个系统从一般的广义坐标变化到主坐标,不是可以任意确定的,它和组成系统物理参数、表征系统自由振动特性的固有频率和振型向量有关。关于这个问题,将在后面章节中做详细讨论。

在对一个系统做振动分析时,坐标的选取一般是根据系统的工作要求和结构特点来确定的,通常不会和系统的主坐标相一致。这种根据分析系统工作要求和结构特点而建立的坐标,也称物理坐标,如 $x_1(t)$ 和 $x_2(t)$ 。我们关心的往往是系统物理坐标的运动,因此在得到了主坐标运动表达式后,还需写出物理坐标的运动表达式。

把式(4.41)代入式(4.33),得

$$\begin{cases}x_1(t)=A_1\sin(\omega_{n1}t+\psi_1)+A_2\sin(\omega_{n2}t+\psi_2)\\ x_2(t)=r_1A_1\sin(\omega_{n1}t+\psi_1)+r_2A_2\sin(\omega_{n2}t+\psi_2)\end{cases} \tag{4.42}$$

或

$$\{x(t)\}=A_1\begin{Bmatrix}1\\r_1\end{Bmatrix}\sin(\omega_{n1}t+\psi_1)+A_2\begin{Bmatrix}1\\r_2\end{Bmatrix}\sin(\omega_{n2}t+\psi_2) \tag{4.43}$$

式(4.42)、式(4.43)和式(4.24)完全一致。振幅 A_1 和 A_2,相角 ψ_1 和 ψ_2 取决于初始条件。

固有频率、振型向量、物理坐标和主坐标对分析系统的自由振动和强迫振动均具有重要意义。

4.3.3 初始条件引起的系统自由振动

对于一个给定的两自由度系统,固有频率 ω_{n1} 和 ω_{n2}、振型向量 $\{u\}_1$ 和 $\{u\}_2$ 是系统固有的。对于系统自由振动的一般表达式(4.24),振幅 A_1 和 A_2,相角 ψ_1 和 ψ_2 是待定的,取决于系统的初始条件。不同的初始条件使系统发生不同形式的自由振动,但固有频率和振型比是不变的。

假设施加于系统的初始条件为 $x_1(0)=x_{10}$,$x_2(0)=x_{20}$ 和 $\dot{x}_1(0)=\dot{x}_{10}$,$\dot{x}_2(0)=\dot{x}_{20}$。写成向量形式为

$$\{x(0)\}=\begin{Bmatrix}x_1(0)\\x_2(0)\end{Bmatrix}=\begin{Bmatrix}x_{10}\\x_{20}\end{Bmatrix},\{\dot{x}(0)\}=\begin{Bmatrix}\dot{x}_1(0)\\\dot{x}_2(0)\end{Bmatrix}=\begin{Bmatrix}\dot{x}_{10}\\\dot{x}_{20}\end{Bmatrix} \tag{4.44}$$

代入式(4.24)或式(4.43),得

$$\begin{cases}A_1=\dfrac{1}{r_2-r_1}\sqrt{(r_2x_{10}-x_{20})^2+\left(\dfrac{r_2\dot{x}_{10}-\dot{x}_{20}}{\omega_{n1}}\right)^2},\tan\psi_1=\dfrac{\omega_{n1}(r_2x_{10}-x_{20})}{r_2\dot{x}_{10}-\dot{x}_{20}}\\A_2=\dfrac{1}{r_2-r_1}\sqrt{(-r_1x_{10}+x_{20})^2+\left(\dfrac{-r_1\dot{x}_{10}+\dot{x}_{20}}{\omega_{n2}}\right)^2},\tan\psi_2=\dfrac{\omega_{n2}(r_1x_{10}-x_{20})}{r_1\dot{x}_{10}-\dot{x}_{20}}\end{cases} \tag{4.45}$$

ψ_1 和 ψ_2 的值与上下分母所处的相位有关。

例 4.2 确定如图 4.7 所示系统的自由振动。位移初始条件为:$x_1(0)=1$,$x_2(0)=r_1$;速度初始条件为:$\dot{x}_1(0)=0$,$\dot{x}_2(0)=0$。

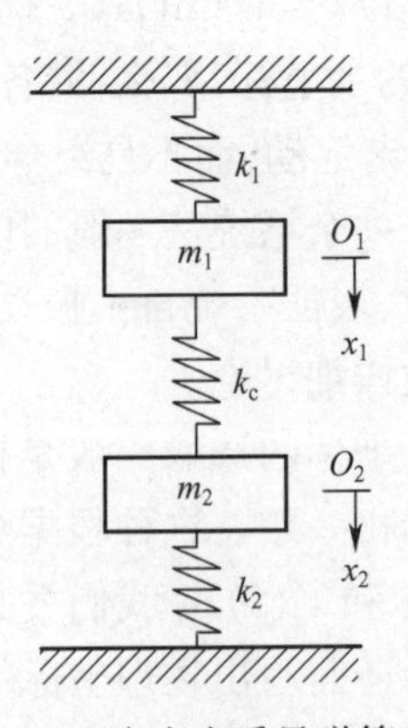

图 4.7 两自由度质量弹簧系统

解 把初始条件代入式(4.45),得 $A_1=-1$,$A_2=0$,$\psi_1=\pi/2$。所以有

$$x_1(t)=-\sin\left(\omega_{n1}t-\frac{\pi}{2}\right)=\cos\omega_{n1}t$$

$$x_2(t) = -r_1\sin\left(\omega_{n1}t - \frac{\pi}{2}\right) = r_1\cos\omega_{n1}t$$

在这一特定的初始条件下,系统只发生了对应于第一阶固有频率的自由振动。

4.4 无阻尼强迫振动

对于两自由度系统,无阻尼强迫振动运动方程的一般形式可以表示为

$$\begin{bmatrix} m_{11} & m_{12} \\ m_{21} & m_{22} \end{bmatrix} \begin{Bmatrix} \ddot{x}_1 \\ \ddot{x}_2 \end{Bmatrix} + \begin{bmatrix} k_{11} & k_{12} \\ k_{21} & k_{22} \end{bmatrix} \begin{Bmatrix} x_1 \\ x_2 \end{Bmatrix} = \begin{Bmatrix} F_1(t) \\ F_2(t) \end{Bmatrix} \tag{4.46}$$

这里只讨论最简单的情况——只在系统的一个坐标位置受到简谐外激励力的作用。例如,在 x_1 处作用有简谐外激励力 $F_1(t)=F\sin\omega t$,即

$$\{F(t)\} = \{F\}\sin\omega t \tag{4.47}$$

式中:$\{F\}=\begin{Bmatrix} F \\ 0 \end{Bmatrix}$为外激励力振幅向量,是一实列向量。

表面看上去,我们分析的是一个最简单的情况,但这也是通常的情况。如果系统同时受到两个频率为 ω_1 和 ω_2 的简谐激励力,该两力分别作用于 x_1 和 x_2,则可以表示为

$$\{F(t)\} = \begin{Bmatrix} F_1\sin\omega_1 t \\ F_2\sin\omega_2 t \end{Bmatrix} = \begin{Bmatrix} F_1 \\ 0 \end{Bmatrix}\sin\omega_1 t + \begin{Bmatrix} 0 \\ F_2 \end{Bmatrix}\sin\omega_2 t \tag{4.48}$$

由于系统是线性系统,叠加原理成立,故这两个激励力同时作用引起的系统稳态响应和两激励力分别作用引起的稳态响应的总和是等效的。所以,求由式(4.47)所引起系统的稳态响应是确定由式(4.48)引起的系统稳态响应的基础。

如果系统在坐标 x_1 和 x_2 分别受到两个周期为 T_1 和 T_2 的周期激励力,则可表示为

$$F_1(t) = F_1(t+T), F_2(t) = F_2(t+T)$$

$$\{F(t)\} = \begin{Bmatrix} F_1(t) \\ F_2(t) \end{Bmatrix} = \begin{Bmatrix} F_1(t) \\ 0 \end{Bmatrix} + \begin{Bmatrix} 0 \\ F_2(t) \end{Bmatrix} \tag{4.49}$$

为了求出两个周期激励力引起的系统稳态响应,可以先分别求出单个激励力引起的稳态响应,而周期激励力又可展开为傅里叶级数,因此,求单个激励力稳态响应问题是求周期激励力引起的稳态响应的基础。

由此可知,我们所讨论的是一个最基本的情况,线性系统可以使问题大大简化。对于更为一般的情况,如激励力为任意时间函数,将在后面章节中讨论。

把强迫振动方程写成简明的形式:

$$[M]\{\ddot{x}\} + [K]\{x\} = \{F\}\sin\omega t \tag{4.50}$$

式中:质量矩阵$[M]$和刚度矩阵$[K]$通常是实对称矩阵;力向量$\{F\}$为实向量,有

$$\{F\} = \begin{Bmatrix} F \\ 0 \end{Bmatrix} \tag{4.51}$$

用复指数法对式(4.50)求解,用$\{F\}e^{j\omega t}$代换$\{F\}\sin\omega t$,式(4.50)改写为

$$[M]\{\ddot{x}\} + [K]\{x\} = \{F\}e^{j\omega t} \tag{4.52}$$

如单自由度系统所表明的,两自由度系统在简谐激励力作用下的稳态响应将是与激

励力相同频率的简谐函数。为此,令式(4.52)的解为

$$\{x(t)\} = \{\bar{X}\}e^{j\omega t} \tag{4.53}$$

式中:$\{\bar{X}\}$ 为响应的复振幅,有

$$\{\bar{X}\} = \begin{Bmatrix} \bar{X}_1 \\ \bar{X}_2 \end{Bmatrix} \tag{4.54}$$

把式(4.53)代入式(4.52),得

$$([K] - \omega^2[M])\{\bar{X}\} = \{F\} \tag{4.55}$$

定义

$$\begin{aligned}[Z(\omega)] &= [K] - \omega^2[M] \\ &= \begin{bmatrix} k_{11} - \omega^2 m_{11} & k_{12} - \omega^2 m_{12} \\ k_{21} - \omega^2 m_{21} & k_{22} - \omega^2 m_{22} \end{bmatrix}\end{aligned} \tag{4.56}$$

式(4.55)可重写为

$$[Z(\omega)]\{\bar{X}\} = \{F\} \tag{4.57}$$

$[Z(\omega)]$ 称为**机械阻抗矩阵**,或**阻抗矩阵**、**动刚度矩阵**。

由式(4.57),得

$$\{\bar{X}\} = [Z(\omega)]^{-1}\{F\} = [H(\omega)]\{F\} \tag{4.58}$$

式中

$$[H(\omega)] = [Z(\omega)]^{-1} \tag{4.59}$$

$[H(\omega)]$ 称为**机械导纳矩阵**,或动柔度矩阵,也称为**传递函数矩阵**或**频响函数矩阵**。

$$\begin{aligned}\{\bar{X}\} &= [Z(\omega)]^{-1}\{F\} = [H(\omega)]\{F\} = \frac{1}{|Z(\omega)|}\begin{bmatrix} Z_{22}(\omega) & -Z_{12}(\omega) \\ -Z_{21}(\omega) & Z_{11}(\omega) \end{bmatrix}\begin{Bmatrix} F \\ 0 \end{Bmatrix} \\ &= \frac{1}{Z_{11}(\omega)Z_{22}(\omega) - Z_{12}(\omega)Z_{21}(\omega)}\begin{bmatrix} Z_{22}(\omega) & -Z_{12}(\omega) \\ -Z_{21}(\omega) & Z_{11}(\omega) \end{bmatrix}\begin{Bmatrix} F \\ 0 \end{Bmatrix}\end{aligned} \tag{4.60}$$

式中 $|Z(\omega)|$ 为矩阵 $[Z(\omega)]$ 的行列式。

$$Z_{ij}(\omega) = k_{ij} - \omega^2 m_{ij}, i,j = 1,2. \tag{4.61}$$

从而有

$$\begin{cases} \bar{X}_1 = \dfrac{Z_{22}(\omega)F}{Z_{11}(\omega)Z_{22}(\omega) - Z_{12}(\omega)Z_{21}(\omega)} = H_{11}(\omega)F = X_1 e^{-j\varphi_1} \\ \bar{X}_2 = \dfrac{-Z_{21}(\omega)F}{Z_{11}(\omega)Z_{22}(\omega) - Z_{12}(\omega)Z_{21}(\omega)} = H_{21}(\omega)F = X_2 e^{-j\varphi_2} \end{cases} \tag{4.62}$$

式中:$H_{11}(\omega)$ 和 $H_{21}(\omega)$ 是频响函数矩阵第一列的两个元素,另两个元素 $H_{12}(\omega)$ 和 $H_{22}(\omega)$ 也可从式(4.60)中求得。

$\bar{X}_1(\omega)$ 和 $\bar{X}_2(\omega)$ 取决于激励力的特性 (F,ω) 和系统的物理参数。X_1 和 X_2 是稳态响应的振幅,φ_1 和 φ_2 是稳态响应 $x_1(t)$ 和 $x_2(t)$ 滞后于激励力的相角。

$$X_1(\omega) = |\bar{X}_1(\omega)|, X_2(\omega) = |\bar{X}_2(\omega)| \tag{4.63}$$

$$\varphi_1(\omega) = \mathrm{Arg}\overline{X}_1(\omega),\varphi_2(\omega) = \mathrm{Arg}\overline{X}_2(\omega) \tag{4.64}$$

因此式(4.52)的解为

$$\{x(t)\} = \{\overline{X}\}\mathrm{e}^{\mathrm{j}\omega t} = \begin{Bmatrix} X_1\mathrm{e}^{\mathrm{j}(\omega t-\varphi_1)} \\ X_2\mathrm{e}^{\mathrm{j}(\omega t-\varphi_2)} \end{Bmatrix} \tag{4.65}$$

系统对激励力$\begin{Bmatrix} F \\ 0 \end{Bmatrix}\sin\omega t$的稳态响应应取式(4.65)的虚部,为

$$\{x(t)\} = \begin{Bmatrix} X_1\sin(\omega t - \varphi_1) \\ X_2\sin(\omega t - \varphi_2) \end{Bmatrix} \tag{4.66}$$

由于现在讨论的是无阻尼系统,$\overline{X}_1$ 和 $\overline{X}_2$ 表达式中的各元素都是实数。因此,与单自由度无阻尼强迫振动相同,对于不同的激励频率 ω,φ_1 和 φ_2 值分别为 0 和 π。

可以画出 $X_1(\omega)$、$X_2(\omega)$、$\varphi_1(\omega)$ 和 $\varphi_2(\omega)$ 随频率 ω 变化的曲线(对于一个给定的系统)。这些曲线分别称为**幅频特性曲线**和**相频特性曲线**。

例4.3 如图4.1所示,如果只在坐标 x_1 处受到简谐力的作用,试画出系统稳态响应 $\overline{X}_1(\omega)$、$\overline{X}_2(\omega)$ 随 ω 变化的曲线。

解 把例4.1中的各参数代入式(4.62),简谐激励力为 $F_1(t)=F\sin\omega t$,$F_2(t)=0$,有

$$\overline{X}_1(\omega)=\frac{(3k-2\omega^2 m)F}{2m^2\omega^4-7mk\omega^2+5k^2},\overline{X}_2(\omega)=\frac{kF}{2m^2\omega^4-7mk\omega^2+5k^2}$$

可以发现,$\overline{X}_1(\omega)$、$\overline{X}_2(\omega)$ 分母多项式就是系统的特征多项式,只是用 ω 代替了 ω_n。因而系统的特征方程也可表示为

$$2m^2\omega^4-7mk\omega^2+5k^2=2m(\omega^2-\omega_{n1}^2)(\omega^2-\omega_{n1}^2)=0$$

式中:$\omega_{n1}^2=\dfrac{k}{m}$,$\omega_{n2}^2=\dfrac{5k}{2m}$是系统固有频率的平方。因而,有

$$\overline{X}_1(\omega)=\frac{2F}{5k}\frac{3/2-(\omega/\omega_{n1})^2}{[1-(\omega/\omega_{n1})^2][1-(\omega/\omega_{n2})^2]}$$

$$\overline{X}_2(\omega)=\frac{F}{5k}\frac{1}{[1-(\omega/\omega_{n1})^2][1-(\omega/\omega_{n2})^2]}$$

$\overline{X}_1(\omega)$、$\overline{X}_2(\omega)$ 随 ω/ω_{n1}变化的频响曲线如图4.8所示。

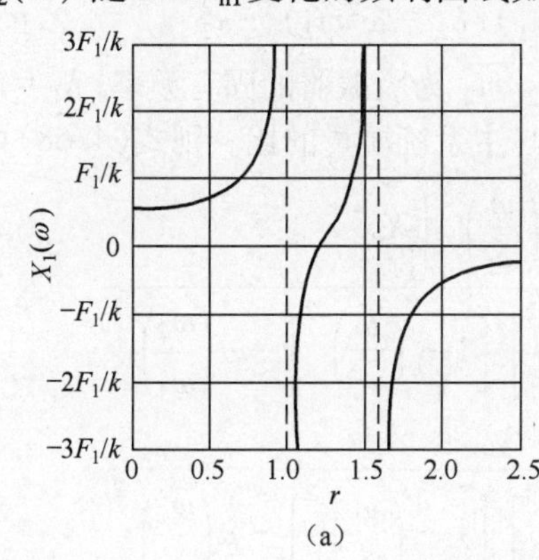

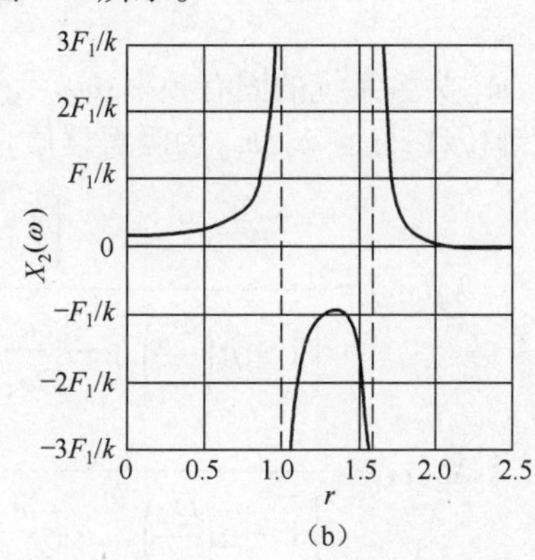

图4.8 频响曲线

4.5 无阻尼吸振器设计原理

在第2章,我们讨论了单自由度系统的隔振问题。无论积极隔振还是消极隔振都只能减小振源的影响,不能减小振源本身的振动强度。

如图4.8所示,当激励频率 $\omega=\sqrt{3/2}\,\omega_{n1}$ 时,$X_1=0$。这时,质量 m_1 在简谐激励力作用下,处于静止状态。这个频率称为**系统的零点**。

下面研究图4.9所示的系统。

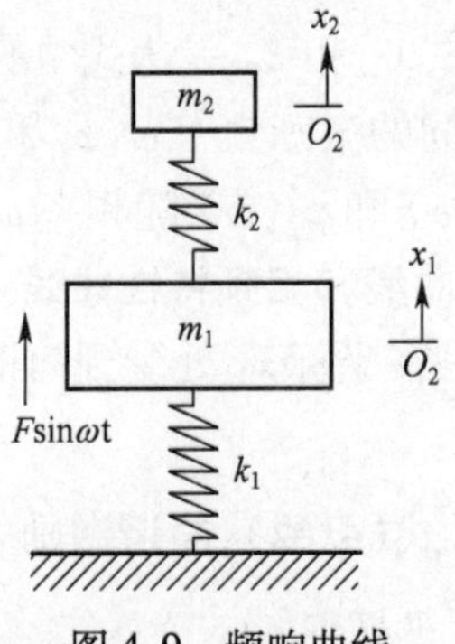

图4.9 频响曲线

假设原来的系统是由质量 m_1 和弹簧 k_1 组成的系统,该系统称为**主系统**,是一个单自由度系统。在激励 $F\sin\omega t$ 的作用下,该系统发生了强迫振动。为了减小其振动强度,不能采用改变主系统参数 m_1 和 k_1 的方法,而应设计安装一个由质量 m_2 和弹簧 k_2 组成的辅助系统——**吸振器**,形成一个新的两自由度系统。此时,运动方程为

$$\begin{bmatrix} m_1 & 0 \\ 0 & m_2 \end{bmatrix}\begin{Bmatrix} \ddot{x}_1 \\ \ddot{x}_2 \end{Bmatrix}+\begin{bmatrix} k_1+k_2 & -k_2 \\ -k_2 & k_1+k_2 \end{bmatrix}\begin{Bmatrix} x_1 \\ x_2 \end{Bmatrix}=\begin{Bmatrix} F \\ 0 \end{Bmatrix}\sin\omega t \tag{4.67}$$

解式(4.67),得

$$\begin{cases} \overline{X}_1(\omega)=\dfrac{(k_2-\omega^2 m_2)F}{(k_1+k_2-\omega^2 m_1)(k_2-\omega^2 m_2)-k_2^2} \\ \overline{X}_2(\omega)=\dfrac{k_2 F}{(k_1+k_2-\omega^2 m_1)(k_2-\omega^2 m_2)-k_2^2} \end{cases} \tag{4.68}$$

令 $\omega_1=\sqrt{k_1/m_1}$ 为主系统的固有频率;$\omega_2=\sqrt{k_2/m_2}$ 为吸振器的固有频率;$X_0=F/k_1$ 为主系统的等效静位移;$\mu=m_2/m_1$ 为吸振器质量与主系统质量的比。则式(4.68)可变换为

$$\overline{X}_1(\omega)=\frac{\left[1-\left(\dfrac{\omega}{\omega_2}\right)^2\right]X_0}{\left[1+\mu\left(\dfrac{\omega_2}{\omega_1}\right)^2-\left(\dfrac{\omega}{\omega_1}\right)^2\right]\left[1-\left(\dfrac{\omega}{\omega_2}\right)^2\right]-\mu\left(\dfrac{\omega_2}{\omega_1}\right)^2} \tag{4.69}$$

$$\overline{X}_2(\omega)=\frac{X_0}{\left[1+\mu\left(\dfrac{\omega_2}{\omega_1}\right)^2-\left(\dfrac{\omega}{\omega_1}\right)^2\right]\left[1-\left(\dfrac{\omega}{\omega_2}\right)^2\right]-\mu\left(\dfrac{\omega_2}{\omega_1}\right)^2} \tag{4.70}$$

由式(4.69)可以知道,当 $\omega=\omega_2$ 时,主系统质量 m_1 的振幅 X_1 将等于零。换一句话说,倘若吸振器的固有频率与主系统的工作频率相等,则主系统的振动将被消除。当 $\omega=\omega_2$ 时,式(4.70)将为

$$\overline{X}_2(\omega)=-\left(\frac{\omega_1}{\omega_2}\right)^2\frac{X_0}{\mu}=\frac{F}{k_2} \tag{4.71}$$

这时吸振器质量的运动为

$$x_2(t)=-\frac{F}{k_2}\sin\omega t \tag{4.72}$$

吸振器的运动通过弹簧 k_2 给主系统质量 m_1 施加一作用力为

$$k_2x_2(t)=-F\sin\omega t \tag{4.73}$$

在任何时刻,吸振器施加于主系统的力精确地与作用于主系统的激励力 $F\sin\omega t$ 平衡。

虽然无阻尼吸振器是针对某个给定的工作频率设计的,不过在 ω 近旁的某个小范围内也能满足要求,这时,主系统质量 m_1 的运动虽不是零,但振幅很小。

如图4.10所示,当 $\mu=0.2$,$\omega_1=\omega_2$ 时 $\overline{X}_1/X_0$ 随 ω/ω_2 变化的规律,阴影部分是吸振器的可工作频率范围。

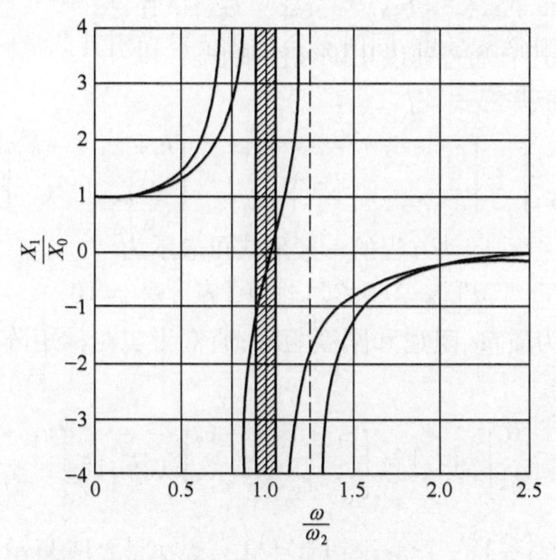

图4.10 频响曲线

安装吸振器的缺点是使一单自由度系统成为一两自由度系统,有两个共振频率,增加了系统共振的可能性。

使式(4.69)或式(4.70)的分母多项式等于零,即

$$\left[1+\mu\left(\frac{\omega_2}{\omega_1}\right)^2-\left(\frac{\omega}{\omega_1}\right)^2\right]\left[1-\left(\frac{\omega}{\omega_2}\right)^2\right]-\mu\left(\frac{\omega_2}{\omega_1}\right)^2=0 \tag{4.74}$$

这就是由主系统和吸振器组成的两自由度系统的特征方程。运算后,可得

$$\left(\frac{\omega_2}{\omega_1}\right)^2\left(\frac{\omega}{\omega_2}\right)^4-\left[1+(1+\mu)\left(\frac{\omega_2}{\omega_1}\right)^2\right]\left(\frac{\omega}{\omega_2}\right)^2+1=0 \tag{4.75}$$

对于不同的 ω_2/ω_1 和 μ 值,可以从式(4.75)中解出两自由度系统的两个固有频率。

4.6 有阻尼系统振动基础

4.6.1 有阻尼系统的自由振动

图 4.11 所示为一个具有黏性阻尼的两自由度系统。

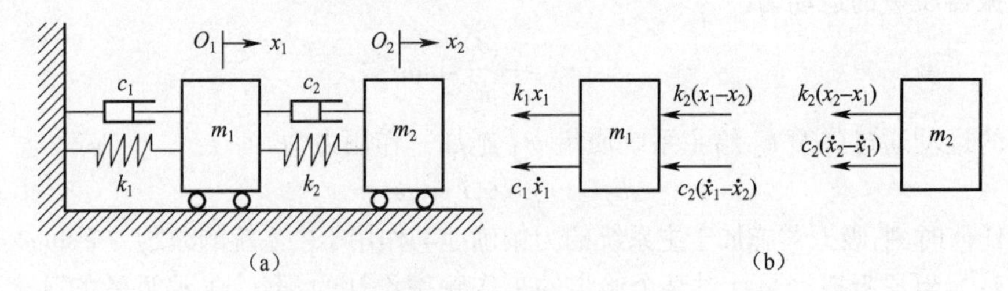

图 4.11　有阻尼系统

根据牛顿运动定律可得系统的运动方程为

$$\begin{cases} m_1\ddot{x}_1 + (c_1 + c_2)\dot{x}_1 + (k_1 + k_2)x_1 - c_2\dot{x}_2 - k_2x_2 = 0 \\ m_2\ddot{x}_2 + c_2x_2 + k_2x_2 - c_2\dot{x}_1 - k_2x_1 = 0 \end{cases} \tag{4.76}$$

在方程中有弹性耦合,还有通过速度项的黏性耦合。

把式(4.76)写成矩阵形式,有

$$\begin{bmatrix} m_1 & 0 \\ 0 & m_2 \end{bmatrix}\begin{Bmatrix} \ddot{x}_1 \\ \ddot{x}_2 \end{Bmatrix} + \begin{bmatrix} c_1 + c_2 & -c_2 \\ -c_2 & c_2 \end{bmatrix}\begin{Bmatrix} \dot{x}_1 \\ \dot{x}_2 \end{Bmatrix} + \begin{bmatrix} k + k_2 & -k_2 \\ -k_2 & k_2 \end{bmatrix}\begin{Bmatrix} x_1 \\ x_2 \end{Bmatrix} = \begin{Bmatrix} 0 \\ 0 \end{Bmatrix} \tag{4.77}$$

对于有阻尼系统,自由振动运动方程的一般形式可表示为

$$[M]\{\ddot{x}\} + [C]\{\dot{x}\} + [K]\{x\} = \{0\} \tag{4.78}$$

式中:$[M]$,$[C]$,$[K]$为质量、阻尼和刚度矩阵,通常为实对称矩阵;$\{\ddot{x}\}$、$\{\dot{x}\}$和$\{x\}$为加速度、速度和位移向量。

$$\begin{cases} [M] = \begin{bmatrix} m_1 & 0 \\ 0 & m_2 \end{bmatrix}, [C] = \begin{bmatrix} c_1 + c_2 & -c_2 \\ -c_2 & c_2 \end{bmatrix}, [K] = \begin{bmatrix} k_1 + k_2 & -k_2 \\ -k_2 & k_2 \end{bmatrix}; \\ \{\ddot{x}(t)\} = \begin{Bmatrix} \ddot{x}_1(t) \\ \ddot{x}_2(t) \end{Bmatrix}, \{\dot{x}(t)\} = \begin{Bmatrix} \dot{x}_1(t) \\ \dot{x}_2(t) \end{Bmatrix}, \{x(t)\} = \begin{Bmatrix} x_1(t) \\ x_2(t) \end{Bmatrix} \end{cases} \tag{4.79}$$

假设式(4.79)的解为

$$x_1(t) = B_1\mathrm{e}^{\lambda t}, x_2(t) = B_2\mathrm{e}^{\lambda t} \tag{4.80}$$

或

$$\{x(t)\} = \{B\}\mathrm{e}^{\lambda t} = \begin{Bmatrix} B_1 \\ B_2 \end{Bmatrix}\mathrm{e}^{\lambda t} \tag{4.81}$$

则

$$\{\dot{x}(t)\} = \lambda\{B\}\mathrm{e}^{\lambda t}, \{\ddot{x}(t)\} = \lambda^2\{B\}\mathrm{e}^{\lambda t} \tag{4.82}$$

把式(4.81)和式(4.82)代入式(4.78),得

$$(\lambda^2[M] + \lambda[C] + \lambda[K])\{B\}\mathrm{e}^{\lambda t} = \{0\} \tag{4.83}$$

由于 $e^{\lambda t}$ 不会恒等于零，要使式(4.83)恒成立，则必须有

$$(\lambda^2[M] + \lambda[C] + \lambda[K])\{B\} = \{0\} \tag{4.84}$$

即

$$\begin{bmatrix} m_{11}\lambda^2 + c_{11}\lambda + k_{11} & m_{12}\lambda^2 + c_{12}\lambda + k_{12} \\ m_{21}\lambda^2 + c_{21}\lambda + k_{21} & m_{22}\lambda^2 + c_{22}\lambda + k_{22} \end{bmatrix} \begin{Bmatrix} B_1 \\ B_2 \end{Bmatrix} = \begin{Bmatrix} 0 \\ 0 \end{Bmatrix} \tag{4.85}$$

要使 B_1 和 B_2 有非零解，式(4.85)系数矩阵的行列式必等于零。因此得到系统的特征方程或频率方程

$$\begin{vmatrix} m_{11}\lambda^2 + c_{11}\lambda + k_{11} & m_{12}\lambda^2 + c_{12}\lambda + k_{12} \\ m_{21}\lambda^2 + c_{21}\lambda + k_{21} & m_{22}\lambda^2 + c_{22}\lambda + k_{22} \end{vmatrix} = 0 \tag{4.86}$$

或

$$(m_{11}\lambda^2 + c_{11}\lambda + k_{11})(m_{22}\lambda^2 + c_{22}\lambda + k_{22}) - (m_{12}\lambda^2 + c_{12}\lambda + k_{12})(m_{21}\lambda^2 + c_{21}\lambda + k_{21}) = 0 \tag{4.87}$$

把特征值 λ_1、λ_2、λ_3 和 λ_4 分别代入式(4.85)，得

$$\frac{B_{2i}}{B_{1i}} = -\frac{m_{11}\lambda_i^2 + c_{11}\lambda_i + k_{11}}{m_{12}\lambda_i^2 + c_{12}\lambda_i + k_{12}} = -\frac{m_{21}\lambda_i^2 + c_{21}\lambda_i + k_{21}}{m_{22}\lambda_i^2 + c_{22}\lambda_i + k_{22}} = r_i, i = 1,2,3,4 \tag{4.88}$$

系统的特征值、特征向量及其比值与无阻尼系统相同，也是系统固有的，只取决于系统的物理参数。

式(4.78)的通解为

$$\{x(t)\} = \begin{Bmatrix} x_1(t) \\ x_2(t) \end{Bmatrix} = \begin{Bmatrix} B_{11} \\ B_{21} \end{Bmatrix} e^{\lambda_1 t} + \begin{Bmatrix} B_{12} \\ B_{22} \end{Bmatrix} e^{\lambda_2 t} + \begin{Bmatrix} B_{13} \\ B_{23} \end{Bmatrix} e^{\lambda_3 t} + \begin{Bmatrix} B_{14} \\ B_{24} \end{Bmatrix} e^{\lambda_4 t} \tag{4.89}$$

或

$$\{x(t)\} = \begin{Bmatrix} x_1(t) \\ x_2(t) \end{Bmatrix} = B_{11}\begin{Bmatrix} 1 \\ r_1 \end{Bmatrix} e^{\lambda_1 t} + B_{12}\begin{Bmatrix} 1 \\ r_2 \end{Bmatrix} e^{\lambda_2 t} + B_{13}\begin{Bmatrix} 1 \\ r_3 \end{Bmatrix} e^{\lambda_3 t} + B_{14}\begin{Bmatrix} 1 \\ r_4 \end{Bmatrix} e^{\lambda_4 t} \tag{4.90}$$

与有阻尼单自由度系统相同，由初始条件引起的系统运动，将随着时间的增长不断减小(正阻尼情况)。

系统的4个特征值将是负实根或具有负实根的复根。负实根表明系统的运动将是非周期的，运动将随时间呈指数函数衰减，是过阻尼或临界阻尼情况。具有负实部的共轭复根将共轭成对出现，表明系统的运动将是振幅按指数函数衰减的简谐运动，是欠阻尼情况。对于两自由度系统，其特征值将会出现以下3种情形的组合：

(1) 第一种情形。当系统的4个特征值都为负实根时，式(4.89)和式(4.90)就是其位移的表达式。这时，待定常数 B_{11}、B_{12}、B_{13}、B_{14} 和 r_1、r_2、r_3、r_4 都是实数。

(2) 第二种情形。当系统的4个特征值组成两对具有负实部的共轭复根时，可表示为

$$\begin{cases} \lambda_1 = -\sigma_{n1} + j\omega_{d1}, \lambda_2 = -\sigma_{n1} - j\omega_{d1} \\ \lambda_3 = -\sigma_{n2} + j\omega_{d2}; \lambda_4 = -\sigma_{n2} - j\omega_{d2} \end{cases} \tag{4.91}$$

而式(4.78)的通解为

$$\{x(t)\} = e^{\lambda_{n1}t}\left[\left(B_{11}\begin{Bmatrix}1\\r_1\end{Bmatrix} + B_{12}\begin{Bmatrix}1\\r_2\end{Bmatrix}\right)\cos(\lambda_{d1}t) + j\left(B_{11}\begin{Bmatrix}1\\r_1\end{Bmatrix} - B_{12}\begin{Bmatrix}1\\r_2\end{Bmatrix}\right)\sin(\lambda_{d1}t)\right] +$$
$$e^{\lambda_{n2}^{t}}\left[\left(B_{13}\begin{Bmatrix}1\\r_3\end{Bmatrix} + B_{14}\begin{Bmatrix}1\\r_4\end{Bmatrix}\right)\cos(\lambda_{d2}t) + j\left(B_{13}\begin{Bmatrix}1\\r_3\end{Bmatrix} - B_{14}\begin{Bmatrix}1\\r_4\end{Bmatrix}\right)\sin(\lambda_{d2}t)\right] \tag{4.92}$$

这时 B_{1i} 和 $r_i(i=1,2,3,4)$ 为共轭复数对,使正弦和余弦项前的系数为实数。

(3) 第三种情形。

两个特征值为负实根,另外两个特征值组成一对具有负实部的共轭复根时,可表示为

$$\begin{cases}\lambda_1 = -\sigma_{n1},\lambda_2 = -\sigma_{n2}\\ \lambda_3 = -\sigma_n + j\omega_d,\lambda_4 = -\sigma_n - j\omega_d\end{cases} \tag{4.93}$$

式(4.78)的通解为

$$\{x(t)\} = B_{11}\begin{Bmatrix}1\\r_1\end{Bmatrix}e^{-\sigma_{n1}t} + B_{12}\begin{Bmatrix}1\\r_2\end{Bmatrix}e^{-\sigma_{n2}t} + e^{-\lambda_n t} \times$$
$$\left[\left(B_{13}\begin{Bmatrix}1\\r_3\end{Bmatrix} + B_{14}\begin{Bmatrix}1\\r_4\end{Bmatrix}\right)\cos(\lambda_d t) + j\left(B_{13}\begin{Bmatrix}1\\r_3\end{Bmatrix} - B_{14}\begin{Bmatrix}1\\r_4\end{Bmatrix}\right)\sin(\lambda_d t)\right] \tag{4.94}$$

这时,B_{1i}、$r_i(i=1,2)$ 为实数;B_{1i}、$r_i(i=3,4)$ 为共轭复数对。

式(4.90)、式(4.92)和式(4.94)中的待定常数由施加系统的初始条件确定。

4.6.2 有阻尼系统的强迫振动

两自由度有阻尼系统强迫振动运动方程的一般形式为

$$\begin{bmatrix}m_{11} & m_{12}\\ m_{21} & m_{22}\end{bmatrix}\begin{Bmatrix}\ddot{x}_1\\ \ddot{x}_2\end{Bmatrix} + \begin{bmatrix}c_{11} & c_{12}\\ c_{21} & c_{22}\end{bmatrix}\begin{Bmatrix}\dot{x}_1\\ \dot{x}_2\end{Bmatrix} + \begin{bmatrix}k_{11} & k_{12}\\ k_{21} & k_{22}\end{bmatrix}\begin{Bmatrix}x_1\\ x_2\end{Bmatrix} = \begin{Bmatrix}F_1(t)\\ F_2(t)\end{Bmatrix} \tag{4.95}$$

我们研究简谐激励力的情况,这时运动方程可表示为

$$\begin{bmatrix}m_{11} & m_{12}\\ m_{21} & m_{22}\end{bmatrix}\begin{Bmatrix}\ddot{x}_1\\ \ddot{x}_2\end{Bmatrix} + \begin{bmatrix}c_{11} & c_{12}\\ c_{21} & c_{22}\end{bmatrix}\begin{Bmatrix}\dot{x}_1\\ \dot{x}_2\end{Bmatrix} + \begin{bmatrix}k_{11} & k_{12}\\ k_{21} & k_{22}\end{bmatrix}\begin{Bmatrix}x_1\\ x_2\end{Bmatrix} = \begin{Bmatrix}F\\ 0\end{Bmatrix}\sin\omega t \tag{4.96}$$

对于线性系统这样的分析仍然有相当的普遍性。

为了确定系统的稳态响应,用复指数法求解。以 $\{F\}e^{j\omega t}$ 代换 $\{F\}\sin(\omega t)$,并令方程的解为

$$x_1(t) = \overline{X}_1 e^{j\omega t},x_2(t) = \overline{X}_2 e^{j\omega t} \tag{4.97}$$

代入式(4.96),得

$$\begin{bmatrix}k_{11} - \omega^2 m_{11} + j\omega c_{11} & k_{12} - \omega^2 m_{12} + j\omega c_{12}\\ k_{21} - \omega^2 m_{21} + j\omega c_{21} & k_{22} - \omega^2 m_{22} + j\omega c_{22}\end{bmatrix}\begin{Bmatrix}\overline{X}_1\\ \overline{X}_2\end{Bmatrix} = \begin{Bmatrix}F\\ 0\end{Bmatrix} \tag{4.98}$$

或

$$\begin{bmatrix}Z_{11}(\omega) & Z_{12}(\omega)\\ Z_{21}(\omega) & Z_{22}(\omega)\end{bmatrix}\begin{Bmatrix}\overline{X}_1\\ \overline{X}_2\end{Bmatrix} = \begin{Bmatrix}F\\ 0\end{Bmatrix} \tag{4.99}$$

也可简写为

$$[Z(\omega)]\{\bar{X}\} = \{F\} \tag{4.100}$$

式中：$[Z(\omega)]$ 为**机械阻抗矩阵**，机械阻抗矩阵的元素为 $Z_{ij}(\omega) = k_{ij} - \omega^2 m_{ij} + j\omega c_{ij}, i,j = 1,2$。

因此式(4.100)的解为

$$\begin{aligned}\{\bar{X}\} &= [Z(\omega)]^{-1}\{F\} = [H(\omega)]\{F\} \\ &= \frac{1}{|Z(\omega)|} \times \begin{bmatrix} k_{22} - \omega^2 m_{22} + j\omega c_{22} & -(k_{12} - \omega^2 m_{12} + j\omega c_{12}) \\ -(k_{21} - \omega^2 m_{21} + j\omega c_{21}) & k_{11} - \omega^2 m_{11} + j\omega c_{11} \end{bmatrix} \begin{Bmatrix} F \\ 0 \end{Bmatrix}\end{aligned} \tag{4.101}$$

式中：$[H(\omega)]$ 为**机械导纳矩阵或频响函数矩阵**。

从而有

$$\begin{cases} \bar{X}_1 = \dfrac{k_{22} - \omega^2 m_{22} + j\omega c_{22}}{|Z(\omega)|} F = X_1 e^{-j\varphi_1} \\ \bar{X}_2 = -\dfrac{k_{21} - \omega^2 m_{21} + j\omega c_{21}}{|Z(\omega)|} F = X_2 e^{-j\varphi_2} \end{cases} \tag{4.102}$$

$\bar{X}_1$ 和 $\bar{X}_2$ 是复振幅，给出了系统在 $F\sin\omega t$ 激励力作用下，系统稳态响应的振幅 X_1 和 X_2 及响应滞后于激励的相角 φ_1 和 φ_2。因此，系统在简谐激励力作用下的稳态响应为

$$\{x(t)\} = \begin{Bmatrix} x_1(t) \\ x_2(t) \end{Bmatrix} = \begin{Bmatrix} X_1 e^{-j\varphi_1} \\ X_2 e^{-j\varphi_2} \end{Bmatrix} = \begin{Bmatrix} X_1(\omega t - \varphi_1) \\ X_2(\omega t - \varphi_2) \end{Bmatrix} \tag{4.103}$$

4.7 有阻尼吸振器设计原理

为了能在相当宽的工作速度范围内，使主系统的振动能够减小到要求的强度，设计了一个有阻尼吸振器，如图4.12所示。

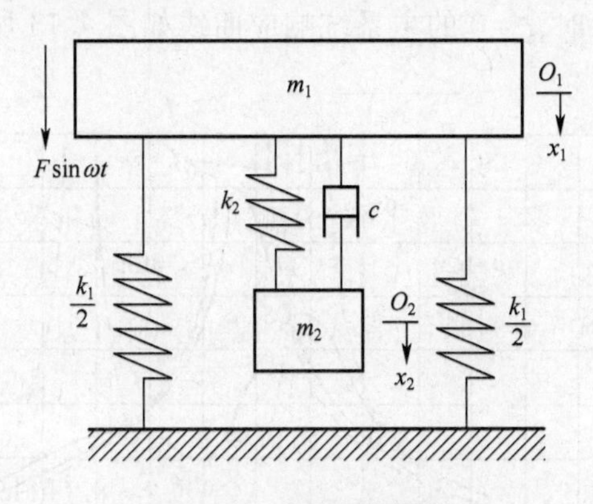

图4.12 有阻尼吸振器

由质量 m_1 和弹簧 k_1 组成主系统，由质量 m_2、弹簧 k_2 和黏性阻尼 c 组成有阻尼吸振器。主系统和吸振器组成了一个两自由度系统，其运动方程为

$$\begin{bmatrix} m_1 & 0 \\ 0 & m_2 \end{bmatrix}\begin{Bmatrix} \ddot{x}_1 \\ \ddot{x}_2 \end{Bmatrix} + \begin{bmatrix} c & -c \\ -c & c \end{bmatrix}\begin{Bmatrix} \dot{x}_1 \\ \dot{x}_2 \end{Bmatrix} + \begin{bmatrix} k_1+k_2 & -k_2 \\ -k_2 & k_2 \end{bmatrix}\begin{Bmatrix} x_1 \\ x_2 \end{Bmatrix} = \begin{Bmatrix} F \\ 0 \end{Bmatrix}\sin\omega t \tag{4.104}$$

解式(4.104)为

$$\overline{X}_1 = \frac{k_2 - \omega^2 m_2 + \mathrm{j}\omega c}{|Z(\omega)|}F, \overline{X}_2 = \frac{k_2 + \mathrm{j}\omega c}{|Z(\omega)|}F \tag{4.105}$$

式中

$$\begin{aligned} |Z(\omega)| &= \begin{vmatrix} k_1 + k_2 - \omega^2 m_1 + \mathrm{j}\omega c & -(k_2 + \mathrm{j}\omega c) \\ -(k_2 + \mathrm{j}\omega c) & k_2 - \omega^2 m_2 + \mathrm{j}\omega c \end{vmatrix} \\ &= (k_1 - \omega^2 m_1)(k_2 - \omega^2 m_2) - \omega^2 k_2 m_2 + \\ &\quad \mathrm{j}\omega c(k_1 - \omega^2 m_1 - \omega^2 m_2) = a + \mathrm{j}b \end{aligned} \tag{4.106}$$

因而,有

$$X_1 = |\overline{X}_1| = F\sqrt{\frac{(k_2 - \omega^2 m_2)^2 + \omega^2 c^2}{a^2 + b^2}}, X_2 = |\overline{X}_2| = F\sqrt{\frac{k_2 + \omega^2 c^2}{a^2 + b^2}} \tag{4.107}$$

下面研究如何选择吸振器参数 m_2、k_2 和 c,使主系统在激励力 $F\sin\omega t$ 作用下的稳态响应振幅减小到允许的数值范围内。为了简化讨论,引入下面的符号:

$$\frac{F}{k_1} = X_0, \omega_1 = \sqrt{\frac{k_1}{m_1}}, \omega_2 = \sqrt{\frac{k_2}{m_2}}, \mu = \frac{m_2}{m_1}, \delta = \frac{\omega_2}{\omega_1}, r = \frac{\omega}{\omega_1}, \zeta = \frac{c}{2m_2\omega_1} \tag{4.108}$$

把式(4.107)中的 X_1 由上述符号化成无量纲的形式:

$$\frac{X_1^2}{X_0^2} = \frac{(\delta^2 - r^2)^2 + 4\zeta^2 r^2}{[(1-r^2)(\delta^2 - r^2) - \mu r^2\delta^2]^2 + 4\zeta^2 r^2(1 - r^2 - \mu r^2)^2} \tag{4.109}$$

若 $c=\zeta=0$,由式(4.105)可以得到无阻尼吸振器振幅的表达式,也可由式(4.109)得到具有无阻尼吸振器的主系统振幅的无量纳表达式:

$$\frac{X_1^2}{X_0^2} = \frac{(\delta^2 - r^2)^2}{[(1-r^2)(\delta^2 - r^2) - \mu r^2\delta^2]^2} \tag{4.110}$$

对于 $\mu=1/20$、$\delta=1$ 时,$\zeta=0$ 的主系统响应曲线如图 4.13 所示。图中画出了 X_1/X_0 的绝对值。

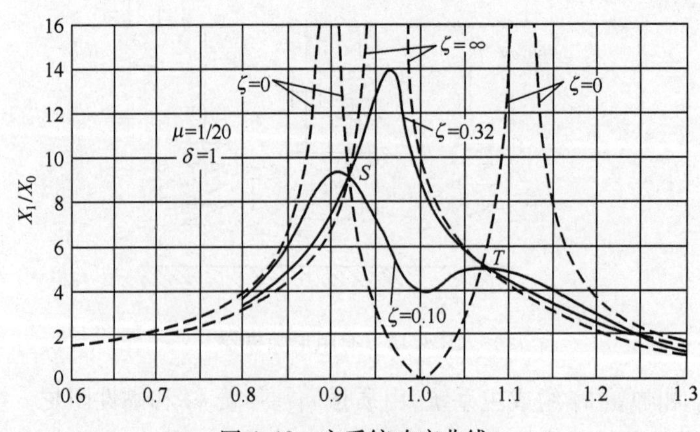

图 4.13 主系统响应曲线

另一个极端情况是 $c=\infty$,即 $\zeta=\infty$。阻尼为无限大,质量 m_1 和 m_2 将无相对运动,这时得到了一个由质量 m_1+m_2 和弹簧组成的单自由度系统。该系统的稳态响应可直接由式(4.109)或单自由度系统稳态响应表达式求得,即

$$\frac{X_1^2}{X_0^2}=\frac{1}{(1-r^2-\mu r^2)^2} \tag{4.111}$$

可由式(4.111)的分母多项式等于零求得无阻尼固有频率,即

$$1-r^2-\mu r^2=0\Rightarrow r_\infty=\frac{1}{\sqrt{1+\mu}}=\sqrt{\frac{m_1}{m_1+m_2}} \tag{4.112}$$

对于 $\mu=1/20$、$r_\infty=0.976$ 时,$\zeta=\infty$ 的响应曲线表示在图4.13中。该响应曲线与单自由度系统的响应曲线相同。对于其他的阻尼值,响应曲线将介于 $\zeta=0$ 和 $\zeta=\infty$ 之间,根据式(4.109)画出。在图中还画出了 $\zeta=0.1$ 和 $\zeta=0.32$ 的曲线。

图4.13中所有的响应曲线都交于 S 点和 T 点。这表明,在这两个点所对应的频率比 r 值,质量 m_1 的稳态响应的振幅与吸振器的阻尼 c 无关。

S 点和 T 点的 r 值,可由任意两个不同阻尼值的响应曲线求得,最方便的就是使式(4.110)和式(4.111)相等来得到,即

$$\frac{\delta^2-r^2}{(1-r^2)(\delta^2-r^2)-\mu r^2\delta^2}=\frac{\pm 1}{1-r^2-\mu r^2} \tag{4.113}$$

取正号,有 $\mu r^4=0$,$r=0$,这不是所期望的。因而取负号,得

$$r^4-2\frac{1+\delta^2+\mu\delta^2}{2+\mu}r^2+\frac{2\delta^2}{2+\mu}=0 \tag{4.114}$$

由式(4.114)可以求得 S 点和 T 点对应的 r_S 和 r_T 的表达式(它们是 μ 和 δ 的函数)。由 S 点和 T 点的响应与阻尼无关,确定其大小,任何阻尼值的响应方程都可应用,最简单的是无阻尼响应方程。

把求的 r_S 和 r_T 的表达式代入式(4.109),求得

$$\begin{cases}\dfrac{X_{1S}}{X_0}=\sqrt{\dfrac{1}{1-r_S^2-\mu r_S^2}}\\[2ex]\dfrac{X_{1T}}{X_0}=\sqrt{\dfrac{1}{1-r_T^2-\mu r_T^2}}\end{cases} \tag{4.115}$$

在实际工程中,并不要求使主系统振幅 X_1 一定要等于零,只要小于允许的数值就可以了。因此,为了使主系统在相当宽的频率范围内工作,我们将这样来设计吸振器:使 $X_{1S}=X_{1T}$;并使 X_{1S} 和 X_{1T} 为某个响应曲线的最大值;合理选择和确定吸振器参数,把 X_{1S} 和 X_{1T} 控制在要求的数值以内。由 $X_{1S}=X_{1T}$,得

$$\delta=1/(1+\mu) \tag{4.116}$$

把式(4.116)代入式(4.114),得

$$r_{S,T}^2=\frac{1}{1+\mu}\left(1\pm\sqrt{\frac{\mu}{2+\mu}}\right) \tag{4.117}$$

从而得

$$\frac{X_{1S}}{X_0} = \frac{X_{1T}}{X_0} = \sqrt{\frac{2+\mu}{\mu}} \tag{4.118}$$

设计吸振器的步骤：

第一步：确定吸振器质量 m_2。首先由主系统允许的最大振动通过式(4.118)确定 μ，再确定吸振器质量 m_2。

第二步：确定吸振器弹簧常数 k_2。把式(4.118)得到的 μ 值代入式(4.116)，可得 δ，即确定了 ω_2，从而得到了吸振器弹簧的弹簧常数 k_2。

第三步：确定吸振器阻尼器的阻尼系数 c。为使 $X_{1S}=X_{1T}$ 为响应曲线的最大值，则应在响应曲线的 S 点和 T 点有水平切线，从而可得相应的 ζ 值。由于使 $X_{1S}=X_{1T}$ 为最大值的 ζ 值并不相等，故取平均值，得

$$\zeta = \sqrt{\frac{3\mu}{8(1+\mu)}} \tag{4.119}$$

吸振器参数 m_2、k_2 和 c 确定以后，就与主系统构成了一个确定两自由度系统，其响应方程和曲线都是确定的，在 S 点和 T 点有最大值，且小于允许的数值。

图 4.14 所示为在 S 点和 T 点分别具有水平切线的两条响应曲线($\mu=1/4$)。可见对于这两条切线，在在 S 点和 T 点以外的响应值相差很小。显然，在相当宽的频率范围内，主系统有着小于允许振幅的振动，这就达到了减小主系统振动的目的。

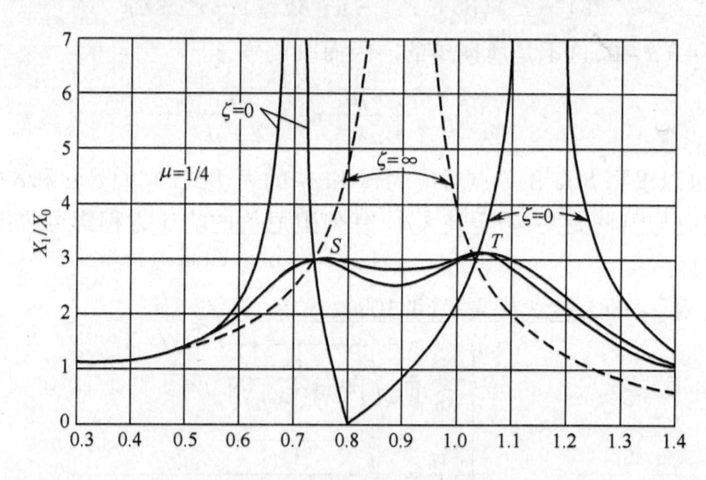

图 4.14　两条响应曲线对比图

4.8　位移方程

在前面的讨论中，系统的运动方程为

$$[M]\{\ddot{x}\} + [K]\{x\} = \{F(t)\}$$

或

$$[M]\{\ddot{x}\} + [C]\{\dot{x}\} + [K]\{x\} = \{F(t)\}$$

式中：当 $\{F(t)\}=\{0\}$ 时为自由振动。

在这两个方程中，每一项都代表一种力(或力矩)：惯性力、弹性恢复力、阻尼力和外

激励力。这种形式的方程是作用力(或力矩)方程。

4.8.1　柔度影响系数

对于许多工程问题,建立起系统的作用力方程是比较方便的。但是,有些系统采用另一种形式——位移方程,可能比作用力方便更为方便。我们定义弹簧常数为 k 的弹簧的柔度系数为

$$d = 1/k \tag{4.120}$$

图4.15所示的两个弹簧的柔度系数为 $d_1 = 1/k_1$ 和 $d_2 = 1/k_2$。假设作用在质量 m_1 和 m_2 上的力 F_1 和 F_2 是静态加上去的(为保证不出现惯性力),它只使 m_1 和 m_2 产生静位移。

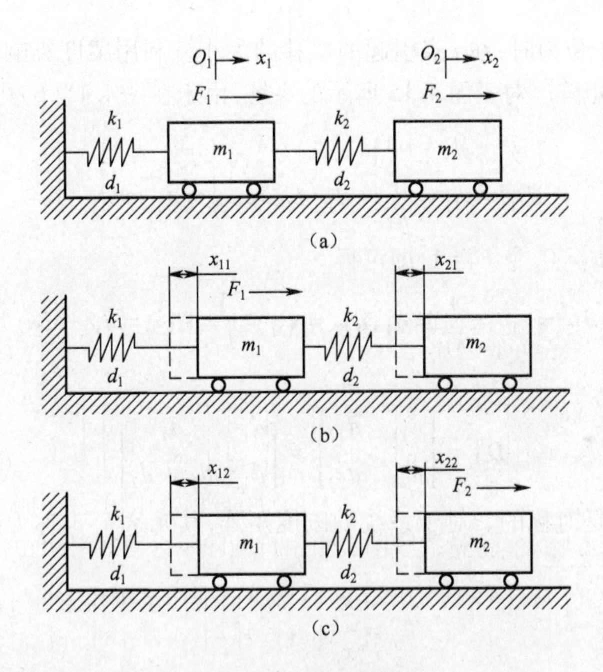

图4.15　位移方程推导

对于线性系统 F_1 和 F_2 同时作用引起的的静位移等于 F_1 和 F_2 分别作用引起的静位移的总和。如图4.15(b)和图4.15(c)是只有 F_1 或只有 F_2 作用的情况,则

$$\begin{cases} x_{11} = \dfrac{F_1}{k_1} = d_1 F_1 \\ x_{21} = x_{11} = d_1 F_1 \\ x_{12} = \dfrac{F_2}{k_1} = d_1 F_2 \\ x_{22} = \dfrac{F_2}{k_1} + \dfrac{F_2}{k_2} = (d_1 + d_2) F_2 \end{cases} \tag{4.121}$$

当 F_1 和 F_2 同时作用时,有

$$\begin{cases}x_1 = x_{11} + x_{12} = d_1F_1 + d_1F_2 \\ x_2 = x_{21} + x_{22} = d_1F_1 + (d_1 + d_2)F_2\end{cases} \tag{4.122}$$

写成矩阵形式,则有

$$\{x\} = [D]\{F\} \tag{4.123}$$

或

$$\begin{Bmatrix}x_1 \\ x_2\end{Bmatrix} = \begin{bmatrix}d_1 & d_1 \\ d_1 & d_1 + d_2\end{bmatrix}\begin{Bmatrix}F_1 \\ F_2\end{Bmatrix} \tag{4.124}$$

式中:$[D]$为**柔度矩阵**,其元素 $d_{ij},i,j=1,2$,称为**柔度影响系数**,定义为

$$d_{ij} = \frac{x_i}{F_j},i,j = 1,2 \tag{4.125}$$

即只在 j 点作用一单位力时,在 i 点引起的位移的大小。利用柔度影响系数的定义,也可以确定系统的柔度矩阵。对于图 4.15 所示的系统,由于在图 4.15(b)中 $F_2=0$,令 $F_1=1$,即可得

$$d_{11} = x_{11} = \frac{1}{k_1} = d_1, d_{21} = x_{21} = d_{11} = d_1$$

图 4.15(c)中 $F_1=0$,令 $F_2=1$,即可得

$$d_{12} = x_{12} = \frac{1}{k_1} = d_1, d_{22} = x_{22} = \frac{1}{k_1} + \frac{1}{k_2} = d_1 + d_2$$

系统的柔度矩阵为

$$[D] = \begin{bmatrix}d_{11} & d_{12} \\ d_{21} & d_{22}\end{bmatrix} = \begin{bmatrix}d_1 & d_1 \\ d_1 & d_1 + d_2\end{bmatrix}$$

通常柔度矩阵$[D]$是对称的。对于系统的刚度矩阵,其元素 k_{ij} 也称为**刚度影响系数**,定义为

$$k_{ij} = \frac{F_i}{x_j},i,j = 1,2 \tag{4.126}$$

它表明在 j 点产生一单位位移时,在 i 点需要施加的力的大小。

利用这一定义可以确定系统的刚度矩阵,如图 4.16 所示。

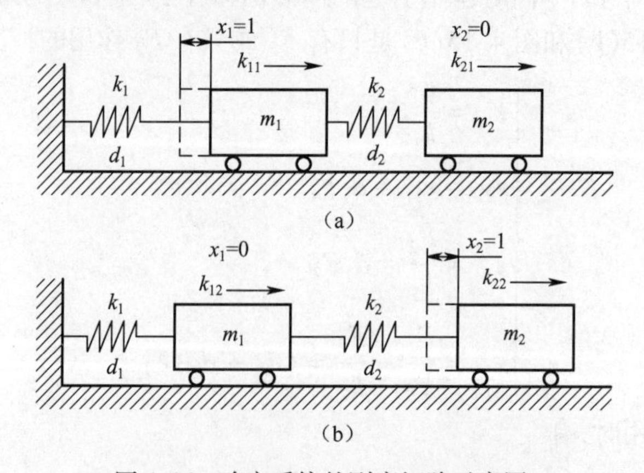

图 4.16 确定系统的刚度矩阵示意图

可得

$$k_{11}=k_1+k_2, k_{21}=-k_2, k_{12}=-k_2, k_{22}=k_2$$

因而系统的刚度矩阵为

$$[K]=\begin{bmatrix} k_1+k_2 & -k_2 \\ -k_2 & k_2 \end{bmatrix}$$

对于有阻尼的系统,阻尼矩阵的元素——阻尼影响系数也可以按其定义以类似的方法确定,请自行推导。

如果作用于图4.15(a)系统质量 m_1 和 m_2 上的动力 $F_1(t)$ 和 $F_2(t)$,则惯性力($-m_1\ddot{x}_1$)和($-m_2\ddot{x}_2$)也必须考虑,则式(4.124)应改写为

$$\begin{Bmatrix} x_1 \\ x_2 \end{Bmatrix}=\begin{bmatrix} d_{11} & d_{12} \\ d_{21} & d_{22} \end{bmatrix}\begin{Bmatrix} F_1(t)-m_1\ddot{x}_1 \\ F_2(t)-m_2\ddot{x}_2 \end{Bmatrix}$$

或

$$\begin{Bmatrix} x_1 \\ x_2 \end{Bmatrix}=\begin{bmatrix} d_{11} & d_{12} \\ d_{21} & d_{22} \end{bmatrix}\left(\begin{Bmatrix} F_1(t) \\ F_2(t) \end{Bmatrix}-\begin{bmatrix} m_1 & 0 \\ 0 & m_2 \end{bmatrix}\begin{Bmatrix} \ddot{x}_1 \\ \ddot{x}_2 \end{Bmatrix}\right) \tag{4.127}$$

简写为

$$\{x\}=[D](\{F(t)\}-[M]\{\ddot{x}\}) \tag{4.128}$$

式(4.127)或式(4.128)就是图4.15(a)所示系统的运动方程——位移方程。有时,也把式(4.127)表示为

$$\begin{bmatrix} d_{11} & d_{12} \\ d_{21} & d_{22} \end{bmatrix}\begin{bmatrix} m_1 & 0 \\ 0 & m_2 \end{bmatrix}\begin{Bmatrix} \ddot{x}_1 \\ \ddot{x}_2 \end{Bmatrix}+\begin{Bmatrix} x_1 \\ x_2 \end{Bmatrix}=\begin{bmatrix} d_{11} & d_{12} \\ d_{21} & d_{22} \end{bmatrix}\begin{Bmatrix} F_1(t) \\ F_2(t) \end{Bmatrix} \tag{4.129}$$

图4.16所示为确定系统刚度矩阵示意图。

对于一般情况,由位移方程表示的两自由度无阻尼系统的运动方程为

$$\begin{Bmatrix} x_1 \\ x_2 \end{Bmatrix}=\begin{bmatrix} d_{11} & d_{12} \\ d_{21} & d_{22} \end{bmatrix}\left(\begin{Bmatrix} F_1(t) \\ F_2(t) \end{Bmatrix}-\begin{bmatrix} m_{11} & m_{12} \\ m_{21} & m_{22} \end{bmatrix}\begin{Bmatrix} \ddot{x}_1 \\ \ddot{x}_2 \end{Bmatrix}\right) \tag{4.130}$$

两自由度系统无阻尼系统的作用力方程为

$$[M]\{\ddot{x}\}+[K]\{x\}=\{F(t)\}$$

即

$$[K]\{x\}=\{F(t)\}-[M]\{\ddot{x}\}$$

因而,有

$$\{x\}=[K]^{-1}(\{F(t)\}-[M]\{\ddot{x}\})$$

上式与位移方程式(4.128)比较,可知

$$[D]=[K]^{-1} \tag{4.131}$$

系统的柔度矩阵是系统刚度矩阵的逆矩阵,但系统的刚度矩阵必须是非奇异的。

例4.4 一根带有两个集中质量 m_1 和 m_2 的无重梁,如图4.17(a)所示。只考虑与弯曲变形有关的微小位移,试列出系统的位移方程。

解 分析图4.17(b)可知,此时系统为悬臂梁受集中载荷的情况,根据材料力学弯曲变形的挠度公式,得

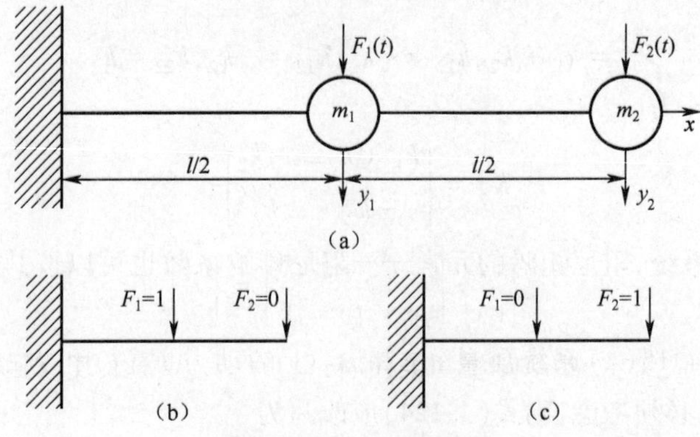

图 4.17　两自由度系统

$$d_{11}=\frac{l^3}{24EI},d_{21}=\frac{5l^3}{48EI}$$

由图 4.17(c),得

$$d_{12}=\frac{5l^3}{48EI},d_{22}=\frac{l^3}{8EI}$$

系统的柔度矩阵为

$$[D]=\frac{l^3}{48EI}\begin{bmatrix}2 & 5\\5 & 6\end{bmatrix}$$

故系统的位移方程为

$$\begin{Bmatrix}y_1\\y_2\end{Bmatrix}=\frac{l^3}{48EI}\begin{bmatrix}2 & 5\\5 & 6\end{bmatrix}\left(\begin{Bmatrix}F_1(t)\\F_2(t)\end{Bmatrix}-\begin{bmatrix}m_1 & 0\\0 & m_2\end{bmatrix}\begin{Bmatrix}\ddot{y}_1\\\ddot{y}_2\end{Bmatrix}\right)$$

例 4.5　图 4.18(a)所示的简单框架由两根弯曲刚度为 EI 的棱柱形杆组成。一个质量为 m 在其自由端与框架连接,该点处微小位移 x_1 和 y_1 的大小属于同一级别,试用 x_1 和 y_1 为位移坐标并略去重力影响,写出系统动力学方程。

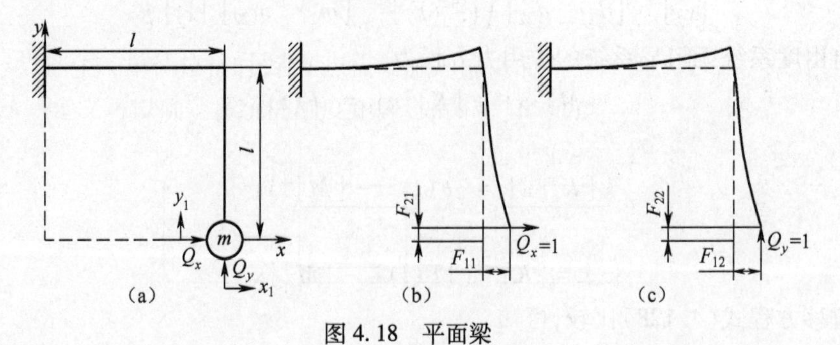

图 4.18　平面梁

解　由图 4.18(b)和图 4.18(c)分别表示单位载荷 $Q_x=1$ 和 $Q_y=1$ 时的作用效果。根据材料力学相关公式,得

$$d_{11}=\frac{4l^3}{3EI},d_{21}=\frac{l^3}{2EI},d_{12}=\frac{l^3}{2EI},d_{22}=\frac{l^3}{3EI}$$

系统的柔度矩阵为

$$[D]=\frac{l^3}{6EI}\begin{bmatrix}8 & 3\\3 & 2\end{bmatrix}$$

故系统的位移方程为

$$\begin{Bmatrix}x_1\\y_1\end{Bmatrix}=\frac{l^3}{6EI}\begin{bmatrix}8 & 3\\3 & 2\end{bmatrix}\left(\begin{Bmatrix}Q_x(t)\\Q_y(t)\end{Bmatrix}-\begin{bmatrix}m & 0\\0 & m\end{bmatrix}\begin{Bmatrix}\ddot{x}_1\\\ddot{y}_1\end{Bmatrix}\right)$$

4.8.2 位移方程的求解

系统的运动方程为

$$\{x\}=-[D][M]\{\ddot{x}\} \tag{4.132}$$

或

$$[D][M]\{\ddot{x}\}+\{x\}=\{0\} \tag{4.133}$$

当系统做固有模态振动时,有

$$\{x\}=\{u\}\sin(\omega_n t+\psi)$$

代入式(4.132)或式(4.133),得

$$(-\omega_n^2[D][M]+[I])\{u\}\sin(\omega_n t+\psi)=\{0\} \tag{4.134}$$

式中:$[I]$为单位矩阵。

要使式(4.134)恒成立,必须有

$$(-\omega_n^2[D][M]+[I])\{u\}=\{0\} \tag{4.135}$$

令 $\lambda=1/\omega_n^2$,则式(4.135)可以变换为

$$(\lambda[I]-[D][M])\{u\}=\{0\} \tag{4.136}$$

要使$\{u\}$有非零解,则系数矩阵的行列式要等于零,即

$$|\lambda[I]-[D][M]|=0 \tag{4.137}$$

这就是系统的**特征方程或频率方程**。

解式(4.137)可得系统的两个固有频率 ω_{n1} 和 ω_{n2}。把 ω_{n1} 和 ω_{n2} 分别代入式(4.136),可得对应于ω_{n1}和ω_{n2}的振型向量$\{u\}_1$和$\{u\}_2$,则系统运动方程的通解为

$$\{x(t)\}=\begin{Bmatrix}x_1(t)\\x_2(t)\end{Bmatrix}=A_1\{u\}_1\sin(\omega_{n1}t+\psi_1)+A_2\{u\}_2\sin(\omega_{n2}t+\psi_2) \tag{4.138}$$

待定常数 A_1 和 A_2,ψ_1 和 ψ_2 由初始条件确定

系统运动方程为

$$[D][M]\{\ddot{x}\}+\{x\}=[D]\{F(t)\} \tag{4.139}$$

在简谐激励力作用下,方程为

$$[D][M]\{\ddot{x}\}+\{x\}=[D]\{F\}\sin\omega t \tag{4.140}$$

由复指数法可得复振幅

$$\{\overline{X}\}=([I]-\omega^2[D][M])^{-1}[D]\{F\} \tag{4.141}$$

因而系统的稳态响应为

$$\{x(t)\}=\{X\}\sin\omega t \tag{4.142}$$

例 4.6 一个长为 l 的悬臂梁,在自由端带有半径 $R=l/4$、质量为 m 的圆盘,如图 4.19(a)所示。略去梁的质量和圆盘的长度,梁的弯曲刚度为 EI,试确定系统的固有

频率。

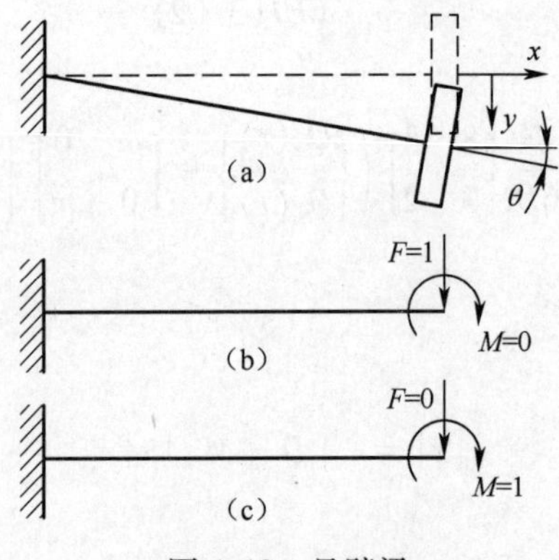

图 4.19　悬臂梁

解　由于圆盘有相当的尺寸,不仅有垂直方向的位移,转角的影响也必须考虑。选取坐标为 y 和 θ。由图 4.19(b),得

$$d_{11} = \frac{l^3}{3EI}, d_{21} = \frac{l^2}{2EI},$$

由图 4.19(c),得

$$d_{12} = \frac{l^2}{2EI}, d_{22} = \frac{l}{EI}$$

故系统的运动方程为

$$\begin{bmatrix} \dfrac{l^3}{3EI} & \dfrac{l^2}{2EI} \\ \dfrac{l^2}{2EI} & \dfrac{l}{EI} \end{bmatrix} \begin{bmatrix} m & 0 \\ 0 & J \end{bmatrix} \begin{Bmatrix} \ddot{y} \\ \ddot{\theta} \end{Bmatrix} + \begin{Bmatrix} y \\ \theta \end{Bmatrix} = \begin{Bmatrix} 0 \\ 0 \end{Bmatrix}$$

式中:J 为圆盘绕垂直于运动平面的轴的转动惯量。

系统的特征方程为

$$\begin{vmatrix} 1 - \omega_{\mathrm{n}}^2 \dfrac{ml^3}{3EI} & -\omega_{\mathrm{n}}^2 \dfrac{Jl^2}{2EI} \\ -\omega_{\mathrm{n}}^2 \dfrac{ml^2}{2EI} & 1 - \omega_{\mathrm{n}}^2 \dfrac{Jl}{EI} \end{vmatrix} = 0$$

由此可得系统的固有频率为

$$\omega_{\mathrm{n1}} = \sqrt{\frac{2.9EI}{ml^3}}, \omega_{\mathrm{n1}} = \sqrt{\frac{265.1EI}{ml^3}}$$

第 5 章

机动武器多自由度系统的振动

学习目标与要求

1. 了解工程实际中多自由度系统振动现象。
2. 了解多自由度自由振动的基本规律和基本概念。
3. 了解多自由度强迫振动的基本规律和模态分析理论。
4. 了解几种机动武器多自由度系统的振动特性。

5.1 拉格朗日方程及应用

对于许多复杂的机械系统，利用拉格朗日方程去建立系统的运动方程常常是十分有效的。拉格朗日方程的一般形式可以表示为

$$\frac{\mathrm{d}}{\mathrm{d}t}\left(\frac{\partial T}{\partial \dot{q}_i}\right)-\frac{\partial T}{\partial q_i}+\frac{\partial D}{\partial \dot{q}_i}+\frac{\partial U}{\partial q_i}=F_i, i=1,2,\cdots,n \tag{5.1}$$

式中：q_i 为广义坐标，对于 n 自由度系统有 n 个广义坐标；F_i 为沿广义坐标 q_i 方向作用的广义力（力矩）；T 为系统的动能函数；U 为系统的势能函数；D 为系统的耗散函数（对于黏性阻尼）。

系统的势能只是坐标的函数，有

$$U=U(q_1,q_2,\cdots,q_n) \tag{5.2}$$

对于线性系统，我们研究系统在平衡位置近旁的微幅振动。取静平衡位置作为坐标原点，令 $\{q\}=\{0\}$，$\{q\}$ 为广义坐标向量，表示静平衡位置。把势能函数在系统静平衡位置近旁展开为泰勒级数，有

$$U=U_0+\sum_{i=1}^{n}\left(\frac{\partial U}{\partial q_i}\right)_0 q_i+\frac{1}{2}\sum_{i=1}^{n}\sum_{j=1}^{n}\left(\frac{\partial^2 U}{\partial q_i q_j}\right)_0 q_i q_j+\cdots \tag{5.3}$$

式中：$U_0=U(0,0,\cdots,0)$ 为势能在平衡位置处的大小；$(\cdot)_0$ 表示在“·”在平衡位置处

的值。

如果势能从该平衡位置算起,则 $U_0=0$,$\left(\frac{\partial U}{\partial q_i}\right)_0=0$,略去高阶项,得

$$U=\frac{1}{2}\sum_{i=1}^{n}\sum_{j=1}^{n}\left(\frac{\partial^2 U}{\partial q_i q_j}\right)_0 q_i q_j=\frac{1}{2}\sum_{i=1}^{n}\sum_{j=1}^{n}k_{ij}q_i q_j \tag{5.4}$$

或

$$U=\frac{1}{2}\{q\}^{\mathrm{T}}[K]\{q\} \tag{5.5}$$

式中:k_{ij}为常数,称为**刚度影响系数**。

刚度矩阵$[K]$是实对称矩阵,对于实际的机械系统通常是正定的或半正定的。半正定性发生在有刚体自由度的悬浮结构(如飞机、船舶、两栖武器等)场合。

对于线性系统,系统的动能可表示为

$$T=\frac{1}{2}\sum_{i=1}^{n}\sum_{j=1}^{n}m_{ij}\dot{q}_i\dot{q}_j \tag{5.6}$$

或

$$T=\frac{1}{2}\{\dot{q}\}^{\mathrm{T}}[M]\{\dot{q}\} \tag{5.7}$$

式中:m_{ij}为广义质量。

质量矩阵$[M]$是实对称矩阵,通常是正定矩阵,只有当系统中存在着无惯性自由度时,才会出现半正定的情况;$\{\dot{q}\}$为广义速度向量。

对于线性系统,系统的动能可表示为

$$D=\frac{1}{2}\sum_{i=1}^{n}\sum_{j=1}^{n}c_{ij}\dot{q}_i\dot{q}_j \tag{5.8}$$

或

$$D=\frac{1}{2}\{\dot{q}\}^{\mathrm{T}}\{C\}\{\dot{q}\} \tag{5.9}$$

式中:c_{ij}为阻尼影响系数,阻尼矩阵$[C]$是实对称矩阵,通常是正定矩阵或半正定的。

列出了系统的势能、动能和耗散函数后,由拉格朗日方程可得到 n 自由度系统的运动方程

$$[M]\{\ddot{q}\}+[C]\{\dot{q}\}+[K]\{q\}=\{F(t)\} \tag{5.10}$$

式中$[M]$,$[C]$,$[K]$为 $n\times n$ 矩阵;$\{\ddot{q}\}$,$\{\dot{q}\}$,$\{q\}$,$\{F(t)\}$为 $n\times 1$ 向量。

式(5.10)是由 n 个二阶常微分方程组成的方程组。

例 5.1 确定图 5.1 所示系统的运动方程。

解 选用广义坐标 x 和 θ。系统的动能和势能为

$$T=\frac{1}{2}M\dot{x}^2+\frac{1}{2}m[(\dot{x}+l\dot{\theta}\cos\theta)^2+(l\dot{\theta}\sin\theta)^2]=\frac{1}{2}(M+m)\dot{x}^2+ml\dot{x}\dot{\theta}\cos\theta+\frac{1}{2}ml^2\dot{\theta}^2$$

$$U=\frac{1}{2}kx^2+mgl(1-\cos\theta)$$

对于线性系统而言,如果运动是微幅的,则存在如下近似关系:$\sin\theta\approx\theta$,$\cos\theta\approx 1-\theta^2/2$。

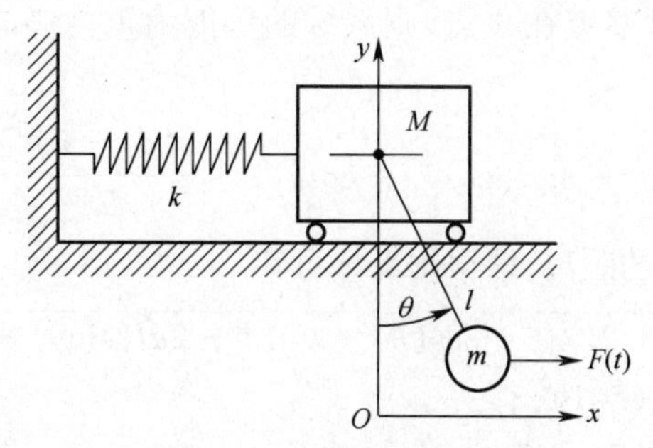

图 5.1 质量弹簧单摆系统

把 θ 的近似关系代入动能和势能方程,有

$$T=\frac{1}{2}\begin{Bmatrix}\dot{x}\\ \dot{\theta}\end{Bmatrix}^{\mathrm{T}}\begin{bmatrix}M+m & ml\\ ml & ml^2\end{bmatrix}\begin{Bmatrix}\dot{x}\\ \dot{\theta}\end{Bmatrix}$$

$$U=\frac{1}{2}\begin{Bmatrix}x\\ \theta\end{Bmatrix}^{\mathrm{T}}\begin{bmatrix}k & 0\\ 0 & mgl\end{bmatrix}\begin{Bmatrix}x\\ \theta\end{Bmatrix}$$

作用于系统的广义力沿 x 方向为 $F(t)$,沿 θ 方向为 $F(t)l$ 。由拉格朗日方程可得系统的运动方程

$$\begin{bmatrix}M+m & ml\\ ml & ml^2\end{bmatrix}\begin{Bmatrix}\ddot{x}\\ \ddot{\theta}\end{Bmatrix}+\begin{bmatrix}k & 0\\ 0 & mgl\end{bmatrix}\begin{Bmatrix}x\\ \theta\end{Bmatrix}=\begin{Bmatrix}F(t)\\ F(t)l\end{Bmatrix}$$

例 5.2 考虑一个无质量的弹簧连接两个理想单摆,如图 5.2 所示,两个单摆的摆杆长度均为 l,摆球的质量均为 m,弹簧的自由长度等于两个单摆间的距离 d。试用拉格朗日方程建立系统的运动微分方程。

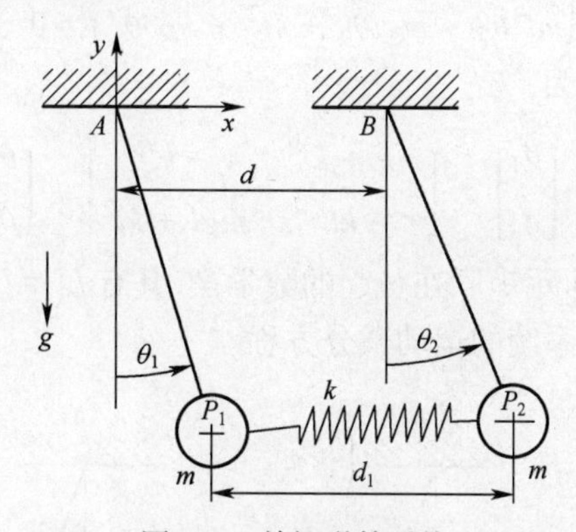

图 5.2 单摆弹簧系统

解 该系统有两个自由度,在这里选 θ_1 和 θ_2 作为广义坐标。假设任意一时刻的两个单摆和弹簧的状态如图 5.2 所示,则用 θ_1 和 θ_2 描述两个摆球位置的向量为

$$\boldsymbol{r}_1=\boldsymbol{P}_1\boldsymbol{A}=\begin{Bmatrix}l\sin\theta_1\\ -l\cos\theta_1\end{Bmatrix},\boldsymbol{r}_2=\boldsymbol{P}_2\boldsymbol{B}=\begin{Bmatrix}d+l\sin\theta_2\\ -l\cos\theta_2\end{Bmatrix}$$

则系统的动能为

$$T=\frac{1}{2}(\dot{x}_1^2+\dot{y}_1^2+\dot{x}_2^2+\dot{y}_2^2)=\frac{1}{2}ml^2(\dot{\theta}_1^2+\dot{\theta}_2^2)$$

假设重力势能的参考零点在 A 点,则系统的势能为重力势能和弹簧势能之和,可以表达为

$$U = -mgl(\cos\theta_1 + \cos\theta_2) + \frac{k(d_1 - d)^2}{2}$$

式中:d_1 为点 P_1 和 P_2 间的距离,根据图 5.2 可知

$$d_1 = \sqrt{d^2 + 2l^2[1 - \cos(\theta_1 - \theta_2)] - 2dl(\sin\theta_1 - \sin\theta_2)}$$

利用拉格朗日方程式(5.1),有

$$\frac{\mathrm{d}}{\mathrm{d}t}\left(\frac{\partial T}{\partial \dot{\theta}_i}\right) - \frac{\partial T}{\partial \theta_i} + \frac{\partial U}{\partial \theta_i} = F_i, i = 1,2$$

可得

$$\begin{cases} ml^2\ddot{\theta}_1 + mgl\sin\theta_1 + k(d_1 - d)\dfrac{\partial d_1}{\partial \theta_1} = 0 \\ ml^2\ddot{\theta}_2 + mgl\sin\theta_2 + k(d_1 - d)\dfrac{\partial d_1}{\partial \theta_2} = 0 \end{cases} \tag{5.11}$$

式中:d_1 为 θ_1 和 θ_2 的显式表达式,但它是非线性的。如果假设 θ_1 和 θ_2 是小角度,则相关导数运算可以给出近似的线性表达式:

$$d_1 \approx \sqrt{d^2 - 2dl(\theta_1 - \theta_2)} \approx d - l(\theta_2 - \theta_1), \frac{\partial d_1}{\partial \theta_1} \approx l, \frac{\partial d_1}{\partial \theta_2} \approx -l$$

系统的线性运动方程可以写为

$$\begin{cases} ml^2\ddot{\theta}_1 + mgl\theta_1 - kl^2(\theta_2 - \theta_1) = 0 \\ ml^2\ddot{\theta}_2 + mgl\theta_2 + kl^2(\theta_2 - \theta_1) = 0 \end{cases}$$

把上式写为矩阵的形式,则为

$$\begin{bmatrix} ml^2 & 0 \\ 0 & ml^2 \end{bmatrix}\begin{bmatrix} \ddot{\theta}_1 \\ \ddot{\theta}_2 \end{bmatrix} + \begin{bmatrix} mg + kl^2 & -kl^2 \\ -kl^2 & mgl + kl^2 \end{bmatrix} = \begin{bmatrix} \theta_1 \\ \theta_2 \end{bmatrix} = \begin{bmatrix} 0 \\ 0 \end{bmatrix}$$

例 5.3 如图 5.3(a)所示串联在一起的数学摆,其有 $L_1 = L_2 = L_3 = L, m_1 = m_2 = m_3 = m$,试用拉格朗日方程建立系统的运动微分方程。

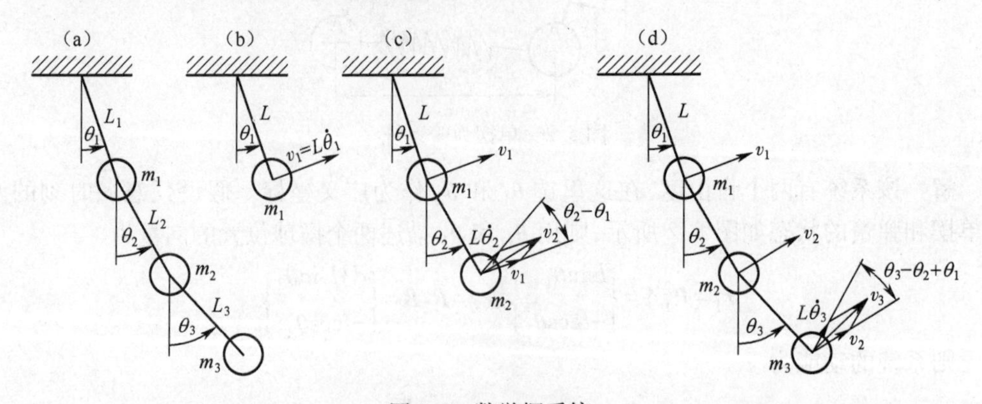

图 5.3 数学摆系统

解 选3个摆在某瞬时的位置用与铅垂线的夹角θ_1、θ_2和θ_3为广义坐标。3个摆的绝对速度如图5.3(b),(c),(d)所示。用速度合成法确定3个摆的绝对瞬时速度。

对第一个摆,如图5.3(b)所示,其绝对速度为

$$v_1^2 = (L\dot{\theta}_1)^2$$

对第二个摆,如图5.3(c)所示,其绝对速度为

$$v_2^2 = (L\dot{\theta}_1)^2 + (L\dot{\theta}_2)^2 + 2L^2\dot{\theta}_1\dot{\theta}_2\cos(\theta_2 - \theta_1) \approx L^2(\dot{\theta}_1^2 + \dot{\theta}_2^2 + 2\dot{\theta}_1\dot{\theta}_2) + L^2(\dot{\theta}_1 + \dot{\theta}_2)^2$$

对第三个摆速度合成如图5.3(d)所示,其绝对速度为

$$v_3^2 = v_2^2 + (L\dot{\theta}_3)^2 + 2v_2(L\dot{\theta}_3) \times \cos(\theta_3 - \theta_2 + \theta_1) \approx L^2(\dot{\theta}_1 + \dot{\theta}_2 + \dot{\theta}_3)^2$$

因此系统的动能为

$$T = \frac{mL^2}{2}[\dot{\theta}_1^2 + (\dot{\theta}_1 + \dot{\theta}_2)^2 + (\dot{\theta}_1 + \dot{\theta}_2 + \dot{\theta}_3)^2]$$

系统的势能为

$$U = 3mgL(1 - \cos\theta_1) + 2mgL(1 - \cos\theta_2) + mgL(1 - \cos\theta_3)$$

利用拉格朗日方程

$$\frac{\mathrm{d}}{\mathrm{d}t}\left(\frac{\partial T}{\partial \dot{\theta}_i}\right) - \frac{\partial T}{\partial \dot{\theta}_i} + \frac{\partial U}{\partial \theta_i} = F_i, i = 1,2,3$$

可得响应于3个坐标的运动方程

$$\begin{cases} 3mL^2\ddot{\theta}_1 + 2mL^2\ddot{\theta}_2 + mL^2\ddot{\theta}_3 + 3ml\theta_1 = 0 \\ 2mL^2\ddot{\theta}_1 + 2mL^2\ddot{\theta}_2 + mL^2\ddot{\theta}_3 + 2ml\theta_2 = 0 \\ mL^2\ddot{\theta}_1 + mL^2\ddot{\theta}_2 + mL^2\ddot{\theta}_3 + ml\theta_3 = 0 \end{cases}$$

写成矩阵形式为

$$mL^2\begin{bmatrix} 3 & 2 & 1 \\ 2 & 2 & 1 \\ 1 & 1 & 1 \end{bmatrix}\begin{Bmatrix} \ddot{\theta}_1 \\ \ddot{\theta}_2 \\ \ddot{\theta}_3 \end{Bmatrix} + mgL\begin{bmatrix} 3 & 0 & 0 \\ 0 & 2 & 0 \\ 0 & 0 & 1 \end{bmatrix}\begin{Bmatrix} \theta_1 \\ \theta_2 \\ \theta_3 \end{Bmatrix} = \begin{Bmatrix} 0 \\ 0 \\ 0 \end{Bmatrix}$$

5.2 无阻尼自由振动基础

n自由度无阻尼系统自由振动的运动方程为

$$[M]\{\ddot{q}\} + [K]\{q\} = \{0\} \tag{5.12}$$

它表示由下面n个齐次微分方程组成的方程组:

$$\sum_{j=1}^{n} m_{ij}\ddot{q}_j + \sum_{j=1}^{n} k_{ij}q_j = \{0\}, i = 1,2,\cdots,n \tag{5.13}$$

和两自由度系统一样,我们关心的是式(5.13)具有这样的解:所有坐标$q_j(j = 1,2,\cdots,n)$的运动有着相同的随时间变化规律,即有着相同的时间函数。令

$$q_j(t) = u_j f(t) \quad j = 1,2,\cdots,n \tag{5.14}$$

$f(t)$是实时间函数,对所有的q_j都是相同的,$u_j(j=1,2,\cdots,n)$是一组常数,表示不同坐标

运动的大小。

把式(5.14)代入式(5.13),得

$$\ddot{f}(t)\sum_{j=1}^{n} m_{ij}u_j + f(t)\sum_{j=1}^{n} k_{ij}u_j = 0, i = 1,2,\cdots,n \tag{5.15}$$

式(5.15)可表示为

$$-\frac{\ddot{f}(t)}{f(t)} = \frac{\sum_{j=1}^{n} k_{ij}u_j}{\sum_{j=1}^{n} m_{ij}u_j}, i = 1,2,\cdots,n \tag{5.16}$$

式(5.16)表明,时间函数和空间函数是可以分离的,方程左边与下标 i 无关,方程右边与时间无关。因此其比值一定是一个常数。$f(t)$是时间的实函数,比值一定是一个实数,假定为 λ,有

$$\ddot{f}(t) + \lambda f(t) = 0 \tag{5.17}$$

$$\sum_{j=1}^{n}(k_{ij} - \lambda m_{ij})u_j = 0, i = 1,2,\cdots,n \tag{5.18}$$

式(5.17)解的形式已经在前面"无阻尼自由振动"一节中讨论过,为

$$f(t) = A\sin(\omega_n t + \psi) \tag{5.19}$$

式中:A 为任意常数;ω_n 为简谐振动的频率,且 $\lambda=\omega_n^2$;ψ 为初相角,对于所有坐标 $q_j(j=1,2,\cdots,n)$是相同的。

式(5.18)是以 $\lambda=\omega_n^2$ 为参数,以 $u_j(j=1,2,\cdots,n)$为未知数的 n 个齐次代数方程。不是任意的 ω 都能使式(5.12)的解式(5.14)成立,而只有一组由式(5.18)确定 n 个值才满足解的要求。由式(5.18)确定 λ,即 ω_n^2 和相关常数 u_j 的非零解问题,称为系统的**特征值问题或固有值问题。**

把式(5.18)写成矩阵形式,有

$$[K]\{u\} - \lambda[M]\{u\} = \{0\} \tag{5.20}$$

式中:$\{u\} = [u_1,u_2,\cdots,u_n]^T$。

式(5.20)也可表示为

$$([K] - \lambda[M])\{u\} = \{0\} \tag{5.21}$$

或

$$[K]\{u\} = \lambda[M]\{u\} \tag{5.22}$$

解式(5.21)和式(5.22)的问题称为矩阵[M]和[K]的特征值问题。

式(5.21)或式(5.22)有非零解,当且仅当其系数矩阵行列式等于零,即

$$|[K] - \lambda[M]| = 0 \tag{5.23}$$

行列式$|[K]-\lambda[M]|$称为系统的**特征行列式**,其展开式称为**特征多项式**。式(5.23)称为系统的**特征方程或频率方程**,是 λ 或 ω_n^2 的 n 阶方程。

通常式(5.23)有 n 个不同的根,称为**特征值或固有值**。且有

$$\lambda_1 < \lambda_2 < \cdots < \lambda_n$$

或

$$\omega_{n1}^2<\omega_{n2}^2<\cdots<\omega_{nn}^2$$

方根值

$$\omega_{n1}<\omega_{n2}<\cdots<\omega_{nn}$$

为**系统固有频率**,它取决于系统的物理参数,是系统固有的。

最低固有频率 ω_{n1} 称为**系统的基频或第一阶固有频率**,在许多问题中,它常常是最重要的一个。

综上所述,可以得出如下结论:对于 n 个频率 $\omega_{nr}(r=1,2,\cdots,n)$,式(5.19)形式的简谐运动才是可能的。

对应于每个特征值 λ_r 或 $\omega_{nr}^2(r=1,2,\cdots,n)$ 的常数 $u_{jr}(j=1,2,\cdots,n;r=1,2,\cdots,n)$ 或 $\{u\}_r$,是特征值问题的解,即

$$([K]-\lambda_r[M])\{u\}=\{0\}_r \quad r=1,2,\cdots,n \tag{5.24}$$

式中:$\{u\}_r(r=1,2,\cdots,n)$ 称为**特征向量、固有向量、振型向量或模态向量。**

在物理上,它表示系统做 ω_{nr} 的简谐振动时,各广义坐标运动的大小,描述了振动的形状,所以也称**固有振型。**

由于式(5.24)的系数行列式等于零,方程是降价的,只有 $n-1$ 个方程是独立的。因此式(5.24)不可能得到 $u_{jr}(j=1,2,\cdots,n)$ 或$\{u\}_r$ 的绝对值,只能确定其比值。

对于第 r 个特征值 λ_r,式(5.24)还可表示为

$$\sum_{j=1}^{n}k_{ij}u_{jr}-\lambda_r\sum_{j=1}^{n}m_{ij}u_{jr}=0,i=1,2,\cdots,n;r=1,2,\cdots,n \tag{5.25}$$

改写为

$$\sum_{\substack{j=1\\j\neq s}}^{n}k_{ij}u_{jr}-\lambda_r\sum_{\substack{j=1\\j\neq s}}^{n}m_{ij}u_{jr}=(\lambda_r m_{1s}-k_{1s})u_{sr},i=1,2,\cdots,n;r=1,2,\cdots,n \tag{5.26}$$

因而有

$$\sum_{\substack{j=1\\j\neq s}}^{n}(k_{ij}-\lambda_r m_{ij})\frac{u_{jr}}{u_{sr}}=\lambda_r m_{is}-k_{is},i=1,2,\cdots,n;r=1,2,\cdots,n \tag{5.27}$$

对某个确定的 r,式(5.27)是一个以 $\dfrac{u_{jr}}{u_{sr}}(j=1,2,\cdots,s-1,s+1,\cdots,n)$ 为变量的 n 个非齐次方程,取其中的 $n-1$ 个方程求解,就得到 $\dfrac{u_{jr}}{u_{sr}}(j=1,2,\cdots,s-1,s+1,\cdots,n)$ 的值,是使第 s 个比值为 1 得到的,这些值是确定的。从而得到

$$\begin{bmatrix}\dfrac{u_{1r}}{u_{sr}} & \dfrac{u_{2r}}{u_{sr}} & \cdots & \dfrac{u_{(s-1)r}}{u_{sr}} & 1 & \dfrac{u_{(s+1)r}}{u_{sr}} & \cdots & \dfrac{u_{nr}}{u_{sr}}\end{bmatrix}^{\mathrm{T}}$$

它是以各元素的相对比值形式表示特征向量$\{u\}_r$。由于 $f(t)$ 是一个实时间函数,$\{u\}_r$ 为一实向量。

对于齐次方程式(5.27),如果$\{u\}_r$ 是方程的解,则 $\alpha_r\{u\}_r$ 也是方程的解,α_r 是任意常数。换句话说:特征向量只有在任意两个元素$\{u\}_{ir}$和$\{u\}_{jr}$之比是常数的意义上才是唯一的,其绝对值不是唯一的。即当系统以 ω_n 做简谐振动时,系统各个坐标振动的形状是确定的、唯一的,而各个坐标运动的实际大小——振幅不是唯一的。$\{u\}_r(r=1,2,\cdots,n)$

取决于系统的物理参数,是系统固有的。

根据式(5.14)和式(5.19),式(5.12)有 n 个特解:

$$\{q(t)\}_r = A_r\{u\}_r\sin(\omega_{nr}t+\psi_r),r=1,2,\cdots,n \tag{5.28}$$

式(5.28)代表了系统的 n 个固有模态振动。

式(5.12)的通解为

$$\{q(t)\} = \sum_{r=1}^{n}\{q(t)\}_r = \sum_{r=1}^{n}A_r\{u\}_r\sin(\omega_{nr}t+\psi_r) = [u]\{A\sin(\omega_n t+\psi)\} \tag{5.29}$$

式(5.29)表明,n 自由度无阻尼系统的自由振动是由 n 个以系统固有频率做简谐振动的运动的线性组合,是系统 n 个固有模态振动的线性组合。各个振幅和初相角由初始条件确定。式中

$$[u] = [\{u\}_1 \quad \{u\}_2 \quad \cdots \quad \{u\}_n] \tag{5.30}$$

是一个 $n\times n$ 矩阵,称为**振型矩阵或模态矩阵**。

例 5.4 确定图 5.4 所示系统的固有频率和特征向量,写出系统自由振动的通解。

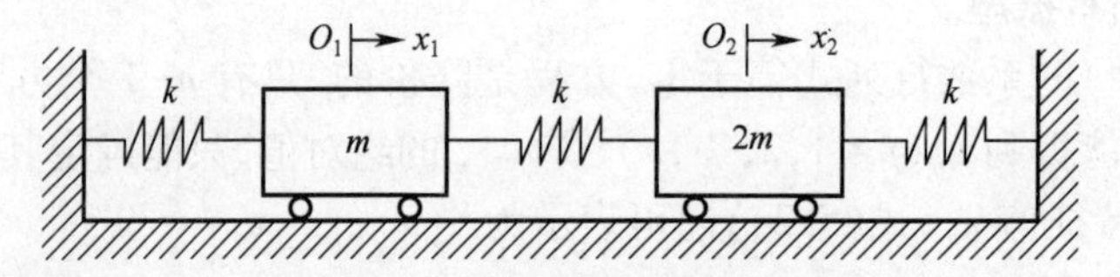

图 5.4 二自由度质量弹簧系统

解 系统的运动方程为

$$\begin{bmatrix} m & 0 \\ 0 & 2m \end{bmatrix}\begin{Bmatrix} \ddot{x}_1 \\ \ddot{x}_2 \end{Bmatrix} + \begin{bmatrix} 2k & -k \\ -k & 2k \end{bmatrix}\begin{Bmatrix} x_1 \\ x_2 \end{Bmatrix} = \begin{Bmatrix} 0 \\ 0 \end{Bmatrix}$$

把质量矩阵和刚度矩阵代入式(5.23),得系统的特征方程为

$$\begin{vmatrix} 2k-\lambda m & -k \\ -k & 2k-2\lambda m \end{vmatrix} = 2m^2\lambda^2 - 6km\lambda + 3k^2 = 0$$

令 $k/m=\Omega^2$,上式可以改写为

$$\left(\frac{\lambda}{\Omega^2}\right)^2 - 3\left(\frac{\lambda}{\Omega^2}\right) + \frac{3}{2} = 0$$

解之,得

$$\frac{\lambda_1}{\Omega^2} = \frac{3}{2}\left(1-\frac{1}{\sqrt{3}}\right), \frac{\lambda_2}{\Omega^2} = \frac{3}{2}\left(1+\frac{1}{\sqrt{3}}\right)$$

又因为 $\lambda=\omega_n^2$,因此,系统的固有频率为

$$\omega_{n1} = \left[\frac{3}{2}\left(1-\frac{1}{\sqrt{3}}\right)\right]^{\frac{1}{2}}\Omega = 0.796226\sqrt{\frac{k}{m}}, \omega_{n2} = \left[\frac{3}{2}\left(1+\frac{1}{\sqrt{3}}\right)\right]^{\frac{1}{2}}\Omega = 1.538188\sqrt{\frac{k}{m}}$$

为了得到特征向量,由式(5.24)可得

$$\begin{cases} (k_{11}-\omega_{nr}^2 m_{11})u_{1r} + (k_{12}-\omega_{nr}^2 m_{12})u_{2r} = 0 \\ (k_{21}-\omega_{nr}^2 m_{21})u_{1r} + (k_{22}-\omega_{nr}^2 m_{22})u_{2r} = 0 \end{cases} \quad (r=1,2)$$

把 ω_{n1} 和 ω_{n2} 分别代入,得

$$u_{21} = \left[2 - \left(\frac{\omega_{\mathrm{n1}}}{\Omega}\right)^2\right] u_{11} = 1.366025 u_{11}$$

即

$$\{u\}_1 = \begin{Bmatrix} 1 \\ 1.366025 \end{Bmatrix}$$

同理,得

$$\{u\}_2 = \begin{Bmatrix} 1 \\ -0.366025 \end{Bmatrix}$$

根据式(5.29),系统自由振动的通解为

$$\begin{Bmatrix} x_1(t) \\ x_2(t) \end{Bmatrix} = A_1 \begin{Bmatrix} 1 \\ 1.366025 \end{Bmatrix} \sin\left(0.796226\sqrt{\frac{k}{m}} t + \psi_1\right) +$$

$$A_2 \begin{Bmatrix} 1 \\ -0.366025 \end{Bmatrix} \sin\left(1.538188\sqrt{\frac{k}{m}} t + \psi_2\right)$$

例 5.5 确定如图 5.5 所示系统的固有频率和特征向量,写出系统自由振动的通解。

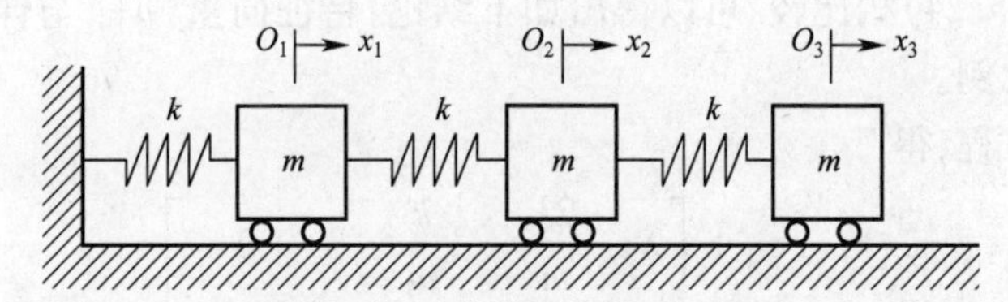

图 5.5 三自由度质量弹簧系统

解 系统的运动方程为

$$\begin{bmatrix} m & 0 & 0 \\ 0 & m & 0 \\ 0 & 0 & m \end{bmatrix} \begin{Bmatrix} \ddot{x}_1 \\ \ddot{x}_2 \\ \ddot{x}_3 \end{Bmatrix} + \begin{bmatrix} 2k & -k & 0 \\ -k & 2k & -k \\ 0 & -k & 2k \end{bmatrix} \begin{Bmatrix} x_1 \\ x_2 \\ x_3 \end{Bmatrix} = \begin{Bmatrix} 0 \\ 0 \\ 0 \end{Bmatrix}$$

把上述方程可以表述为

$$\begin{Bmatrix} \ddot{x}_1 \\ \ddot{x}_2 \\ \ddot{x}_3 \end{Bmatrix} + \frac{k}{m} \begin{bmatrix} 2 & -1 & 0 \\ -1 & 2 & -1 \\ 0 & -1 & 2 \end{bmatrix} \begin{Bmatrix} x_1 \\ x_2 \\ x_3 \end{Bmatrix} = \begin{Bmatrix} 0 \\ 0 \\ 0 \end{Bmatrix}$$

其特征方程为

$$\begin{vmatrix} \lambda - \dfrac{2k}{m} & \dfrac{k}{m} & 0 \\ \dfrac{k}{m} & \lambda - \dfrac{2k}{m} & \dfrac{k}{m} \\ 0 & \dfrac{k}{m} & \lambda - \dfrac{2k}{m} \end{vmatrix} = \lambda^3 - 5\frac{k}{m}\lambda^2 + 6\left(\frac{k}{m}\right)^2 \lambda - \left(\frac{k}{m}\right)^3 = 0$$

或

$$\left(\lambda - 0.198\frac{k}{m}\right)\left(\lambda - 1.550\frac{k}{m}\right)\left(\lambda - 3.250\frac{k}{m}\right) = 0$$

$$\omega_{n1}=\sqrt{\lambda_1}=\sqrt{0.198\frac{k}{m}},\omega_{n2}=\sqrt{\lambda_2}=\sqrt{1.550\frac{k}{m}},\omega_{n3}=\sqrt{\lambda_3}=\sqrt{3.250\frac{k}{m}}$$

为了确定系统的特征向量,由式(5.21),得

$$(\lambda[I]-[H])\{u\}=\{0\}$$

式中:$[H]=[M]^{-1}[K]$ 称为**动力矩阵**。

令 $[f(\lambda)]=(\lambda[I]-[H])$,且$[f(\lambda)]$具有如下性质$[f(\lambda)][f(\lambda)]^{-1}=[I]$,则存在

$$[f(\lambda)]\frac{[F(\lambda)]}{|f(\lambda)|}=[I] \tag{5.31}$$

式中:$[F(\lambda)]$为矩阵$[f(\lambda)]$的伴随矩阵;$|f(\lambda)|$为$[f(\lambda)]$的行列式。

由式(5.31),得

$$[f(\lambda)][F(\lambda)]=|f(\lambda)|[I] \tag{5.32}$$

当$\lambda=\lambda_r$时,代入式(5.32),有

$$[f(\lambda_r)][F(\lambda_r)]=|f(\lambda_r)|[I]=[0] \tag{5.33}$$

将式(5.33)与式(5.24)相比较,可以得出如下结论:**特征向量**$\{u\}_r$**与伴随矩阵**$[F(\lambda_r)]$**的任何非零列成比例**。

由系统运动方程,得

$$[f(\lambda)]=\begin{bmatrix}\lambda-\frac{2k}{m} & \frac{k}{m} & 0\\ \frac{k}{m} & \lambda-\frac{2k}{m} & \frac{k}{m}\\ 0 & \frac{k}{m} & \lambda-\frac{2k}{m}\end{bmatrix}$$

其伴随矩阵为

$$[F(\lambda)]=\begin{bmatrix}\left(\lambda-\frac{k}{m}\right)\left(\lambda-\frac{2k}{m}\right)-\left(\frac{k}{m}\right)^2 & -\frac{k}{m}\left(\lambda-\frac{k}{m}\right) & \left(\frac{k}{m}\right)^2\\ -\frac{k}{m}\left(\lambda-\frac{k}{m}\right) & \left(\lambda-\frac{k}{m}\right)\left(\lambda-\frac{2k}{m}\right) & -\frac{k}{m}\left(\lambda-\frac{2k}{m}\right)\\ \left(\frac{k}{m}\right)^2 & -\frac{k}{m}\left(\lambda-\frac{2k}{m}\right) & \left(\lambda-\frac{2k}{m}\right)^2-\left(\frac{k}{m}\right)^2\end{bmatrix}$$

对于$\lambda_1=0.198\frac{k}{m}$,有

$$[F(\lambda_1)]=\left(\frac{k}{m}\right)^2\begin{bmatrix}0.445 & 0.802 & 1.000\\ 0.802 & 1.445 & 1.802\\ 1.000 & 1.802 & 2.247\end{bmatrix}$$

矩阵$[F(\lambda_1)]$每一列各元素之间的比值是相同的,可取任意一列,如第三列,有

$$\{u\}_1=[1.000\quad 1.802\quad 2.247]^T$$

同理可得

$$\{u\}_2=[1.000\quad 0.445\quad -0.802]^T,\{u\}_3=[1.000\quad -1.247\quad 0.555]^T$$

系统自由振动的通解为

$$\begin{Bmatrix} x_1(t) \\ x_2(t) \\ x_3(t) \end{Bmatrix} = \begin{bmatrix} 1.000 & 1.000 & 1.000 \\ 1.802 & 0.445 & -1.247 \\ 2.247 & -0.802 & 0.555 \end{bmatrix} \begin{Bmatrix} A_1\sin(\omega_{n1}t+\psi_1 \\ A_2\sin(\omega_{n2}t+\psi_2) \\ A_3\sin(\omega_{n3}t+\psi_3) \end{Bmatrix}$$

5.3 主坐标与正则坐标

对于一个 n 自由度系统，其第 r 阶特征值 $\lambda_r=\omega_{nr}^2$，对应的特征向量为 $\{u\}_r$，其第 s 阶特征值 $\lambda_s=\omega_{ns}^2$，对应的特征向量为 $\{u\}_s$，它们都满足式(5.21)或式(5.22)，因而，有

$$[K]\{u\}_r=\omega_{nr}^2[M]\{u\}_r \tag{5.34}$$

$$[K]\{u\}_s=\omega_{ns}^2[M]\{u\}_s \tag{5.35}$$

式(5.34)左乘 $\{u\}_s^{\mathrm{T}}$，式(5.35)左乘 $\{u\}_r^{\mathrm{T}}$，得

$$\{u\}_s^{\mathrm{T}}[K]\{u\}_r=\omega_{nr}^2\{u\}_s^{\mathrm{T}}[M]\{u\}_r \tag{5.36}$$

$$\{u\}_r^{\mathrm{T}}[K]\{u\}_s=\omega_{ns}^2\{u\}_r^{\mathrm{T}}[M]\{u\}_s \tag{5.37}$$

然后，把式(5.37)转置，由于矩阵 $[K]$ 和 $[M]$ 是对称矩阵，得

$$\{u\}_s^{\mathrm{T}}[K]\{u\}_r=\omega_{ns}^2\{u\}_s^{\mathrm{T}}[M]\{u\}_r \tag{5.38}$$

把式(5.38)与式(5.36)相减，得

$$(\omega_{nr}^2-\omega_{ns}^2)\{u\}_s^{\mathrm{T}}[M]\{u\}_r=0 \tag{5.39}$$

由于 $\omega_{nr}\neq\omega_{ns}$，只有

$$\{u\}_s^{\mathrm{T}}[M]\{u\}_r=0(r\neq s) \tag{5.40}$$

同理可以得到

$$\{u\}_s^{\mathrm{T}}[K]\{u\}_r=0(r\neq s) \tag{5.41}$$

式(5.40)和式(5.41)表示了系统特征向量的正交关系，是对质量矩阵 $[M]$、刚度矩阵 $[K]$ 的加权正交。必须指出，正交关系式(5.40)和式(5.41)仅当 $[M]$ 和 $[K]$ 为对称矩阵时才成立。

若 $r=s$，则

$$\{u\}_r^{\mathrm{T}}[M]\{u\}_r=m_{rr} \tag{5.42}$$

$$\{u\}_r^{\mathrm{T}}[K]\{u\}_r=k_{rr} \tag{5.43}$$

式中：m_{rr}，k_{rr} 为两个实常数，称为系统第 r 阶主质量和主刚度，或广义质量和广义刚度，或模态质量和**模态刚度**。

由式(5.30)，得

$$\{u\}^{\mathrm{T}}[M]\{u\}=\begin{bmatrix} \{u\}_1^{\mathrm{T}} \\ \{u\}_2^{\mathrm{T}} \\ \vdots \\ \{u\}_n^{\mathrm{T}} \end{bmatrix}[M][\{u\}_1 \quad \{u\}_2 \quad \cdots \quad \{u\}_n]$$

运算，得

$\{u\}^{\mathrm{T}}[M]\{u\}$

$$=\begin{bmatrix}\{u\}_1^{\mathrm{T}}[M]\{u\}_1 & \{u\}_1^{\mathrm{T}}[M]\{u\}_2 & \cdots & \{u\}_1^{\mathrm{T}}[M]\{u\}_n \\ \{u\}_2^{\mathrm{T}}[M]\{u\}_1 & \{u\}_2^{\mathrm{T}}[M]\{u\}_2 & \cdots & \{u\}_2^{\mathrm{T}}[M]\{u\}_n \\ \vdots & & & \vdots \\ \{u\}_n^{\mathrm{T}}[M]\{u\}_1 & \{u\}_n^{\mathrm{T}}[M]\{u\}_2 & \cdots & \{u\}_n^{\mathrm{T}}[M]\{u\}_n\end{bmatrix}\begin{bmatrix}m_1 & 0 & \cdots & 0 \\ 0 & m_2 & \cdots & 0 \\ \vdots & \vdots & & \vdots \\ 0 & 0 & \cdots & m_n\end{bmatrix}=[M]$$

$$\{u\}^{\mathrm{T}}[K]\{u\}=\begin{bmatrix}k_1 & 0 & \cdots & 0 \\ 0 & k_2 & \cdots & 0 \\ \vdots & \vdots & & \vdots \\ 0 & 0 & \cdots & k_n\end{bmatrix}=[K]$$

式中:$[M]$,$[K]$为对角矩阵,称为主质量矩阵和主刚度矩阵,或广义质量矩阵和广义刚度矩阵,或模态质量矩阵和模态刚度矩阵。

下面继续研究式(5.12):

$$[M]\{\ddot{q}\}+[K]\{q\}=\{0\} \tag{5.44}$$

方程存在着耦合,为了描述系统的运动,选择另一组广义会标$\{p\}$,它与广义坐标$\{q\}$有下面线性变换关系

$$\{q\}=[u]\{p\} \tag{5.45}$$

代入式(5.12),得

$$[M][u]\{\ddot{p}\}+[K][u]\{p\}=\{0\} \tag{5.46}$$

式(5.46)左乘$[u]^{\mathrm{T}}$,则有

$$[u]^{\mathrm{T}}[M][u]\{\ddot{p}\}+[u]^{\mathrm{T}}[K][u]\{p\}=\{0\}$$

即

$$[M]\{\ddot{p}\}+[K]\{p\}=\{0\} \tag{5.47}$$

或

$$m_r\{\ddot{p}\}_r+k_r\{p\}_r=0, r=1,2,\cdots,n \tag{5.48}$$

由于

$$[M]^{-1}[K]=\begin{bmatrix}\omega_{\mathrm{n}1}^2 & 0 & \cdots & 0 \\ 0 & \omega_{\mathrm{n}2}^2 & \cdots & 0 \\ \vdots & \vdots & & \vdots \\ 0 & 0 & \cdots & \omega_{\mathrm{n}n}^2\end{bmatrix}=[\omega_{\mathrm{n}}^2]=[\Lambda] \tag{5.49}$$

因此,式(5.47)也可改写为

$$\{\ddot{p}\}+[\omega_{\mathrm{n}}^2]\{p\}=\{0\} \tag{5.50}$$

或

$$\{\ddot{p}\}_r+[\omega_{\mathrm{n}r}^2]\{p\}_r=0, r=1,2,\cdots,n \tag{5.51}$$

式(5.47)和式(5.48),式(5.50)和式(5.51)都是无耦合的独立方程,方程组中的每一个方程都可以独立求解,有

$$p_r=A_r\sin(\omega_{\mathrm{n}r}t+\psi_r), r=1,2,\cdots,n \tag{5.52}$$

或

$$\{p\}=\{A\sin(\omega_{\mathrm{n}}t+\psi)\} \tag{5.53}$$

沿着 r 个广义坐标 $p_r(r=1,2,\cdots,n)$ 只发生固有频率为 $\omega_{nr}(r=1,2,\cdots,n)$ 的简谐振动，这组广义坐标 $\{p\}$ 称为**主坐标**。

这时，对于广义坐标 $\{q\}$，系统的运动为

$$\{q(t)\}=[u]\{p\}=[u]\{A\sin(\omega_n t+\psi)\} \tag{5.54}$$

式(5.54)和式(5.29)完全相同。

选择不同的坐标去描述同一系统的运动，不会改变系统的性质，只是改变了运动方程的具体形式。

利用振型矩阵 $[u]$ 和式(5.22)，所有 n 个特征值问题可表示为

$$[K][u]=[M][u][\Lambda] \tag{5.55}$$

或

$$[K][u]=[M][u][\omega_n^2] \tag{5.56}$$

由于特征向量 $\{u\}_r(r=1,2,\cdots,n)$ 的绝对值不是唯一的，振型矩阵 $[u]$ 也不是唯一的，所以描述系统运动的主坐标也不是唯一的(可能有无限多组主坐标)。

为了理论证明和计算上的方便，人们常常根据某种特定的规定来确定振型矩阵 $[u]$。例如，根据主质量归一；根据使特征向量 $\{u\}_r$ 的最大元素归一；根据特征向量 $\{u\}_r$ 的模归一等。根据某种规定确定的振型矩阵 $[u]$ 将是确定的、唯一的。由此而确定的主坐标也是确定的、唯一的，称为**正则坐标**。

$$\{u\}_r=\frac{1}{\alpha_r}\{u\}_r, r=1,2,\cdots,n \tag{5.57}$$

如果根据主质量归一的要求进行正则化，就要求

$$[\mu]^{\mathrm{T}}[M][\mu]=[I] \tag{5.58}$$

成立。由式(5.58)和式(5.56)，得

$$[\mu]^{\mathrm{T}}[K][\mu]=[\omega_n^2]=[\Lambda] \tag{5.59}$$

对于质量归一的正则坐标，各阶主质量都是1，而各阶主刚度都等于该阶固有频率的平方，即系统的特征值。现在我们来确定正则坐标和对应的振型矩阵 $\{\mu\}$。

若正则坐标 $\{\eta\}$ 与广义坐标 $\{q\}$ 的变换关系为

$$\{q\}=[\mu]\{\eta\} \tag{5.60}$$

而主坐标 $\{p\}$ 与广义坐标 $\{q\}$ 的变换关系为

$$\{q\}=[u]\{p\} \tag{5.61}$$

假设 $\{\mu\}_r$ 与 $\{u\}_r$ 之间的关系为

$$\{\mu\}_r=n_r\{u\}_r, r=1,2,\cdots,n \tag{5.62}$$

因而，有

$$[\mu]=[\{\mu\}_1 \quad \{\mu\}_2 \quad \cdots \quad \{\mu\}_n]=[n_1\{u\}_1 \quad n_2\{u\}_2 \quad \cdots \quad n_n\{u\}_n]=[u][n] \tag{5.63}$$

把式(5.60)代入系统的运动方程式(5.12)，有

$$[M][\mu]\{\ddot{\eta}\}+[K][u]\{\eta\}=\{0\} \tag{5.64}$$

式(5.64)左乘 $[\mu]^{\mathrm{T}}$，得

$$[\mu]^{\mathrm{T}}[M][\mu]\{\ddot{\eta}\}+[\mu]^{\mathrm{T}}[K][u]\{\eta\}=\{0\} \tag{5.65}$$

使式(5.65)的质量矩阵归一,即

$$[I]=[\mu]^{\mathrm{T}}[M][\mu]=[n][u]^{\mathrm{T}}[M][u][n]=[n][M][n] \tag{5.66}$$

即

$$n_r^2 m_r=1, r=1,2,\cdots,n \tag{5.67}$$

因而,有

$$n_r^2=\frac{1}{m_r}=\frac{1}{\{u\}_r^{\mathrm{T}}[M]\{u\}_r}=\Big(\sum_{i=1}^{n}\sum_{j=1}^{n}m_{ij}u_{ir}u_{jr}\Big)^{-1} \tag{5.68}$$

这时系统的运动方程为

$$\{\ddot{\eta}\}+[\omega_{\mathrm{n}}^2]\{\eta\}=\{0\} \tag{5.69}$$

或

$$\{\ddot{\eta}\}_r+\omega_{\mathrm{n}r}^2\{\eta\}_r=0, r=1,2,\cdots,n \tag{5.70}$$

对于使主质量归一, $\alpha_r=1/n_r=1/\sqrt{m_r}$;对于使特征向量$\{u\}_r$的最大元素归一,$\alpha_r=\max(u_{jr})$;对于使特征向量$\{u\}_r$的模归一,$\alpha_r=\|\{u\}_r\|$,$\|\cdot\|$表示向量的欧几里得范数。

例 5.6 确定例 5.5 中系统的正则坐标的振型矩阵。

解 从例 5.5,有

$$[u]=\begin{bmatrix}1.000 & 1.000 & 1.000\\ 1.802 & 0.445 & -1.247\\ 2.247 & -0.802 & 0.555\end{bmatrix}$$

应用式(5.68),得

$$1=n_1^2(m_{11}u_{11}^2+m_{22}u_{21}^2+m_{33}u_{31}^2)=n_1^2(1.000^2+1.802^2+2.247^2)m$$

即

$$n_1=\frac{1}{3.049\sqrt{m}}$$

同理,得

$$n_2=\frac{1}{1.357\sqrt{m}}, n_3=\frac{1}{1.692\sqrt{m}}$$

由式(5.63),有

$$[\mu]=[u][n]=\frac{1}{\sqrt{m}}\begin{bmatrix}0.328 & 0.737 & 0.591\\ 0.591 & 0.328 & -0.737\\ 0.737 & -0.591 & 0.258\end{bmatrix}$$

5.4 对初始条件的响应和初值问题

n 自由度无阻尼系统的自由振动表达式为

$$\{q(t)\}=\sum_{r=1}^{n}A_r\{u\}_r\sin(\omega_{\mathrm{n}r}t+\psi_r)=[u]\{A\sin(\omega_{\mathrm{n}}t+\psi)\} \tag{5.71}$$

式中 A_r 和 $\psi_r(r=1,2,\cdots,n)$ 为待定常数,由施加于系统的初始条件决定。

若施加于系统的初始条件$\{q(0)\}=\{q_0\}$,$\{\dot{q}(0)\}=\{\dot{q}_0\}$,为计算$A_r$和$\psi_r$做下面的变换:

$$A_r\sin(\omega_{nr}t+\psi_r)=D_r\cos\omega_{nr}t+E_r\sin\omega_{nr}t \tag{5.72}$$

式中

$$A_r=\sqrt{D_r^2+E_r^2},\tan\psi_r=\frac{D_r}{E_r}$$

这时

$$\begin{aligned}\{q(t)\}&=[u]\{D\cos\omega_n t\}+[u]\{E\sin\omega_n t\}\\ \{\dot{q}(t)\}&=-[u]\{D\omega_n\sin\omega_n t\}+[u]\{E\omega_n\cos\omega_n t\}\end{aligned} \tag{5.73}$$

因而,有

$$\{q_0\}=[u]\{D\},\{\dot{q}_0\}=[u]\{E\omega_n\}=[u]\{\omega_n\}\{E\} \tag{5.74}$$

即

$$\{D\}=[u]^{-1}\{q_0\},\{E\}=[\omega_n]^{-1}[u]^{-1}\{\dot{q}_0\} \tag{5.75}$$

例5.7 有一系统,其质量矩阵和刚度矩阵为

$$[M]=\begin{bmatrix}1&0&0\\0&1&0\\0&0&1\end{bmatrix},[K]=\begin{bmatrix}3&-2&0\\-2&3&-1\\0&-1&1\end{bmatrix}$$

试确定在$\{q(0)\}=[2\quad 1\quad 1]^T$,$\{\dot{q}(0)\}=[0\quad 1\quad -1]^T$初始条件下的响应。

解 可解得系统的固有频率和特征向量为

$$\begin{aligned}\omega_{n1}&=0.3914,\quad \{u\}_1=[1.0000\quad 1.4235\quad 2.0511]^T\\ \omega_{n2}&=1.1363,\quad \{u\}_2=[1.0000\quad 0.8544\quad -0.5399]^T\\ \omega_{n3}&=2.2485,\quad \{u\}_3=[1.0000\quad -1.0279\quad 0.1128]^T\end{aligned}$$

由式(5.74),得

$$\begin{bmatrix}1.0000&1.0000&1.0000\\1.4325&0.8544&-1.0279\\2.0511&-0.5399&0.1128\end{bmatrix}\begin{Bmatrix}D_1\\D_2\\D_3\end{Bmatrix}=\begin{Bmatrix}2\\1\\1\end{Bmatrix}$$

$$\begin{bmatrix}0.3914&1.1363&2.2485\\0.5572&0.9709&-2.3112\\0.8028&-0.6135&0.2536\end{bmatrix}\begin{Bmatrix}E_1\\E_2\\E_3\end{Bmatrix}=\begin{Bmatrix}0\\1\\-1\end{Bmatrix}$$

解上述方程,得

$$D_1=0.6577,D_2=0.7668,D_3=0.5754$$

和

$$E_1=1.2340,\quad E_2=-0.0861,\quad E_3=-0.1713$$

因此,可以解得

$$A_1=1.3983,\quad A_2=0.7716,\quad A_3=0.6004$$

和

$$\psi_1=0.4897,\quad \psi_2=1.6826,\quad \psi_3=1.8601$$

系统的自由振动方程为

$$\begin{Bmatrix} q_1(t) \\ q_2(t) \\ q_3(t) \end{Bmatrix} = 1.3983\begin{Bmatrix} 1.0000 \\ 1.4325 \\ 2.0511 \end{Bmatrix}\sin(0.3914t+0.4897)+0.7716\begin{Bmatrix} 1.0000 \\ 0.8544 \\ -0.5399 \end{Bmatrix}\sin(1.1363t+1.6826)$$

$$+0.6004\begin{Bmatrix} 1.0000 \\ -1.0279 \\ 0.1128 \end{Bmatrix}\sin(2.2485t+1.8601)$$

5.5 半确定系统

如果有一个系统，它的运动方程为

$$[M]\{\ddot{q}\} + [K]\{q\} = \{0\}$$

通过变换$\{q\}=[u]\{p\}$，用主坐标$\{p\}$描述系统的运动，运动方程为

$$[M]\{\ddot{p}\} + [K]\{p\} = \{0\}$$

即

$$m_r\{\ddot{p}_r\} + k_r\{p_r\} = 0, \quad r = 1,2,\cdots,n \tag{5.76}$$

且有$\omega_{nr}^2=k_r/m_r$，假设系统有零特征值，即零固有频率，如$\omega_{n1}=0$。由式(5.76)，得

$$\ddot{p}_1 = 0$$

因此，有

$$p_1 = D_1 + E_1 t \tag{5.77}$$

式中：D_1, E_1为任意常数。

式(5.77)表明，整个系统沿主坐标p_1的运动是一个刚体运动，没有发生弹性变形，它也是系统的一个固有模态运动，称为**刚体模态**或**零固有频率模态**。

对于刚体模态，整个系统如同刚体一样运动，有$q_1=q_2=\cdots=q_n$。因而其特征向量

$$\{u\}_1 = u_0\{1\}$$

式中：$\{1\}$为所有元素为1的向量；u_0为不等于零的常数。

有一个或几个固有频率等于零的系统称为**半确定系统**。当系统的质量矩阵$[M]$和刚度矩阵$[K]$都是正定矩阵时，系统不会有零固有频率；当系统的刚度矩阵$[K]$为半正定矩阵时，系统将具有零固有频率。具有半正定矩阵$[K]$的系统是一个半确定系统。

产生半正定刚度矩阵$[K]$的物理条件是系统具有自由-自由边界条件。

例5.8 确定如图5.6所示转盘系统的固有频率和特征向量。

解 系统的运动方程为

$$\begin{bmatrix} J & 0 & 0 \\ 0 & J & 0 \\ 0 & 0 & J \end{bmatrix}\begin{Bmatrix} \ddot{\theta}_1 \\ \ddot{\theta}_2 \\ \ddot{\theta}_3 \end{Bmatrix} + \begin{bmatrix} k & -k & 0 \\ -k & 2k & -k \\ 0 & -k & k \end{bmatrix}\begin{Bmatrix} \theta_1 \\ \theta_2 \\ \theta_3 \end{Bmatrix} = \begin{Bmatrix} 0 \\ 0 \\ 0 \end{Bmatrix}$$

方程左乘$[M]^{-1}$，并令$h=k/J$，则方程可以表示为

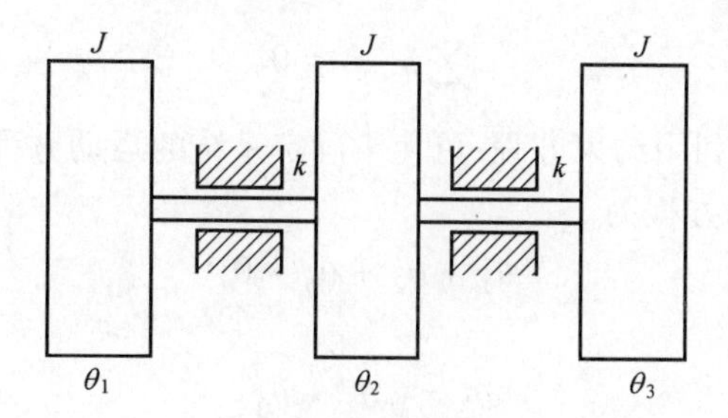

图 5.6 转盘系统

$$\begin{Bmatrix} \ddot{\theta}_1 \\ \ddot{\theta}_2 \\ \ddot{\theta}_3 \end{Bmatrix} + \begin{bmatrix} h & -h & 0 \\ -h & 2h & -h \\ 0 & -h & h \end{bmatrix} \begin{Bmatrix} \theta_1 \\ \theta_2 \\ \theta_3 \end{Bmatrix} = \begin{Bmatrix} 0 \\ 0 \\ 0 \end{Bmatrix}$$

由方程$[K]\{u\}=\lambda[M]\{u\}$,即式(5.22)可得

$$\begin{bmatrix} \lambda-h & h & 0 \\ h & \lambda-2h & h \\ 0 & h & \lambda-h \end{bmatrix} \begin{Bmatrix} u_1 \\ u_2 \\ u_3 \end{Bmatrix} = \begin{Bmatrix} 0 \\ 0 \\ 0 \end{Bmatrix}$$

系统的特征方程为

$$\begin{vmatrix} \lambda-h & h & 0 \\ h & \lambda-2h & h \\ 0 & h & \lambda-h \end{vmatrix} = \lambda(\lambda-h)(\lambda-3h)=0$$

可解的系统的固有频率为:$\omega_{n1}=0,\omega_{n2}=\sqrt{h}=\sqrt{k/J},\omega_{n3}=\sqrt{3h}=\sqrt{3k/J}$。

令

$$[f(\lambda)] = \begin{vmatrix} \lambda-h & h & 0 \\ h & \lambda-2h & h \\ 0 & h & \lambda-h \end{vmatrix}$$

其伴随矩阵为

$$[F(\lambda)] = \begin{bmatrix} (\lambda-h)(\lambda-2h)-h^2 & -h(\lambda-h) & 0 \\ -h(\lambda-h) & (\lambda-h)^2 & -h(\lambda-h) \\ 0 & -h(\lambda-h) & (\lambda-h)(\lambda-2h)-h^2 \end{bmatrix}$$

从而得

$$\{u\}_1=h^2[1\quad 1\quad 1]^{\mathrm{T}},\{u\}_2=h^2[1\quad 0\quad -1]^{\mathrm{T}},\{u\}_3=h^2[1\quad -2\quad 1]^{\mathrm{T}}$$

为了标明刚体模态,用$\{u\}_0$表示其特征向量。刚体模态的特征向量$\{u\}_0$应和系统的其他模态的特征向量满足正交关系

$$\{u\}_0[M]\{u\}=0$$

若$[M]$为对角阵,并注意到关系

$$q_i(t)=u_i f(t)\quad i=1,2,\cdots,n$$

则可得

$$\sum_{i=1}^{n} m_{ii} q_i = 0 \tag{5.78}$$

这是一约束方程。利用约束方程,可使半确定系统的运动方程降价。

对于例5.8,其约束方程为

$$\theta_1 + \theta_2 + \theta_3 = 0$$

由此得

$$\theta_3 = -\theta_1 - \theta_2$$

即

$$\begin{Bmatrix} \theta_1 \\ \theta_2 \\ \theta_3 \end{Bmatrix} = \begin{bmatrix} 1 & 0 \\ 0 & 1 \\ -1 & -1 \end{bmatrix} \begin{Bmatrix} \theta_1 \\ \theta_2 \end{Bmatrix}$$

这时,系统的动能为

$$T = \frac{1}{2}[\dot{\theta}_1 \quad \dot{\theta}_2] \begin{bmatrix} 1 & 0 & -1 \\ 0 & 1 & -1 \end{bmatrix} \begin{bmatrix} J & 0 & 0 \\ 0 & J & 0 \\ 0 & 0 & J \end{bmatrix} \begin{bmatrix} 1 & 0 \\ 0 & 1 \\ -1 & -1 \end{bmatrix} \begin{Bmatrix} \dot{\theta}_1 \\ \dot{\theta}_2 \end{Bmatrix}$$

$$= \frac{J}{2}[\dot{\theta}_1 \quad \dot{\theta}_2] \begin{bmatrix} 2 & 1 \\ 1 & 2 \end{bmatrix} \begin{Bmatrix} \dot{\theta}_1 \\ \dot{\theta}_2 \end{Bmatrix}$$

系统的势能为

$$U = \frac{1}{2}[\theta_1 \quad \theta_2] \begin{bmatrix} 1 & 0 & -1 \\ 0 & 1 & -1 \end{bmatrix} \begin{bmatrix} k & -k & 0 \\ -k & 2k & -k \\ 0 & -k & k \end{bmatrix} \begin{bmatrix} 1 & 0 \\ 0 & 1 \\ -1 & -1 \end{bmatrix} \begin{Bmatrix} \theta_1 \\ \theta_2 \end{Bmatrix}$$

$$= \frac{k}{2}[\theta_1 \quad \theta_2] \begin{bmatrix} 2 & 1 \\ 1 & 5 \end{bmatrix} \begin{Bmatrix} \theta_1 \\ \theta_2 \end{Bmatrix}$$

这时系统的运动方程改写为

$$\begin{bmatrix} 2J & J \\ J & 2J \end{bmatrix} \begin{Bmatrix} \ddot{\theta}_1 \\ \ddot{\theta}_2 \end{Bmatrix} + \begin{bmatrix} 2k & k \\ k & 5k \end{bmatrix} \begin{Bmatrix} \theta_1 \\ \theta_2 \end{Bmatrix} = \begin{Bmatrix} 0 \\ 0 \end{Bmatrix}$$

系统的特征方程为

$$\begin{bmatrix} \lambda - h & -h \\ 0 & \lambda - 3h \end{bmatrix} = (\lambda - h)(\lambda - 3h) = 0$$

式中:$h=k/J$。

系统的固有频率为:$\omega_{n1} = \sqrt{h} = \sqrt{k/J}$,$\omega_{n2} = \sqrt{3h} = \sqrt{3k/J}$。

伴随矩阵为

$$[F(\lambda)] = \begin{bmatrix} \lambda - 3h & h \\ 0 & \lambda - h \end{bmatrix}$$

从而得

$$\{u\}_1 = h[1 \quad 0]^{\mathrm{T}}, \{u\}_2 = h[1 \quad 2]^{\mathrm{T}}$$

由约束方程得

$$\{u\}_1 = h[1 \quad 0 \quad -1]^{\mathrm{T}}, \quad \{u\}_2 = h[1 \quad -2 \quad 1]^{\mathrm{T}}$$

和

$$\{u\}_0 = [1 \quad 1 \quad 1]^{\mathrm{T}}$$

5.6 具有等固有频率的情形

前面的分析,曾假设所有的特征值都是特征方程的单根,但是复杂的机械系统由于结构的对称性或其他原因,系统可能出现某些特征值 ω^2 彼此很接近甚至相等的情况,即具有重特征值,也就是有相等的固有频率。如图 5.7 所示,运动限于 xy 平面内,两个弹簧直交并相等。

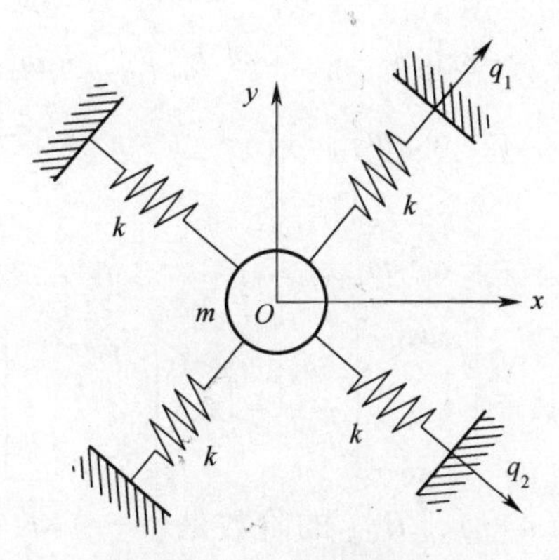

图 5.7 平面质量弹簧系统

在微幅振动时,系统的运动方程为

$$m\ddot{q}_1 + 2kq_1 = 0, \quad m\ddot{q}_2 + 2kq_2 = 0$$

它们有两个相等的固有频率,是一个退化的系统。

线性代数表明,若质量矩阵[M]和刚度矩阵[K]是实对称的矩阵;质量矩阵[M]是正定矩阵,无论系统是否具有重特征值,系统的所有特征向量有正交关系。

对于重特征值,也有与式(5.33)相类似的方程。假设系统有一 l 重特征值 $\lambda_s(2\leqslant l\leqslant n)$,对于重特征值 $\boldsymbol{\lambda}_s$,有

$$[f(\boldsymbol{\lambda}_s)][F^{(l-1)}(\boldsymbol{\lambda}_s)] = [0] \tag{5.79}$$

式中:$F^{(l-1)}(\boldsymbol{\lambda}_s)$ 为矩阵[$f(\boldsymbol{\lambda})$]伴随矩阵的 l-1 阶导数。

因而,对于重特征值 $\boldsymbol{\lambda}_s$ 的 l 列特征向量与[$F^{(l-1)}(\boldsymbol{\lambda}_s)$]的 l 列非零列成比例。可以利用[$F^{(l-1)}(\boldsymbol{\lambda}_s)$]来确定重特征值 $\boldsymbol{\lambda}_s$ 的特征向量。对于其余非重特征值,仍采用式(5.33)的关系,利用[$F(\boldsymbol{\lambda})$]来确定其对应的特征向量。

假设 ω_{n1}^2 是 r 重根,即有

$$\omega_{\mathrm{n1}}^2 = \omega_{\mathrm{n2}}^2 = \cdots = \omega_{\mathrm{nr}}^2 \tag{5.80}$$

而其他的 $\omega_{\mathrm{n},r+1}^2,\cdots,\omega_{\mathrm{nn}}^2$ 都是单根,下面讨论如何求出对应于 r 重根 ω_{n1}^2 的 r 个相互正交的主振型。

将 ω_{n1}^2 代入式(5.24),可得

$$([K]-\omega_{n1}^2[M])[u]=[0] \tag{5.81}$$

由线性代数理论可知,对应于式(5.81)矩阵特征值问题的 r 重特征值,存在着 r 个线性独立的特征向量,这样,特征矩阵($[K]-\omega_{n1}^2[M]$)的秩为 $n-r$,也就是说,式(5.81)的 n 个方程只有 $n-r$ 是独立的。

假设($[K]-\omega_{n1}^2[M]$)的第 $n-r$ 阶主子式不等于零,则式(5.81)的后 r 个方程不独立,将它们划去,并把前 $n-r$ 个独立方程写成下列分块矩阵的形式:

$$\begin{bmatrix}[B]_a & [B]_b\end{bmatrix}\begin{bmatrix}[u]_a \\ [u]_b\end{bmatrix}=\{0\} \tag{5.82}$$

式中

$$[B]_a=\begin{bmatrix} k_{11}-\omega_{n1}^2 m_{11} & \cdots & k_{1,n-r}-\omega_{n1}^2 m_{1,n-r} \\ \vdots & & \vdots \\ k_{n-r,1}-\omega_{n1}^2 m_{n-r,1} & \cdots & k_{n-r,n-r}-\omega_{n1}^2 m_{n-r,n-r} \end{bmatrix}$$

$$[B]_b=\begin{bmatrix} k_{1,n-r+1}-\omega_{n1}^2 m_{1,n-r+1} & \cdots & k_{1n}-\omega_{n1}^2 m_{1n} \\ \vdots & & \vdots \\ k_{n-r,n-r+1}-\omega_{n1}^2 m_{n-r,n-r+1} & \cdots & k_{n-r,n}-\omega_{n1}^2 m_{n-r,n} \end{bmatrix}$$

$$[u]_a=\begin{bmatrix} u_{e1} \\ \vdots \\ u_{e,n-r} \end{bmatrix},\quad [u]_b=\begin{bmatrix} u_{e,n-r+1} \\ \vdots \\ u_{e,n} \end{bmatrix}$$

矩阵 $[B]_a$ 的阶数是 $(n-r)\times(n-r)$,$[B]_b$ 的阶数是 $(n-r)\times r$,$[u]_a$ 的阶数是 $(n-r)\times 1$,$[B]_b$ 的阶数是 $r\times 1$。

如果 $[B]_a$ 是非奇异的,则可从式(5.82)解出

$$[u]_a=-[B]_a^{-1}[B]_b[u]_b \tag{5.83}$$

若记 $[\bar{u}]$ 为对应于 r 的重特征值 ω_{n1}^2 的主振型,则

$$[\bar{u}]=\begin{bmatrix}[u]_a \\ [u]_b\end{bmatrix}=\begin{bmatrix}-[B]_a^{-1}[B]_b \\ [I]_r\end{bmatrix}[u]_b \tag{5.84}$$

式中:$[I]_r$ 为 r 阶单位阵。

只要给出 r 个线性独立的 r 维向量 $[u]_{b1},[u]_{b2},\cdots,[u]_{br}$,就可以根据式(5.84)得到 r 个主振型:$[\bar{u}]_1,[\bar{u}]_2,\cdots,[\bar{u}]_r$,把它们合写成矩阵形式,得

$$\begin{bmatrix}[\bar{u}]_1 & [\bar{u}]_2 & \cdots & [\bar{u}]_r\end{bmatrix}=\begin{bmatrix}-[B]_a^{-1}[B]_b \\ [I]_r\end{bmatrix}[u]_b\begin{bmatrix}[\bar{u}]_{b1} & [\bar{u}]_{b2} & \cdots & [\bar{u}]_{br}\end{bmatrix} \tag{5.85}$$

式中右端第一个 $n\times r$ 阶矩阵的秩显然是 r,第二个 r 阶矩阵因各列线性独立,因而是非奇异的。这样作为它们的乘积,等号左端的 $n\times r$ 阶矩阵的秩也是 r,于是得知 $[\bar{u}]_1$,$[\bar{u}]_2,\cdots,[\bar{u}]_r$ 是线性独立的。

从上述过程不难看出,对应于 r 重特征值的 r 个线性独立的主振型并不是唯一的。为了便于计算,可以取

$$[\bar{u}]_{b1}=\begin{bmatrix}1\\0\\0\\\vdots\\0\end{bmatrix},\quad [\bar{u}]_{b2}=\begin{bmatrix}0\\1\\0\\\vdots\\0\end{bmatrix},\cdots,[\bar{u}]_{br}=\begin{bmatrix}0\\0\\0\\\vdots\\1\end{bmatrix} \tag{5.86}$$

这时,式(5.85)右端第一矩阵的 r 个列就是要求的主振型。

由主振型的正交性"对应于不同固有频率的主振型之间,既关于质量矩阵相互正交,又关于刚度矩阵相互正交;用数学的语言可描述为:$[u]_i^{\mathrm{T}}[M][u]_j=0(i\neq j)$,$[u]_i^{\mathrm{T}}[K][u]_j=0(i\neq j)$。"可知:相应于$[\bar{u}]_i(i=1,2,\cdots,r)$的特征值都是 ω_{n1}^2,$[\bar{u}]_i$ 与相应于其他特征值的主振型,因其特征值不同,显然是关于质量矩阵及刚度矩阵相互正交的,但$[\bar{u}]_1,[\bar{u}]_2,\cdots,[\bar{u}]_r$ 之间并不一定正交。可以用如下的正交化过程把仅是线性独立的$[\bar{u}]_1,[\bar{u}]_2,\cdots,[\bar{u}]_r$ 变为相互正交的。

设$[u]_1,[u]_2,\cdots,[u]_r$ 是对应 r 重特征值 ω_{n1}^2 的相互正交的主振型,它们可以采用下列步骤来得到:

(1) 选取$[u]_1=[\bar{u}]_1$。

(2) 选取

$$[u]_2=c_{21}[u]_1+[\bar{u}]_2$$

其中:c_{21}为待定常数。

对上式两边左乘$[u]_1^{\mathrm{T}}[M]$,得

$$[u]_1^{\mathrm{T}}[M][u]_2=c_{21}[u]_1^{\mathrm{T}}[M][u]_1+[u]_1^{\mathrm{T}}[M][\bar{u}]_2$$

由主振型的正交性可知 $[u]_1^{\mathrm{T}}[M][u]_2=0$,所以,有

$$0=c_{21}[u]_1^{\mathrm{T}}[M][u]_1+[u]_1^{\mathrm{T}}[M][\bar{u}]_2 \quad\Rightarrow\quad c_{21}=-\frac{[u]_1^{\mathrm{T}}[M][\bar{u}]_2}{[u]_1^{\mathrm{T}}[M][u]_1}$$

(3) 选取

$$[u]_3=c_{31}[u]_1+c_{32}[u]_2+[\bar{u}]_3$$

其中:c_{31},c_{32}为待定常数。

对上式两边分别左乘$[u]_1^{\mathrm{T}}[M]$和$[u]_2^{\mathrm{T}}[M]$,得

$$[u]_1^{\mathrm{T}}[M][u]_3=c_{31}[u]_1^{\mathrm{T}}[M][u]_1+c_{32}[u]_1^{\mathrm{T}}[M][u]_2+[u]_1^{\mathrm{T}}[M][\bar{u}]_3$$

$$[u]_2^{\mathrm{T}}[M][u]_3=c_{31}[u]_2^{\mathrm{T}}[M][u]_1+c_{32}[u]_2^{\mathrm{T}}[M][u]_2+[u]_2^{\mathrm{T}}[M][\bar{u}]_3$$

由主振型的正交性可知 $[u]_1^{\mathrm{T}}[M][u]_3=[u]_1^{\mathrm{T}}[M][u]_2=[u]_2^{\mathrm{T}}[M][u]_3=0$,所以,有

$$0=c_{31}[u]_1^{\mathrm{T}}[M][u]_1+[u]_1^{\mathrm{T}}[M][\bar{u}]_3 \quad\Rightarrow\quad c_{31}=-\frac{[u]_1^{\mathrm{T}}[M][\bar{u}]_3}{[u]_1^{\mathrm{T}}[M][\bar{u}]_1},$$

$$0=c_{32}[u]_2^{\mathrm{T}}[M][u]_2+[u]_2^{\mathrm{T}}[M][\bar{u}]_3 \quad\Rightarrow\quad c_{32}=-\frac{[u]_2^{\mathrm{T}}[M][\bar{u}]_3}{[u]_2^{\mathrm{T}}[M][\bar{u}]_2}$$

继续上述过程,可以得到 r 个相互正交的主振型$[u]_1,[u]_2,\cdots,[u]_r$。

到现在为止,可以得出如下结论:对应于 r 重特征值存在着 r 个相互正交的主振型,又相应于重特征值的振型与相应于其他特征值的主振型也相互正交,因此 n 自由度无阻

尼系统总有 n 个相互正交的主振型，由它们组成的振型矩阵能使质量矩阵和刚度矩阵同时对角化。

例 5.9 如图 5.8 所示两个质量都为 m 的球，用 7 根弹簧紧固在平面刚性的框架内，其他参数见图 5.8，试确定系统自由振动的表达式。

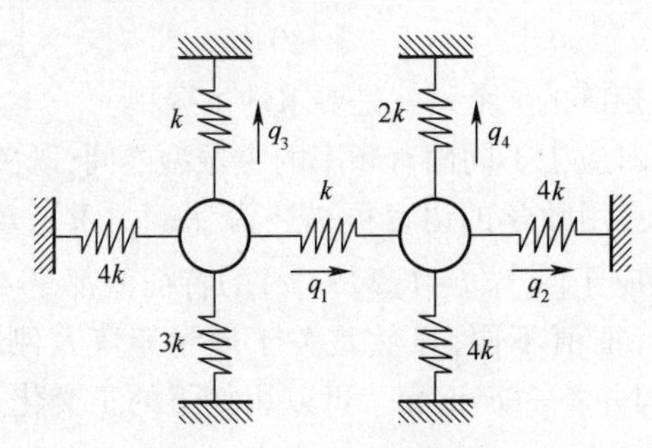

图 5.8　平面质量弹簧系统

解　系统的运动方程为

$$\begin{bmatrix} m & 0 & 0 & 0 \\ 0 & m & 0 & 0 \\ 0 & 0 & m & 0 \\ 0 & 0 & 0 & m \end{bmatrix}\begin{Bmatrix} \ddot{q}_1 \\ \ddot{q}_2 \\ \ddot{q}_3 \\ \ddot{q}_4 \end{Bmatrix} + \begin{bmatrix} 5k & -k & 0 & 0 \\ -k & 5k & 0 & 0 \\ 0 & 0 & 4k & 0 \\ 0 & 0 & 0 & 6k \end{bmatrix}\begin{Bmatrix} q_1 \\ q_2 \\ q_3 \\ q_4 \end{Bmatrix} = \begin{Bmatrix} 0 \\ 0 \\ 0 \\ 0 \end{Bmatrix}$$

为分析方便起见，令 $[H]=[M]^{-1}[K]$，$h=k/m$。这时，系统的特征值问题为

$$(\lambda[I]-[H])\{u\}=\{0\}$$

和

$$[f(\lambda)]=\lambda[I]-[H]=\begin{bmatrix} \lambda-5h & h & 0 & 0 \\ h & \lambda-5h & 0 & 0 \\ 0 & 0 & \lambda-4h & 0 \\ 0 & 0 & 0 & \lambda-6h \end{bmatrix}$$

系统的特征方程为

$$|f(\lambda)|=|\lambda[I]-[H]|=(\lambda-4h)^2(\lambda-6h)^2=0$$

系统的固有频率为 $\omega_{n1}=\omega_{n2}=2\sqrt{k/m}$，$\omega_{n3}=\omega_{n4}=\sqrt{6k/m}$。

$[f(\lambda)]$ 的伴随矩阵 $[F(\lambda)]$ 可以表示为

$$[F(\lambda)]=(\lambda-4h)(\lambda-6h)\begin{bmatrix} \lambda-5h & -h & 0 & 0 \\ -h & \lambda-5h & 0 & 0 \\ 0 & 0 & \lambda-6h & 0 \\ 0 & 0 & 0 & \lambda-4h \end{bmatrix}$$

显然当 $\lambda_1=\lambda_2=4h$，$\lambda_3=\lambda_4=6h$ 时，$[F(\lambda)]=[0]$。

$$\frac{\mathrm{d}[F(\lambda)]}{\mathrm{d}\lambda}=(\lambda-6h)\begin{bmatrix} \lambda-5h & -h & 0 & 0 \\ -h & \lambda-5h & 0 & 0 \\ 0 & 0 & \lambda-6h & 0 \\ 0 & 0 & 0 & \lambda-4h \end{bmatrix}+$$

$$(\lambda-4h)\begin{bmatrix}\lambda-5h & -h & 0 & 0\\ -h & \lambda-5h & 0 & 0\\ 0 & 0 & \lambda-6h & 0\\ 0 & 0 & 0 & \lambda-4h\end{bmatrix}+$$

$$(\lambda-4h)(\lambda-6h)\begin{bmatrix}1 & 0 & 0 & 0\\ 0 & 1 & 0 & 0\\ 0 & 0 & 1 & 0\\ 0 & 0 & 0 & 1\end{bmatrix}$$

$$[F(\lambda_1)]=[F(\lambda_2)]=h^2\begin{bmatrix}2 & 2 & 0 & 0\\ 2 & 2 & 0 & 0\\ 0 & 0 & 4 & 0\\ 0 & 0 & 0 & 0\end{bmatrix}=h^2\begin{bmatrix}1 & 0\\ 1 & 0\\ 0 & 1\\ 0 & 0\end{bmatrix}\begin{bmatrix}2 & -2 & 0 & 0\\ 0 & 0 & 4 & 0\end{bmatrix}$$

$$[F(\lambda_3)]=[F(\lambda_4)]=h^2\begin{bmatrix}2 & -2 & 0 & 0\\ -2 & 2 & 0 & 0\\ 0 & 0 & 0 & 0\\ 0 & 0 & 0 & 4\end{bmatrix}=h^2\begin{bmatrix}1 & 0\\ -1 & 0\\ 0 & 0\\ 0 & 1\end{bmatrix}\begin{bmatrix}2 & -2 & 0 & 0\\ 0 & 0 & 0 & 4\end{bmatrix}$$

则$[u]$为

$$[u]=\begin{bmatrix}1 & 0 & 1 & 0\\ 1 & 0 & -1 & 0\\ 0 & 1 & 0 & 0\\ 0 & 0 & 0 & 1\end{bmatrix}$$

则系统的自由振动表达式为

$$\begin{Bmatrix}q_1\\ q_2\\ q_3\\ q_4\end{Bmatrix}=\begin{bmatrix}1 & 0 & 1 & 0\\ 1 & 0 & -1 & 0\\ 0 & 1 & 0 & 0\\ 0 & 0 & 0 & 1\end{bmatrix}\begin{Bmatrix}A_1\sin(2\sqrt{k/m}t+\psi_1)\\ A_2\sin(2\sqrt{k/m}t+\psi_2)\\ A_3\sin(\sqrt{6k/m}t+\psi_3)\\ A_4\sin(\sqrt{6k/m}t+\psi_4)\end{Bmatrix}$$

例 5.10 如图 5.9 所示四自由度的质量弹簧系统,各个质量只能沿铅垂方向运动,而且有 $m_1=m_2=m_3=m_4=m$,所以弹簧的刚度都为 k,求系统的振型矩阵。

解 由影响系数法不难得到下列直接写出复杂质量弹簧系统的刚度矩阵的规则:对角元素 k_{ii}为连接在质量 m_i 上所有弹簧刚度的和;非对角元素 k_{ij}都是负值,大小等于直接连接质量 m_i 与 m_j 的弹簧刚度。

按图 5.9 中坐标系得到系统的运动微分方程为

$$[M]\{\ddot{x}\}+[K]\{x\}=\{0\}$$

其中

$$\{x\}=\begin{Bmatrix}x_1\\ x_2\\ x_3\\ x_4\end{Bmatrix},[M]=\begin{bmatrix}m & 0 & 0 & 0\\ 0 & m & 0 & 0\\ 0 & 0 & m & 0\\ 0 & 0 & 0 & m\end{bmatrix},[K]=\begin{bmatrix}4k & -k & -k & -k\\ -k & 3k & -k & 0\\ -k & -k & 4k & -k\\ -k & 0 & -k & 3k\end{bmatrix}$$

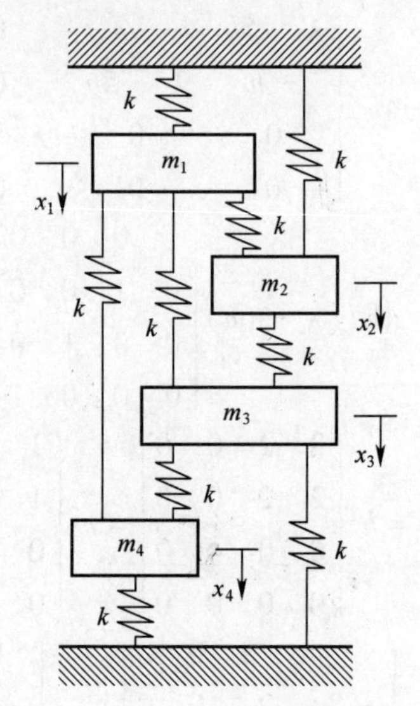

图 5.9　四自由度的质量弹簧系统

记 $\alpha=\frac{m}{k}\omega^2$，$\chi=|[k]-\omega^2[M]|$，用初等变换可将特征多项式化为

$$\frac{\chi}{k^4}=\begin{vmatrix}4-\alpha & -1 & -1 & -1\\ -1 & 3-\alpha & -1 & 0\\ -1 & -1 & 4-\alpha & -1\\ -1 & 0 & -1 & 3-\alpha\end{vmatrix}=\begin{vmatrix}1-\alpha & -1 & -1 & -1\\ 1-\alpha & 3-\alpha & -1 & 0\\ 1-\alpha & -1 & 4-\alpha & -1\\ 1-\alpha & 0 & -1 & 3-\alpha\end{vmatrix}$$

$$=(1-\alpha)\begin{vmatrix}1 & -1 & -1 & -1\\ 1 & 3-\alpha & -1 & 0\\ 1 & -1 & 4-\alpha & -1\\ 1 & 0 & -1 & 3-\alpha\end{vmatrix}=(1-\alpha)\begin{vmatrix}1 & -1 & -1 & -1\\ 0 & 4-\alpha & 0 & 1\\ 0 & 0 & 5-\alpha & 0\\ 0 & 1 & 0 & 4-\alpha\end{vmatrix}$$

$$=(1-\alpha)\begin{vmatrix}4-\alpha & 0 & 1\\ 0 & 5-\alpha & 0\\ 1 & 0 & 4-\alpha\end{vmatrix}=(1-\alpha)(3-\alpha)(5-\alpha)^2$$

因而特征值为

$$\omega_{n1}^2=\frac{k}{m},\quad \omega_{n2}^2=\frac{3k}{m},\quad \omega_{n3}^2=\omega_{n4}^2=\frac{5k}{m}$$

容易确定对应于 ω_{n1} 和 ω_{n2} 的主振型为

$$\{u\}_1=[1\quad 1\quad 1\quad 1]^{\mathrm{T}},\quad \{u\}_2=[0\quad -1\quad 0\quad 1]^{\mathrm{T}}$$

对应于 $\omega_{n3}^2=\omega_{n4}^2=\frac{5k}{m}$，将 $\alpha=5$ 代入下列方程

$$([K]-\omega^2[M])\{u\}=\{0\}$$

得

$$\begin{bmatrix} -1 & -1 & -1 & -1 \\ -1 & -2 & -1 & 0 \\ -1 & -1 & -1 & -1 \\ -1 & 0 & -1 & -2 \end{bmatrix} \begin{bmatrix} u_{e1} \\ u_{e2} \\ u_{e3} \\ u_{e4} \end{bmatrix} = \begin{bmatrix} 0 \\ 0 \\ 0 \\ 0 \end{bmatrix}$$

显然,第三个方程不独立,第四个方程可由第一个方程乘以 2 再减去第二个方程得到,故也不独立。划去后两个方程,并将前两个方程写为

$$\begin{bmatrix} -1 & -1 \\ -1 & -2 \end{bmatrix} \begin{bmatrix} u_{e1} \\ u_{e2} \end{bmatrix} + \begin{bmatrix} -1 & -1 \\ -1 & 0 \end{bmatrix} \begin{bmatrix} u_{e3} \\ u_{e4} \end{bmatrix} = \begin{bmatrix} 0 \\ 0 \end{bmatrix}$$

解出

$$\begin{bmatrix} u_{e1} \\ u_{e2} \end{bmatrix} = -\begin{bmatrix} -1 & -1 \\ -1 & -2 \end{bmatrix}^{-1} \begin{bmatrix} -1 & -1 \\ -1 & 0 \end{bmatrix} \begin{bmatrix} u_{e3} \\ u_{e4} \end{bmatrix} = \begin{bmatrix} -1 & -1 \\ -1 & 0 \end{bmatrix} \begin{bmatrix} u_{e3} \\ u_{e4} \end{bmatrix}$$

于是,我们用 u_{e3} 和 u_{e3} 表示全部振型,可以表示为

$$\begin{bmatrix} u_{e1} \\ u_{e2} \\ u_{e3} \\ u_{e4} \end{bmatrix} = -\begin{bmatrix} -1 & -2 \\ 0 & 1 \\ 1 & 0 \\ 0 & 1 \end{bmatrix} \begin{bmatrix} u_{e3} \\ u_{e4} \end{bmatrix}$$

记 $\{\overline{u}\}_3$、$\{\overline{u}\}_4$ 为对应二重特征值 $\omega_{n3}^2 = \omega_{n4}^2 = \dfrac{5k}{m}$ 的两个主振型,它们就等于上式右端 4×2 矩阵内的两个列,即

$$\{\overline{u}\}_3 = [-1 \quad 0 \quad 1 \quad 0]^{\mathrm{T}}, \quad \{\overline{u}\}_4 = [-2 \quad 1 \quad 0 \quad 1]^{\mathrm{T}}$$

不难验证,$\{\overline{u}\}_3$ 及 $\{\overline{u}\}_4$ 与 $\{\overline{u}\}_1$ 及 $\{\overline{u}\}_2$ 都关于 $[M]$ 和 $[K]$ 相互正交,但 $\{\overline{u}\}_3$ 与 $\{\overline{u}\}_4$ 之间不正交,因为

$$\{\overline{u}\}_3^{\mathrm{T}}[M]\{\overline{u}\}_4 = 2m \neq 0$$

为了从 $\{\overline{u}\}_3$、$\{\overline{u}\}_4$ 得到相互正交的 $\{u\}_3$、$\{u_4$,选取 $\{u_3\} = \{\overline{u}\}_3$,并令

$$\{u\}_4 = c_1\{u\}_3 + \{\overline{u}\}_4$$

对上式左乘 $\{\overline{u}\}_3^{\mathrm{T}}[M]$,解得

$$c_1 = -\frac{\{u\}_3^{\mathrm{T}}[M]\{\overline{u}\}_4}{\{u\}_3^{\mathrm{T}}[M]\{\overline{u}\}_3} = -1$$

于是,得

$$\{u\}_4 = -\{u\}_3 + \{\overline{u}\}_4 = [-1 \quad 1 \quad -1 \quad 1]^{\mathrm{T}}$$

最后,得到系统的振型矩阵为

$$[U] = [\{u\}_1 \quad \{u\}_2 \quad \{u\}_3 \quad \{u\}_4] = \begin{bmatrix} 1 & 0 & -1 & -1 \\ 1 & -1 & 0 & 1 \\ 1 & 0 & 1 & -1 \\ 1 & 1 & 0 & 1 \end{bmatrix}$$

5.7 无阻尼强迫振动和模态分析

一个 n 自由度无阻尼系统的强迫振动的运动方程可表示为

$$[M]\{\ddot{q}\}+[K]\{q\}=\{F(t)\} \tag{5.87}$$

式中：$\{F(t)\}$ 为外激励力向量。

常用的求解方法有复指数法、拉普拉斯变换法和模态分析方法：

（1）复指数法。如果外激励力是简谐激励力、周期激励力或不同频率的简谐激励力的某种组合时，可利用复指数法求解。

（2）拉普拉斯变换法。如果外激励是任意的时间函数，可利用拉普拉斯变换求解。

（3）模态分析方法。利用振型矩阵把描述系统运动的坐标从一般的广义坐标变换到主坐标（也称为模态坐标），把式（5.87）变换成一组 n 个独立的方程，求得系统在每个主坐标上的响应，然后再转换到系统在一般广义坐标上的响应。

为了利用模态分析方法对式（5.87）求解，首先要解矩阵 $[M]$ 和 $[K]$ 的特征值问题：

$$[M][u][\omega_{\mathrm{n}}^2]=[K][u] \tag{5.88}$$

选用对质量矩阵归一的正则坐标，有

$$\{q\}=[\mu]\{\eta\} \tag{5.89}$$

矩阵 $[\mu]$ 满足

$$[\mu]^{\mathrm{T}}[M][\mu]=[I],\quad [\mu]^{\mathrm{T}}[K][\mu]=[\omega_{\mathrm{n}}^2] \tag{5.90}$$

把式（5.89）代入式（5.87），得

$$[M][\mu]\{\ddot{\eta}\}+[K][\mu]\{\eta\}=\{F(t)\} \tag{5.91}$$

式（5.91）左乘 $[\mu]^{\mathrm{T}}$：

$$[\mu]^{\mathrm{T}}[M][\mu]\{\ddot{\eta}\}+[\mu]^{\mathrm{T}}[K][\mu]\{\eta\}=[\mu]^{\mathrm{T}}\{F(t)\} \tag{5.92}$$

即

$$\{\ddot{\eta}\}+[\omega_{\mathrm{n}}^2]\{\eta\}=\{N(t)\} \tag{5.93}$$

式中：$\{N(t)\}=[\mu]^{\mathrm{T}}\{F(t)\}$，表示沿正则坐标的激励力。

式（5.93）也可表示为

$$\ddot{\eta}_r+\omega_{\mathrm{n}r}^2\eta_r=N_r(t),\quad r=1,2,\cdots,n \tag{5.94}$$

式中：$N_r(t)$ 为沿第 r 个正则坐标作用的广义力激励力。

式（5.94）的 n 个方程是互相独立的 n 个方程，可作为 n 个独立的单自由度系统来处理。方程的特解为

$$\eta_r=\int_0^t h_r(t-\tau)N_r(\tau)\mathrm{d}\tau,\quad r=1,2,\cdots,n \tag{5.95}$$

式中：$h_r(t)$ 为系统第 r 阶模态的脉冲响应函数，有

$$h_r(t)=\frac{1}{\omega_{\mathrm{n}r}}\sin\omega_{\mathrm{n}r}t,\quad r=1,2,\cdots,n \tag{5.96}$$

把式（5.96）代入式（5.95），有

$$\eta_r=\frac{1}{\omega_{\mathrm{n}r}}\int_0^t \sin\omega_{\mathrm{n}r}(t-\tau)N_r(\tau)\mathrm{d}\tau,\quad r=1,2,\cdots,n \tag{5.97}$$

考虑到初始条件对系统的影响,式(5.87)的通解为

$$\eta_r = \eta_r(0)\cos\omega_{nr}t + \frac{\dot{\eta}_r(0)}{\omega_{nr}}\sin\omega_{nr}t + \frac{1}{\omega_{nr}}\int_0^t \sin\omega_{nr}(t-\tau)N_r(\tau)\mathrm{d}\tau,\quad r=1,2,\cdots,n \tag{5.98}$$

式中:$\eta_r(0)$,$\dot{\eta}_r(0)$为施加于第r阶正则坐标的初始条件,有

$$\{\eta_r(0)\} = [\mu]^{-1}\{q(0)\},\quad \{\dot{\eta}_r(0)\} = [\mu]^{-1}\{\dot{q}(0)\} \tag{5.99}$$

由此,得到广义坐标$\{q\}$的一般运动为

$$\begin{aligned}\{q(t)\} &= [\mu]\{\eta(t)\} = \sum_{r=1}^{n}\{\mu_r\}\eta_r(t)\\ &= \sum_{r=1}^{n}\left[\eta_r(0)\cos\omega_{nr}t + \frac{\dot{\eta}_r(0)}{\omega_{nr}}\sin\omega_{nr}t\right] + \sum_{r=1}^{n}\frac{\{u\}_r\{u\}_r^{\mathrm{T}}}{\omega_{nr}}\int_0^t F(\tau)\sin\omega_{nr}(t-\tau)\mathrm{d}\tau\end{aligned} \tag{5.100}$$

式(5.100)描述了系统过渡过程的运动。对于外激励力$F(t)$为简谐函数时,系统的稳态响应是指与外激励力相同频率的响应,对于周期激励力,还包含与其高次谐波有关响应。

例5.11 如图5.10所示系统受到$F_1(t)=0$,$F_2(t)=Fu(t)$的作用,$u(t)$是单位阶跃函数,试确定系统的响应。

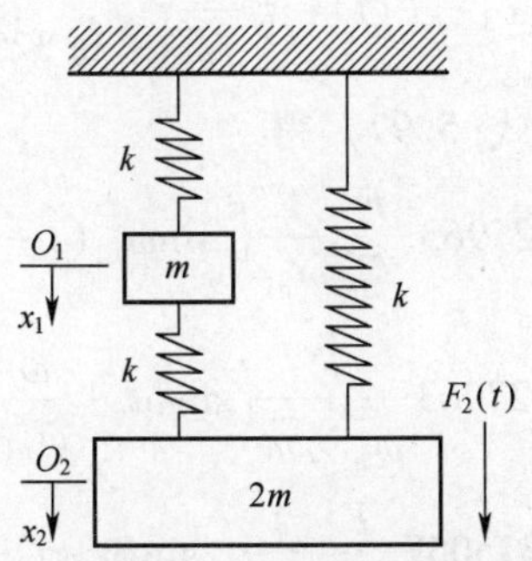

图5.10 质量弹簧系统

解 系统的运动方程为

$$m\begin{bmatrix}1 & 0\\0 & 2\end{bmatrix}\begin{Bmatrix}\ddot{x}_1\\ \ddot{x}_2\end{Bmatrix} + k\begin{bmatrix}2 & -1\\-1 & 2\end{bmatrix}\begin{Bmatrix}x_1\\x_2\end{Bmatrix} = \begin{Bmatrix}0\\Fu(t)\end{Bmatrix}$$

为了用模态分析方法求解,首先要解矩阵$[M]$和$[K]$的特征值问题,得

$$\omega_{n1} = 0.796266\sqrt{k/m},\quad \{u\}_1 = [1.0000000\quad 1.366025]^{\mathrm{T}}$$
$$\omega_{n2} = 1.238188\sqrt{k/m},\quad \{u\}_2 = [1.0000000\quad -0.366025]^{\mathrm{T}}$$

对于正则坐标(对质量矩阵归一),特征向量为

$$\{u\}_1 = \frac{1}{\sqrt{m}}\begin{Bmatrix}0.459701\\0.627963\end{Bmatrix},\quad \{u\}_2 = \frac{1}{\sqrt{m}}\begin{Bmatrix}0.888074\\-0.325057\end{Bmatrix}$$

因此,其振型矩阵为

$$[\mu] = \frac{1}{\sqrt{m}}\begin{bmatrix}0.459701 & 0.888074\\0.627963 & -0.325057\end{bmatrix}$$

进行线性变换 $\{x\}=[\mu]\{\eta\}$，并得到

$$\{N(t)\}=[\mu]^{\mathrm{T}}\{F(t)\}=\frac{F}{\sqrt{m}}\begin{Bmatrix}0.627963\\-0.325057\end{Bmatrix}u(t)$$

把 $\{N_1(t)\}$ 和 $\{N_2(t)\}$ 分别代入式(5.97)，得

$$\eta_1(t)=0.627963\frac{F}{\sqrt{m}}\frac{1}{\omega_{n1}}\int_0^t u(\tau)\sin\omega_{n1}(t-\tau)\mathrm{d}\tau=0.627963\frac{F}{\sqrt{m}}\frac{1}{\omega_{n1}^2}(1-\cos\omega_{n1}t)$$

$$\eta_2(t)=-0.325057\frac{F}{\sqrt{m}}\frac{1}{\omega_{n2}}\int_0^t u(\tau)\sin\omega_{n2}(t-\tau)\mathrm{d}\tau=-0.325057\frac{F}{\sqrt{m}}\frac{1}{\omega_{n2}^2}(1-\cos\omega_{n2}t)$$

最后，由 $\{x\}=[\mu]\{\eta\}$，得

$$x_1(t)=\frac{F}{m}\left[0.459701\times0.627963\frac{1}{\omega_{n1}^2}(1-\cos\omega_{n1}t)-0.888074\times0.325057\frac{1}{\omega_{n2}^2}(1-\cos\omega_{n2}(t))\right]$$

$$x_2(t)=\frac{F}{m}\left[0.627963^2\frac{1}{\omega_{n1}^2}(1-\cos\omega_{n1}(t))+0.325057^2\frac{1}{\omega_{n2}^2}(1-\cos\omega_{n2}t)\right]$$

例 5.12 若例 5.11 的系统受到 $F_1(t)=0, F_2(t)=F\sin\omega t$ 的作用，试确定系统的响应。

解 正则化的激励力为

$$\{N(t)\}=[\mu]^{\mathrm{T}}\{F(t)\}=\frac{F}{\sqrt{m}}\begin{Bmatrix}0.627963\\-0.325057\end{Bmatrix}\sin\omega t$$

把 $\{N_1(t)\}$ 和 $\{N_2(t)\}$ 分别代入式(5.97)，得

$$\eta_1(t)=0.627963\frac{F}{\sqrt{m}}\frac{1}{\omega_{n1}}\int_0^t\sin\omega_{n1}(t-\tau)\sin\omega\tau\mathrm{d}\tau$$

$$=0.627963\frac{F}{\omega_{n1}^2\sqrt{m}}\left(\sin\omega t-\frac{\omega}{\omega_{n1}}\sin\omega_{n1}t\right)\frac{\omega_{n1}^2}{\omega_{n1}^2-\omega}$$

$$\eta_2(t)=-0.325057\frac{F}{\sqrt{m}}\frac{1}{\omega_{n2}}\int_0^t\sin\omega_{n2}(t-\tau)\sin\omega\tau\mathrm{d}\tau$$

$$=-0.325057\frac{F}{\omega_{n2}^2\sqrt{m}}\left(\sin\omega t-\frac{\omega}{\omega_{n2}}\sin\omega_{n2}t\right)\frac{\omega_{n2}^2}{\omega_{n2}^2-\omega}$$

最后，由 $\{x\}=[\mu]\{\eta\}$，有

$$x_1(t)=\frac{F}{m}\left[0.459701\times0.627963\frac{1}{\omega_{2n1}}\left(\sin\omega t-\frac{\omega}{\omega_{n1}}\sin\omega_{n1}t\right)\frac{\omega_{n1}^2}{\omega_{n1}^2-\omega}-\right.$$

$$\left.0.888074\times0.325057\frac{1}{\omega_{n2}^2}\left(\sin\omega t-\frac{\omega}{\omega_{n2}}\sin\omega_{n2}t\right)\frac{\omega_{n2}^2}{\omega_{n2}^2-\omega}\right]$$

$$x_2(t)=\frac{F}{m}\left[0.627963^2\frac{1}{\omega_{2n1}}\left(\sin\omega t-\frac{\omega}{\omega_{n1}}\sin\omega_{n1}t\right)\frac{\omega_{n1}^2}{\omega_{n1}^2-\omega}+\right.$$

$$\left.0.325057^2\frac{1}{\omega_{n2}^2}\left(\sin\omega t-\frac{\omega}{\omega_{n2}}\sin\omega_{n2}t\right)\frac{\omega_{n2}^2}{\omega_{n2}^2-\omega}\right]$$

由式(5.97)得到的解，包含有激励力施加于系统的时刻($t=0$)引起的响应。若只考

虑强迫振动的稳态响应,则只取 $\sin\omega t$ 项。

5.8 对基础运动的响应

如图 5.11 所示的系统,其基础有一运动 $q_g(t)$。系统的运动方程为

$$m_1\ddot{q}_1 + k_1(q_1 - q_g) + k_2[(q_1 - q_g) - (q_2 - q_g)] = 0$$
$$m_2\ddot{q}_2 + k_2[(q_2 - q_g) - (q_1 - q_g)] = 0 \tag{5.101}$$

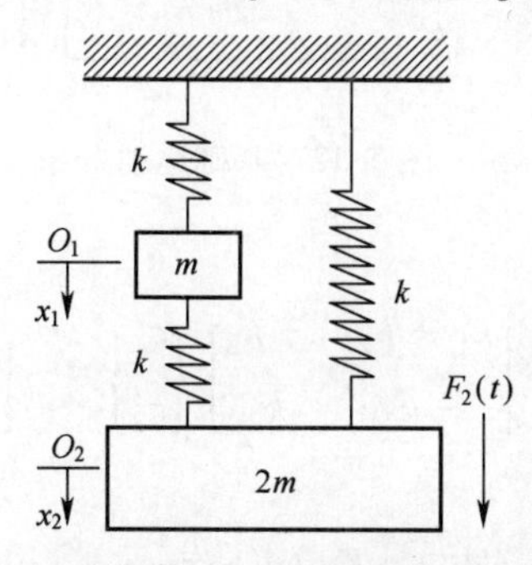

图 5.11 基础运动

整理后,写成矩阵形式,有

$$\begin{bmatrix} m_1 & 0 \\ 0 & m_2 \end{bmatrix}\begin{Bmatrix} \ddot{q}_1 \\ \ddot{q}_2 \end{Bmatrix} + \begin{bmatrix} k_1 + k_2 & -k_2 \\ -k_2 & k_2 \end{bmatrix}\begin{Bmatrix} q_1 - q_g \\ q_2 - q_g \end{Bmatrix} = \begin{Bmatrix} 0 \\ 0 \end{Bmatrix} \tag{5.102}$$

令

$$\{q'\} = \begin{Bmatrix} q_1 - q_g \\ q_2 - q_g \end{Bmatrix} = \begin{Bmatrix} q_1 \\ q_2 \end{Bmatrix} - \begin{Bmatrix} q_g \\ q_g \end{Bmatrix} = \begin{Bmatrix} q_1 \\ q_2 \end{Bmatrix} - \begin{Bmatrix} 1 \\ 1 \end{Bmatrix} q_g = \{q\} - \{1\} q_g$$

则式(5.102)可以表示为

$$[M]\{\ddot{q}\} + [K]\{q'\} = \{0\} \tag{5.103}$$

或

$$[M]\{\ddot{q}\} + [K]\{q\} = [K]\{1\}q_g \tag{5.104}$$

令

$$\{F_g(t)\} = [K]\{1\}q_g$$

式(5.104)可改写为

$$[M]\{\ddot{q}\} + [K]\{q\} = \{F_g(t)\} \tag{5.105}$$

式中:$\{F_g(t)\}$ 为因基础运动而施加于各坐标的等效载荷。

有时,基础运动以加速度 $\ddot{q}_g(t)$ 表示,如图 5.12 所示。基础的坐标为 q_1' 和 q_2'。系统的运动方程为

$$m_1(\ddot{q}_1' + \ddot{q}_g) + k_1 q_1' + k_2(q_1' - q_2') = 0$$
$$m_2(\ddot{q}_2' + \ddot{q}_g) + k_2(q_2' - q_1') = 0$$

写成矩阵形式

$$\begin{bmatrix} m_1 & 0 \\ 0 & m_2 \end{bmatrix}\begin{Bmatrix} \ddot{q}_1' + \ddot{q}_g \\ \ddot{q}_2' + \ddot{q}_g \end{Bmatrix} + \begin{bmatrix} k_1 + k_2 & -k_2 \\ -k_2 & k_2 \end{bmatrix}\begin{Bmatrix} q_1' \\ q_2' \end{Bmatrix} = \begin{Bmatrix} 0 \\ 0 \end{Bmatrix} \tag{5.106}$$

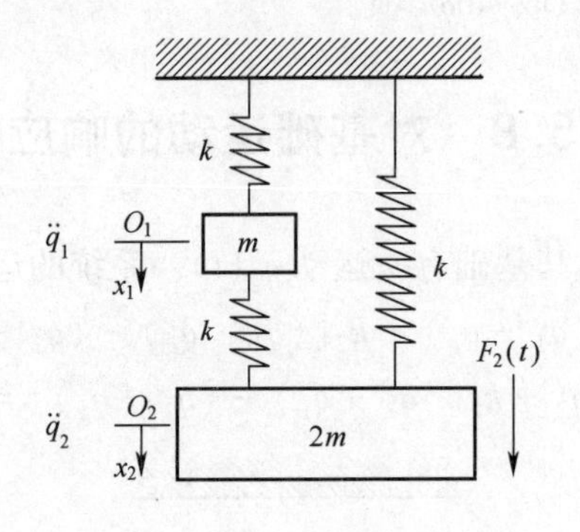

图 5.12　基础运动

整理，得

$$\begin{bmatrix} m_1 & 0 \\ 0 & m_2 \end{bmatrix}\begin{Bmatrix} \ddot{q}_1' \\ \ddot{q}_2' \end{Bmatrix} + \begin{bmatrix} k_1 + k_2 & -k_2 \\ -k_2 & k_2 \end{bmatrix}\begin{Bmatrix} q_1' \\ q_2' \end{Bmatrix} = -\begin{bmatrix} m_1 & 0 \\ 0 & m_2 \end{bmatrix}\begin{Bmatrix} 1 \\ 1 \end{Bmatrix}\ddot{q}_g \tag{5.107}$$

即

$$[M]\{\ddot{q}'\} + [K]\{q'\} = -[M]\{1\}\ddot{q}_g \tag{5.108}$$

令

$$\{F_g'(t)\} = -[M]\{1\}\ddot{q}_g$$

则有

$$[M]\{\ddot{q}'\} + [K]\{q'\} = \{F_g'(t)\} \tag{5.109}$$

式(5.105)和式(5.109)与式(5.87)的形式上完全相同，求解方法也完全相同。

由式(5.109)解得的是相对坐标$\{q'\}$的响应，而绝对坐标$\{q\} = \{q'\} + \{1\}q_g$。要确定$q_g$，还必须知道$q_g(0)$和$\dot{q}_g(0)$。

5.9　有阻尼系统振动基础

前面各节讨论了无阻尼多自由度系统的自由振动和强迫振动，而在实际机械系统中，总是存在各种阻尼力的作用。由于阻尼力的机理比较复杂，迄今对它的研究还不充分。在进行振动分析计算时，往往采用线性黏性阻尼模型，即使各种阻尼力简化为与速度成正比。黏性阻尼系数往往按工程中的实际结果拟合，拟合的方法已在前面的章节中初步做了介绍，在后面还会进一步介绍有关的测试与拟合技巧。

为了具有一般性，我们考虑n自由度黏性阻尼系统，其运动方程为

$$[M]\{\ddot{q}\} + [C]\{\dot{q}\} + [K]\{q\} = \{F(t)\} \tag{5.110}$$

式中：质量矩阵$[M]$、阻尼矩阵$[C]$和刚度矩阵$[K]$通常都是对称矩阵。

求解式(5.110)的方法有复指数法、拉普拉斯变换法和模态分析法3种：**复指数法**适用于简谐激励力和周期激励力；**拉普拉斯变换法**适用于激励力为任意时间函数的情况。**模态分析法**是利用振型矩阵把描述系统运动的坐标从一般的广义坐标变换到主坐标（也称为模态坐标），将式(5.110)变换成一组n个独立的方程，求得系统在每个主坐标上的响应，然后再把得到的系统响应转换到广义坐标上。

5.9.1 比例黏性阻尼和实模态理论

在有些情况下,系统的阻尼是弹性材料的一种性质,而不是离散的阻尼元件。这时,可以把系统模型简化为每个弹簧并联当作一个黏性阻尼器,其阻尼系数与弹簧常数成正比,有

$$[C] = \beta[K] \tag{5.111}$$

在有些情况下,系统的阻尼作用于每个质量,其阻尼系数与质量的大小成正比,有

$$[C] = \alpha[M] \tag{5.112}$$

对于更一般的情况,有

$$[C] = \alpha[M] + \beta[K] \tag{5.113}$$

这时系统的运动方程为

$$[M]\{\ddot{q}\} + (\alpha[M] + \beta[K])\{\dot{q}\} + [K]\{q\} = \{F(t)\} \tag{5.114}$$

根据式(5.114)的质量矩阵$[M]$和刚度矩阵$[K]$,可以得到系统对应的无阻尼正则变换的振型$[\mu]$。把

$$\{q\} = [\mu]\{\eta\}$$

代入式(5.114),有

$$[M][\mu]\{\ddot{\eta}\} + (\alpha[M] + \beta[K])[\mu]\{\dot{\eta}\} + [K][\mu]\{\eta\} = \{F(t)\} \tag{5.115}$$

用$[\mu]^{\mathrm{T}}$左乘式(5.115),得

$$[\mu]^{\mathrm{T}}[M][\mu]\{\ddot{\eta}\} + [\mu]^{\mathrm{T}}(\alpha[M] + \beta[K])[\mu]\{\dot{\eta}\} + [\mu]^{\mathrm{T}}[K][\mu]\{\eta\} = [\mu]^{\mathrm{T}}\{F(t)\} \tag{5.116}$$

即

$$\{\ddot{\eta}\} + (\alpha[I] + \beta[\omega_{\mathrm{n}}^2])\{\dot{\eta}\} + [\omega_{\mathrm{n}}^2]\{\eta\} = \{N(t)\} \tag{5.117}$$

或

$$\{\ddot{\eta}_r\} + (\alpha + \beta\omega_{\mathrm{n}r}^2)\{\dot{\eta}_r\} + [\omega_{\mathrm{n}r}^2]\{\eta_r\} = \{N_r(t)\},\quad r = 1,2,\cdots,n \tag{5.118}$$

第 r 阶模态阻尼和阻尼比为

$$c_r = \alpha + \beta\omega_{\mathrm{n}r}^2,\quad \zeta_r = \frac{\alpha + \beta\omega_{\mathrm{n}r}^2}{2\omega_{\mathrm{n}r}},\quad r = 1,2,\cdots,n \tag{5.119}$$

利用无阻尼系统实振型矩阵$[\mu]$,使 n 自由度有阻尼系统的运动方程解耦,使质量、刚度和阻尼矩阵实现对角化,化为一组 n 个相互独立的方程,从而得到方程的解,这种理论称为**实模态理论**。

式(5.118)的特解为

$$\eta_r = \int_0^t N_r(\tau)h_r(t-\tau)\mathrm{d}\tau,\quad r = 1,2,\cdots,n \tag{5.120}$$

式中:$h_r(t)$为第 r 阶模态的脉冲响应函数,有

$$h_r(t) = \frac{1}{\omega_{\mathrm{d}r}}\mathrm{e}^{\zeta_r\omega_{\mathrm{n}r}t}\sin\omega_{\mathrm{d}r}t,\quad r = 1,2,\cdots,n \tag{5.121}$$

式中:$\omega_{\mathrm{d}r}$为第 r 阶有阻尼固有频率,有

$$\omega_{\mathrm{d}r} = \sqrt{1-\zeta_r^2}\,\omega_{\mathrm{n}}r,\quad r = 1,2,\cdots,n \tag{5.122}$$

把式(5.121)代入式(5.120),得

$$\eta_r = \frac{1}{\omega_{dr}}\int_0^t N_r(\tau)\mathrm{e}^{-\zeta_r\omega_{nr}(t-\tau)}\sin\omega_{dr}(t-\tau)\mathrm{d}\tau$$

$$= \frac{1}{\omega_{dr}}\int_0^t [\mu]^{\mathrm{T}}\{F(\tau)\}\mathrm{e}^{-\zeta_r\omega_{nr}(t-\tau)}\sin\omega_{dr}(t-\tau)\mathrm{d}\tau, \quad r = 1,2,\cdots,n \tag{5.123}$$

根据初始条件式$\{q(0)\}$和$\{\dot{q}(0)\}$,式(5.118)的通解为

$$\eta_r = \mathrm{e}^{-\zeta_r\omega_{nr}t}\left[\eta_r(0)\cos\omega_{dr}t + \frac{\dot{\eta}_r(0) + \zeta_r\omega_{nr}\eta_r(0)}{\omega_{dr}}\sin\omega_{dr}t\right]$$

$$= \frac{1}{\omega_{dr}}\int_0^t N_r(\tau)\mathrm{e}^{-\zeta_r\omega_{nr}(t-\tau)}\sin\omega_{dr}(t-\tau)\mathrm{d}\tau, \quad r = 1,2,\cdots,n \tag{5.124}$$

式中初始条件$\{q(0)\}$和$\{\dot{q}(0)\}$的表达式由式

$$\{\eta(0)\} = [\mu]^{-1}\{q(0)\}, \quad \{\dot{\eta}(0)\} = [\mu]^{-1}\{\dot{q}(0)\} \tag{5.125}$$

给出。

式(5.114)的通解为

$$\{q\} = [\mu]\{\eta\} = \sum_{r=1}^{n}\{\eta\}_r\eta_r \tag{5.126}$$

表示了比例黏性阻尼系统运动的一般形式。

分析表明,除比例黏性阻尼外,利用系统的无阻尼振型矩阵$[\mu]$或$[u]$使系统的阻尼矩阵实现对角化的充要条件为

$$[C][M]^{-1}[K] = [K][M]^{-1}[C] \tag{5.127}$$

5.9.2 非比例黏性阻尼和复模态理论

利用具有非比例黏性阻尼的系统,其阻尼矩阵$[C]$一般不能利用系统的无阻尼振型矩阵$[\mu]$或$[u]$实现对角化。为了对更一般的情况进行模态分析,产生了复模态理论。

具有非比例黏性阻尼的n自由度系统的运动方程为

$$[M]\{\ddot{q}\} + [C]\{\ddot{q}\} + [K]\{q\} = \{F(t)\} \tag{5.128}$$

引入一个辅助方程

$$[M]\{\dot{q}\} - [M]\{\dot{q}\} = \{0\} \tag{5.129}$$

把式(5.128)和式(5.129)组合起来,有

$$\begin{bmatrix}[C] & [M]\\ [M] & [0]\end{bmatrix}\begin{Bmatrix}\{\dot{q}\}\\ \{\ddot{q}\}\end{Bmatrix} + \begin{bmatrix}[K] & [0]\\ [0] & -[M]\end{bmatrix}\begin{Bmatrix}\{q\}\\ \{\dot{q}\}\end{Bmatrix} = \begin{Bmatrix}\{F(t)\}\\ \{0\}\end{Bmatrix} \tag{5.130}$$

或

$$[A]\{\dot{y}\} - [B]\{y\} = \{E(t)\} \tag{5.131}$$

式中

$$[A] = \begin{bmatrix}[C] & [M]\\ [M] & [0]\end{bmatrix}, \quad [B] = \begin{bmatrix}[K] & [0]\\ [0] & -[M]\end{bmatrix}$$

$$\{E(t)\} = \begin{Bmatrix}\{F(t)\}\\ \{0\}\end{Bmatrix}, \quad \{y\} = \begin{Bmatrix}\{q\}\\ \{\dot{q}\}\end{Bmatrix}$$

式(5.130)和式(5.131)是系统的状态方程表达式。$\{y\}$为系统的状态向量,为$2n\times1$的列向量。$[M]$、$[C]$、$[K]$为实对称矩阵,矩阵$[A]$、$[B]$是$2n\times2n$的实对称矩阵。

为了使式(5.130)和式(5.131)解耦,即使矩阵$[A]$和$[B]$实现对角化,就要进行坐标变换,确定变换矩阵。为此,与无阻尼系统相同,要研究系统的自由振动方程

$$[A]\{\dot{y}\}-[B]\{y\}=\{0\} \tag{5.132}$$

确定系统的特征值和特征向量。

假定式(5.132)的解具有下列形式

$$\{y(t)\}=\{\psi\}e^{\lambda t} \tag{5.133}$$

把式(5.133)代入式(5.132),得

$$(\lambda[A]+[B])\{\psi\}=\{0\} \tag{5.134}$$

或

$$[B]\{\psi\}=-\lambda[A]\{\psi\} \tag{5.135}$$

式(5.134)和式(5.135)就是矩阵$[A]$和$[B]$的特征值问题的方程。因而系统的特征方程或频率方程为

$$|\lambda[A]+[B]|=0 \tag{5.136}$$

由于矩阵$[A]$和$[B]$是$2n\times 2n$阶矩阵,可得$2n$个特征值$\lambda_r(r=1,2,\cdots,2n)$。一般的系统的特征值可以是实数、虚数和复数。

根据假设,矩阵$[M]$、$[C]$和$[K]$是实对称矩阵,$[C]$为正定矩阵时,特征值将为负实根或具有负实部的复根。

对于欠阻尼系统,复特征值将共轭成对出现。每一个特征值λ_r对应有一个特征向量$\{\psi\}_r(r=1,2,\cdots,2n)$。如果特征值为共轭复根$\lambda_r$和$\lambda_r^*$,$(r=1,2,\cdots,n)$,则对应的特征向量也为共轭向量$\{\psi\}_r$和$\{\psi^*\}_r(r=1,2,\cdots,n)$。

系统的特征值矩阵和特征向量矩阵分别为

$$[\Lambda]=\begin{bmatrix}\lambda_1 & & & & & 0\\ & \ddots & & & & \\ & & \lambda_n & & & \\ & & & \lambda_1^* & & \\ & & & & \ddots & \\ 0 & & & & & \lambda_n^*\end{bmatrix} \tag{5.137}$$

$$[\psi]=[\{\psi\}_1\ \cdots\ \{\psi\}_n\ \ \{\psi^*\}_1\ \cdots\ \{\psi^*\}_n] \tag{5.138}$$

这时,系统的特征值问题又可表示为

$$[B][\psi]=-[A][\psi][\Lambda] \tag{5.139}$$

考虑到$\{y\}=\begin{Bmatrix}\{q\}\\ \{\dot{q}\}\end{Bmatrix}$,$\{y\}=\{\psi\}e^{\lambda t}$,若

$$\{q\}=\{\varphi\}e^{\lambda t}\ \Rightarrow\ \{\dot{q}\}=\lambda\{\varphi\}e^{\lambda t} \tag{5.140}$$

因此

$$\{\psi\}_r=\begin{Bmatrix}\{\varphi\}_r\\ \lambda_r\{\varphi\}_r\end{Bmatrix},\quad r=1,2,\cdots,2n \tag{5.141}$$

所以

$$[\psi]=\begin{bmatrix}[\varphi]\\ [\varphi][\Lambda]\end{bmatrix} \tag{5.142}$$

式中

$$[\varphi]=[\{\varphi\}_1 \quad \cdots \quad \{\varphi\}_n \quad \{\varphi^*\}_1 \quad \cdots \quad \{\varphi^*\}_n] \tag{5.143}$$

$\{\varphi\}_r$ 与坐标$\{q\}$相关,称$[\varphi]$为模态矩阵。特征值 λ_r 和 λ_r^* 可以表示为

$$\{\lambda\}_r=\sigma_r+\mathrm{j}\omega_{\mathrm{d}r},\{\lambda\}_r^*=\sigma_r-\mathrm{j}\omega_{\mathrm{d}r},r=1,2,\cdots,n \tag{5.144}$$

采用与证明无阻尼系统特征向量正交相同的方法,可以证明各特征向量的正交性关系为

$$\begin{cases}\{\psi\}_r^{\mathrm{T}}[A]\{\psi\}_r=0\\ \{\psi\}_r^{\mathrm{T}}[B]\{\psi\}_r=0\end{cases} \quad (r\neq s) \tag{5.145}$$

$$\begin{cases}\{\psi\}_r^{\mathrm{T}}[A]\{\psi\}_r=a_r\\ \{\psi\}_r^{\mathrm{T}}[B]\{\psi\}_r=b_r\end{cases} \quad (r=s) \tag{5.146}$$

由式(5.145)和式(5.146),得

$$\begin{cases}\{\psi\}^{\mathrm{T}}[A]\{\psi\}=[A]\\ \{\psi\}^{\mathrm{T}}[B]\{\psi\}=[B]\end{cases} \tag{5.147}$$

矩阵$[A]$和$[B]$为 $2n\times2n$ 对角矩阵,根据式(5.139),有

$$[B]=-[A][\Lambda]\Rightarrow[\Lambda]=-[A]^{-1}[B] \tag{5.148}$$

或

$$\lambda_r=-\frac{b_r}{a_r},r=1,2,\cdots,2n \tag{5.149}$$

由式(5.141)、式(5.147)和式(5.148),考虑到矩阵$[A]$和$[B]$的组成,可得到系统模态矩阵之间的加权正交关系

$$\begin{cases}[\varphi]^{\mathrm{T}}[K][\varphi]-[\Lambda][\varphi]^{\mathrm{T}}[M][\varphi][\Lambda]=[B]\\ [\varphi]^{\mathrm{T}}[C][\varphi]+[\varphi]^{\mathrm{T}}[M][\varphi][\Lambda]+[\Lambda][\varphi]^{\mathrm{T}}[M][\varphi]=[A]\end{cases} \tag{5.150}$$

或

$$\begin{cases}\{\psi\}_s^{\mathrm{T}}[(\lambda_s+\lambda_r)[M]+[C]]\{\psi\}_r=0(r\neq s)\\ \{\psi\}_s^{\mathrm{T}}(\lambda_s+\lambda_r)[M]-[K]]\{\psi\}_r=0(r\neq s)\\ \{\psi\}_s^{\mathrm{T}}(2\lambda_r[M]+[C])\{\psi\}_r=a_r(r=s)\\ \{\psi\}_s^{\mathrm{T}}(\lambda_r^2[M]-[K])\{\psi\}_r=-b_r(r=s)\end{cases} \tag{5.151}$$

下面用模态分析方法来研究系统的自由振动和强迫振动。系统自由振动的状态方程为

$$[A]\{\dot{y}\}+[B]\{y\}=\{0\} \tag{5.152}$$

利用特征向量矩阵$[\psi]$进行交换

$$\{y\}=[\psi]\{z\} \tag{5.153}$$

把式(5.153)代入式(5.152)并左乘$[\psi]^{\mathrm{T}}$,得

$$[A]\{\dot{z}\}+[B]\{z\}=\{0\} \tag{5.154}$$

即

$$a_r\dot{z}_r + b_r z_r = 0 \quad (r = 1,2,\cdots,2n) \tag{5.155}$$

或

$$\dot{z}_r - \lambda_r z_r = 0 \quad (r = 1,2,\cdots,2n) \tag{5.156}$$

方程的解为

$$z_r(t) = z_{r0}\mathrm{e}^{\lambda_r t} \quad (r = 1,2,\cdots,2n) \tag{5.157}$$

因此

$$\{y(t)\} = \begin{Bmatrix} \{q\} \\ \{\dot{q}\} \end{Bmatrix} = [\psi]\{z(t)\} = \sum_{r=1}^{2n}\{\psi\}_r z_r(t) = \sum_{r=1}^{2n}\{\psi\}_r z_{r0}\mathrm{e}^{\lambda_r t} \tag{5.158}$$

式中:待定常数 z_{r0},$r=1,2,\cdots,2n$,由初始条件$\{y(0)\}$确定,有

$$\{z(0)\} = [\psi]^{-1}\{y(0)\} \tag{5.159}$$

由式(5.158)和式(5.141)可得自由振动的位移表达式为

$$\{q(t)\} = \sum_{r=1}^{2n}\{\varphi\}_r z_{r0}\mathrm{e}^{\lambda_r t} \tag{5.160}$$

系统强迫振动的状态方程为

$$[A]\{\dot{y}\} + [B]\{y\} = \{E(t)\} \tag{5.161}$$

对式(5.161)进行式(5.153)的交换,利用正交性关系式(5.147),得

$$[A]\{\dot{z}\} + [B]\{z\} = \{N(t)\} \tag{5.162}$$

式中

$$\{N(t)\} = [\psi]^{\mathrm{T}}\{E(t)\} \tag{5.163}$$

式(5.162)也可表示为

$$a_r\dot{z}_r + b_r z_r = N_r(t) \quad (r = 1,2,\cdots,2n) \tag{5.164}$$

或

$$\dot{z}_r - \lambda_r z_r = a_r^{-1}N_r(t) \quad (r = 1,2,\cdots,2n) \tag{5.165}$$

式(5.165)的特解为

$$z_r(t) = \frac{1}{a_r}\int_0^t h_r(t-\tau)N_r(\tau)\mathrm{d}\tau \quad (r = 1,2,\cdots,2n) \tag{5.166}$$

式中

$$h_r(t) = a_r^{-1}\mathrm{e}^{\lambda_r t} \quad (r = 1,2,\cdots,2n) \tag{5.167}$$

是系统的脉冲响应函数。

因而式(5.161)的特解为

$$\{y(t)\}_s = [\psi]\{z(t)\} = \sum_{r=1}^{2n}\{\psi\}_r z_r(t) = \sum_{r=1}^{2n}\frac{\{\psi\}_r}{a_r}\int_0^t \mathrm{e}^{\lambda_r(t-\tau)}N_r(\tau)\mathrm{d}\tau \tag{5.168}$$

系统特解的位移表达式为

$$\{q(t)\}_s = \sum_{r=1}^{2n}a_r^{-1}\{\psi\}_r\int_0^t \mathrm{e}^{\lambda_r(t-\tau)}N_r(\tau)\mathrm{d}\tau \tag{5.169}$$

式(5.161)的通解为

$$\{y(t)\} = \sum_{r=1}^{2n}\{\psi\}_r\left[z_{r0}\mathrm{e}^{\lambda_r t} + a_r^{-1}\int_0^t \mathrm{e}^{\lambda_r(t-\tau)}N_r(\tau)\mathrm{d}\tau\right] \tag{5.170}$$

位移表达式为

$$\{q(t)\} = \sum_{r=1}^{2n} \{\varphi\}_r [z_{r0} e^{\lambda_r t} + \frac{1}{a_r}\int_0^t e^{\lambda_r(t-\tau)} N_r(\tau) d\tau] \tag{5.171}$$

由于

$$\{N(t)\} = [\psi]^{\mathrm{T}}\{E(t)\} = \begin{bmatrix} [\varphi] \\ [\varphi][\Lambda] \end{bmatrix} \begin{Bmatrix} \{F(t)\} \\ \{0\} \end{Bmatrix} = [\varphi]^{\mathrm{T}}\{F(t)\} \tag{5.172}$$

所以系统在受到初始条件 $\{q(0)\} = \{q_0\}$，$\{\dot{q}(0)\} = \{\dot{q}_0\}$ 和外激励力 $\{F(t)\}$ 作用时，运动的一般表达式为

$$\{q(t)\} = \sum_{r=1}^{2n} \{\varphi\}_r [z_{r0} e^{\lambda_r t} + \frac{\{\varphi\}_r^{\mathrm{T}}}{a_r}\int_0^t F(\tau) e^{\lambda_r(t-\tau)} d\tau] \tag{5.173}$$

例 5.13 图 5.13 所示为有阻尼的质量弹簧系统，而且有 $m_1 = m_2 = m_3 = m$，$k_1 = k_2 = k_3 = k$，各质量上作用的激励力为 $F_1(t) = F_2(t) = F_3(t) = F\sin\omega t$（其中 $\omega = 1.25\sqrt{k/m}$），各阶正则振型的相对阻尼系数 $\zeta_{N1} = \zeta_{N2} = \zeta_{N3} = \zeta = 0.01$，试用振型叠加法求各质量的强迫振动稳态响应。

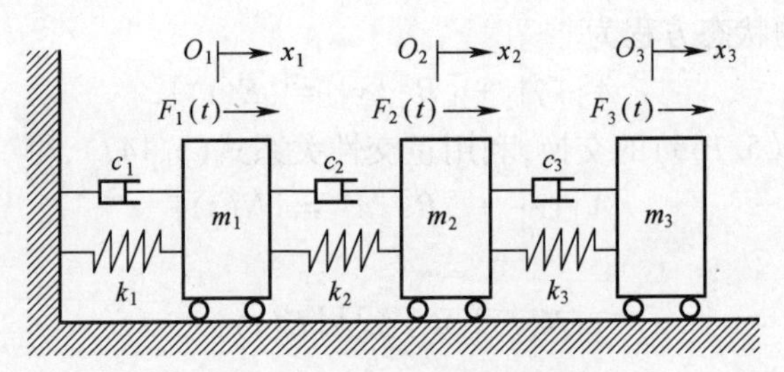

图 5.13　有阻尼质量弹簧系统

解　不难列出系统的振动方程为

$$[M]\{\ddot{x}\} + [C]\{\ddot{x}\} + [K]\{x\} = \{F\}\sin\omega t$$

其展开式为

$$\begin{bmatrix} m & 0 & 0 \\ 0 & m & 0 \\ 0 & 0 & m \end{bmatrix} \begin{Bmatrix} \ddot{x}_1 \\ \ddot{x}_2 \\ \ddot{x}_3 \end{Bmatrix} + \begin{bmatrix} c_1 + c_2 & -c_2 & 0 \\ -c_2 & c_2 + c_3 & -c_3 \\ 0 & -c_3 & c_3 \end{bmatrix} \begin{Bmatrix} \dot{x}_1 \\ \dot{x}_2 \\ \dot{x}_3 \end{Bmatrix} + \begin{bmatrix} 2k & -k & 0 \\ -k & 2k & -k \\ 0 & -k & k \end{bmatrix} \begin{Bmatrix} x_1 \\ x_2 \\ x_3 \end{Bmatrix} = \begin{Bmatrix} F_1\sin\omega t \\ F_2\sin\omega t \\ F_3\sin\omega t \end{Bmatrix}$$

根据前面给出的方法，可求得系统的固有频率和振型矩阵分别为

$$\omega_{n1} = 0.445\sqrt{\frac{k}{m}}, \omega_{n2} = 1.247\sqrt{\frac{k}{m}}, \omega_{n3} = 1.802\sqrt{\frac{k}{m}}, [A_p] = \begin{bmatrix} 0.445 & -1.247 & 1.802 \\ 0.802 & -0.555 & -2.247 \\ 1.000 & 1.000 & 1.000 \end{bmatrix}$$

由公式 $\{A_N^{(i)}\} = \frac{1}{c_i}\{A^i\}$ 可求各阶正则振型，其中 $c_i = \sqrt{\{A^i\}^{\mathrm{T}}[M]\{A^i\}}$，则

$$c_1 = 3.049\sqrt{m}, \quad c_2 = 1.357\sqrt{m}, \quad c_3 = 1.692\sqrt{m}$$

故正则振型为

$$[A_N] = \sqrt{\frac{1}{m}} \begin{bmatrix} 0.328 & -0.737 & 0.591 \\ 0.591 & -0.328 & -0.737 \\ 0.737 & 0.591 & 0.328 \end{bmatrix}$$

设 $\{x\} = [A_N]\{x_N\}$，则方程为

$$\{\ddot{x}_N\}+2\zeta\begin{bmatrix}\omega_{n1}&0&0\\0&\omega_{n2}&0\\0&0&\omega_{n3}\end{bmatrix}\{\dot{x}_N\}+\begin{bmatrix}\omega_{n1}^2&0&0\\0&\omega_{n2}^2&0\\0&0&\omega_{n3}^2\end{bmatrix}\{x_N\}=[A_N]^{\mathrm{T}}F\sin\omega t$$

$$=\frac{F}{\sqrt{m}}\begin{bmatrix}1.656\\-0.474\\0.182\end{bmatrix}\sin\omega t=\{q\}\sin\omega t$$

上式为3个相互独立的微分方程,利用单自由度的强迫振动响应的有关理论,得

$$[B_{N_i}]=\frac{q_i\omega_{ni}^{-2}}{\sqrt{(1-\lambda_i^2)^2+(2\zeta\lambda_i)^2}},\quad \psi_i=\arctan\frac{2\zeta\lambda_i}{1-\lambda_i^2}$$

$$\lambda_1=2.8090,\quad \lambda_2=1.0024,\quad \lambda_3=0.6937$$

故可得

$$\psi_1=\arctan\frac{2\zeta\lambda_1}{1-\lambda_1^2}=\arctan\frac{2\times0.01\times2.8090}{1-2.8090^2}=179°31'58''$$

$$\psi_2=\arctan\frac{2\zeta\lambda_2}{1-\lambda_2^2}=\arctan\frac{2\times0.01\times1.0024}{1-1.0024^2}=103°30'28''$$

$$\psi_3=\arctan\frac{2\zeta\lambda_3}{1-\lambda_3^2}=\arctan\frac{2\times0.01\times0.6937}{1-0.6937^2}=1°31'54''$$

$$B_{N1}=1.2136\frac{\sqrt{m}F}{k},\quad B_{N1}=-14.784\frac{\sqrt{m}F}{k},\quad B_{N1}=0.10799\frac{\sqrt{m}F}{k}$$

$$\{x_N\}=\frac{\sqrt{m}F}{k}\begin{bmatrix}1.2136\sin(\omega t-\psi_1)\\-14.784\sin(\omega t-\psi_2)\\0.10799\sin(\omega t-\psi_3)\end{bmatrix}$$

将正则坐标变换到原坐标

$$\{x\}=[A_N]\{x_N\}=\frac{F}{k}\begin{bmatrix}0.328&-0.737&0.591\\0.591&-0.328&-0.737\\0.737&0.591&0.328\end{bmatrix}\begin{Bmatrix}1.2136\sin(\omega t-\psi_1)\\-14.784\sin(\omega t-\psi_2)\\0.10799\sin(\omega t-\psi_3)\end{Bmatrix}$$

$$\{x\}=\frac{F}{k}\begin{Bmatrix}0.398\\0.717\\0.894\end{Bmatrix}\sin(\omega t-\psi_1)+\frac{F}{k}\begin{Bmatrix}10.896\\4.849\\-8.737\end{Bmatrix}\sin(\omega t-\psi_2)+\frac{F}{k}\begin{Bmatrix}0.064\\-0.080\\0.035\end{Bmatrix}\sin(\omega t-\psi_3)$$

由以上举例的计算过程可以看出,把原坐标变换成正则坐标后,使方程组解耦,就可应用单自由度系统对外激励的响应计算方法,求出各正则坐标对外激励的响应,然后将正则坐标对外激励的响应叠加起来,再求得系统原先坐标$\{x\}$对外激励的响应,故称为**振型叠加法**。

5.10 ANSYS有限元分析在机动武器振动分析中的应用

科技的迅猛发展,给复杂机械结构的设计赋予了越来越多的新的设计理念和设计手

段。以经验、试凑、静态、定性为特点的传统设计方法，已经难以经济地满足现代机械的设计要求。因此，广泛引入了现代设计理论及方法对各种机械设备进行以分析、优化、动态、定量为特点的现代设计。现代设计方法以多学科的理论成果和工程知识为基础，以计算机及先进软件分析系统为主要工具，以模拟和仿真为表现形式来完成产品的设计，目前已有许多成熟的方法，而利用有限元分析是最普及和最成熟的现代设计方法，目前广泛应用于各种武器系统的设计分析中。

有限元分析软件中广泛使用的 ANSYS 是美国 ANSYS 公司的产品，它能实现多场及多物理场藕合功能，实现前后处理、分析求解及多场分析统一数据库的大型有限元分析，是独一无二的、具有流场优化功能的计算流体力学软件。具有强大的非线性分析功能，是最早采用并行计算技术的有限元分析软件。从微机、工作站、大型机直至巨型机所有硬件平台上全部数据文件兼容，支持从 PC、WS 到巨型机的所有硬件平台，从微机、工作站、大型机直至巨型机所有硬件平台上统一用户界面。ANSYS 可与大多数的 CAD 软件集成并有接口，如 CATIA V5，Pro/Engineer，UG，SolidWorks，Solid Edge 等，没有直接转换接口的 CAD 程序可以通过如 GES，STEP，Parasolid 或 SAT 等格式文件转换输入 ANSYS。

5.10.1 坦克发动机曲轴振动特性分析

曲轴是发动机的主要运动件，它的性能优劣直接影响着发动机的可靠性和寿命。在建模时，考虑到曲轴是一异型长杆件，形状比较复杂，决定其实际结构的几何参数往往很多，有些参数是独立参数，有些参数是关联参数，有些结构参数对结构的动特性影响较大，而有些参数对动特性影响很小。在进行实体建模时，有必要分析结构中的参数，哪些参数可以不作考虑，哪些参数不能忽略。对这些参数进行分类、整理，根据简化原则，从而高效地建立结构的实体模型，在此基础上创建的有限元动力学计算模型不但精度足够，且求解规模适当。

按曲轴的结构特点及功能，可将曲轴分解成前端、曲拐和后端三部分，其中曲拐部分又可分解成若干子特征。这样建立的基于特征的曲轴的参数化实体模型如图 5.14 所示。

在三维实体建模基础上对其进行网格划分建立有限元模型。曲轴的结构相对简单，故直接采用 10 节点 4 面体单元对它进行一次性划分，其有限元模型如图 5.15 所示。

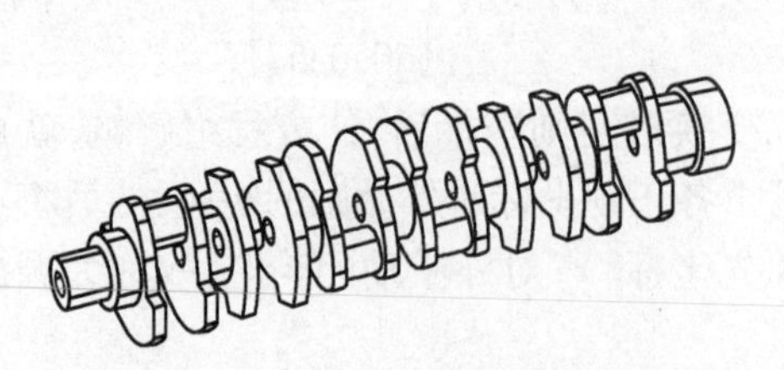

图 5.14 发动机曲轴的实体模型

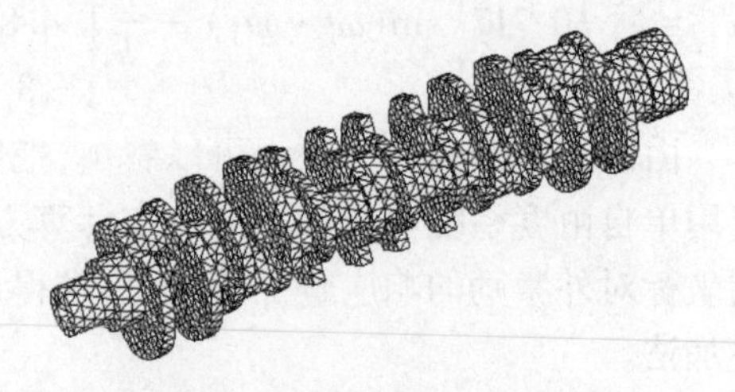

图 5.15 发动机曲轴的有限元模型

用 ANSYS 有限元分析软件对曲轴的振动模态进行计算，其模态有限元理论计算结果与试验结果的对比如表 5.1 所列。

用 ANSYS 有限元分析软件计算的曲轴的振型如图 5.16~图 5.20 所示。

表 5.1 某曲轴固有模态分析结果值与试验模态分析结果比较

阶数	试验结果/Hz	有限元分析结果/Hz	相对误差/%
1	92.24	96.47	4.58
2	109.95	111.56	1.46
3	230.31	241.42	4.82
4	257.5	267.90	4.04
5	319.49	317.89	-0.50

图 5.16 发动机曲轴第 1 阶振型

图 5.17 发动机曲轴第 2 阶振型

由表 5.1 和振型图 5.16~图 5.20 可以看出,有限元模态分析结果与试验模态分析结果的相对误差小于 5%,满足工程要求,而且振型一致,表明所建曲轴模型和有限元模态分析结果的正确性,为其下一步的动力响应及组合结构的动态特性分析提供了可靠的依据。

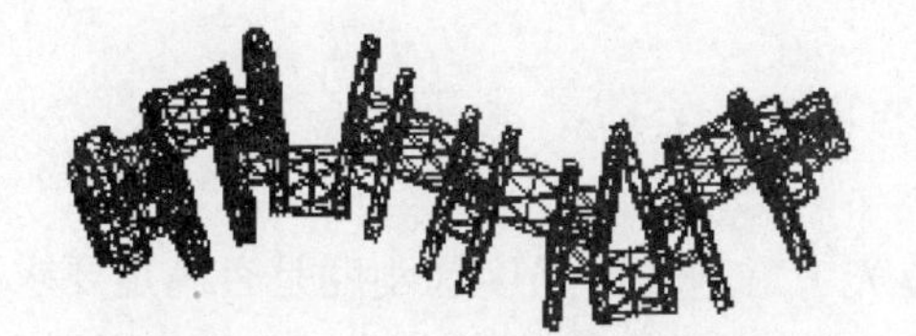

图 5.18 发动机曲轴第 3 阶振型

图 5.19 发动机曲轴第 4 阶振型

图 5.20 发动机曲轴第 5 阶振型

5.10.2 自行火炮炮塔模态分析

模态分析用于确定结构或机器部件的振动特性(固有频率和振型)。固有频率和振型是承受动力载荷结构设计中的重要参数,也是其他动力学分析(瞬态动力学分析、谐响应分析等)的起点。谱分析、模态叠加法谐响应分析、瞬态动力学分析的前期分析过程里也包含有模态分析的内容。

模态分析定义为:将线性时不变系统振动微分方程组中的物理坐标变换为模态坐标,使方程组解耦,成为一组以模态坐标及模态参数描述的独立方程,坐标变换的变换矩阵为振型矩阵,其每列即为各阶振型。

解析模态分析可用有限元计算实现,而试验模态分析则是对结构进行可测可控的动力学激励,由激振力和响应的信号求得系统的频响函数矩阵,再在频域或转到时域采用多种识别方法求出模态参数,得到结构固有的动态特性,这些特性包括固有频率、振型和阻尼比等。有限元分析软件如 ANSYS、NASTRAN、SAP、MAC 等在结构设计中被普遍采用,但在设计中由于计算模型是实际结构经过简化后得到,而且受到边界条件很难准确确定的影响,特别是结构的形状和动态特性很复杂时,有限元简化模型和计算的误差较大。因此有限元建模时如何简化模型既能保证计算收敛和时效性,又可以较好地体现结构的真实状态是广大学者追求的。下面介绍解析模态。

在 ANSYS 程序里,振动的基本方程可以表示为

$$[M]\{\ddot{\phi}\} + [C]\{\dot{\phi}\} + [K]\{\phi\} = \{0\} \tag{5.174}$$

式中:$[M]$为分析对象的质量矩阵;$[C]$为阻尼矩阵;$[K]$为刚度矩阵;$\{\phi\}$为位移向量。

式(5.175)可以简化为特征方程:

$$\det|[K] + \mathrm{i}\omega[C] - \omega^2[M]| = 0, \quad \mathrm{i} = \sqrt{-1} \tag{5.175}$$

模态分析就是求解振动方程的特征值即特征方程的根 $\omega_i^2(i=1,2,\cdots,n)$,进而可求得炮塔的固有频率 $\omega_i^2(i=1,2,\cdots,n)$和位移列阵$\{\phi\}$即结构的振型。

有限元软件 ANSYS 在求解上面方程时常用的方法有子空间法、分块 Lanczos 法、缩减法等。在 ANSYS 中进行结构的模态分析过程的主要步骤如下:

第一步:建立结构模态分析的有限元模型。

第二步:对有限元模型施加载荷及求解。

第三步:扩展模态(将缩减解扩展到完整的自由度集上)。

第四步:提取分析结果并评价结果。

在炮塔的工程设计过程中,工程技术人员首先考虑炮塔的强度和刚度是否满足要求,其次要求考虑自行火炮在行军机动过程中各个零部件(包括炮塔等部件)在路面激励的作用下会产生各种形式的振动,这种振动不但可能造成零部件的疲劳破坏,还会产生共振和噪声。当所受激振力的频率与炮塔的某一固有频率接近时,就有可能出现炮塔共振,从而产生很高的动应力,造成炮塔的强度破坏或产生不允许的大变形,破坏其使用性能。因此,有必要对炮塔进行模态分析。在这里我们只计算炮塔的自由模态,计算炮塔的固有频率和固有模态,以避免炮塔与车体的振动发生共振现象。炮塔的有限元模型可以在 ANSYS 里直接建立,也可在第三方三维实体造型软件里建模。单元选用 solid45 号单元,材料参数为:弹性模量 $E=2.08\times10^5$MPa,泊松比$\mu=0.29$,密度$\rho=7.8\times10^3$kg/m^3,屈服极限 $\sigma_s=810$MPa。单元尺寸选用 0.005m,与最小的板厚一致。某炮塔的有限元模型如图 5.21 所示。共有单元 319217 个,节点 784596 个。

自行火炮炮塔与车体通过座圈连接为一个系统,炮塔可以绕座圈进行 360°回转,如何准确地模拟炮塔座圈处的约束关系,将对计算的顺序进行,并使计算结果与实际情况相吻合产生重要影响。在有限元分析时将炮塔与上座圈连接处的自由度完全约束,这种方法操作简便易行。需要指出,这样处理是不能精确模拟座圈处的约束情况的。因此,想要准确模拟座圈处的约束关系,最好是将炮塔与车体作为一个系统,进行装配体分析,但此时分析的规模和难度会成倍增加,对分析精度的提高也不特别明显。因此,分析炮塔模态时只需把炮塔与上座圈连接处的自由度完全约束。不加其他外载荷,进行炮塔的自由模

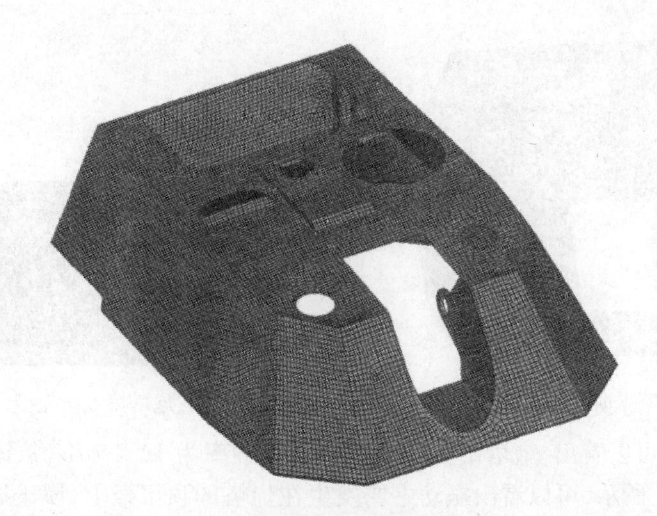

图 5.21 某炮塔的有限元模型

态分析,该计算结果可以满足工程需求。采用 ANSYS 计算炮塔的前 6 阶固有频率如表 5.2 所列。

表 5.2 炮塔前 6 阶固有频率计算结果

阶数	1	2	3	4	5	6
有限元分析结果/Hz	12.476	21.936	27.889	31.645	35.971	37.439

炮塔的前 6 阶振型图如图 5.22~图 5.27 所示。

图 5.22 炮塔第 1 阶振型(f=12.476Hz)

图 5.23 炮塔第 2 阶振型(f=21.936Hz)

图 5.24 炮塔第 3 阶振型(f=27.889Hz)

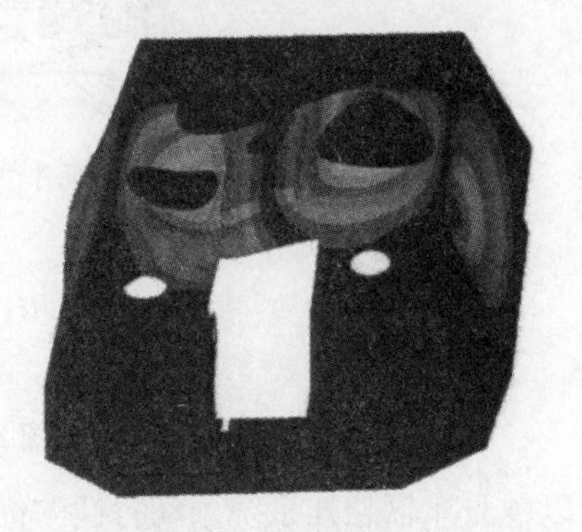

图 5.25 炮塔第 4 阶振型(f=31.645Hz)

图 5.26　炮塔第 5 阶振型(f= 35.971Hz)

图 5.27　炮塔第 6 阶振型(f= 37.439Hz)

从计算结果可以看出,炮塔结构的第 1 阶固有频率为 12.476Hz,从该频率所对应的振型图如图 5.22 所示,可以看出振动主要发生在炮塔的顶甲板上,属于局部的振动。第 2 阶的振型图如图 5.23 所示,可以看出和图 5.22 类似,只是振动已不属于局部振动,已波及炮框处。第 3 阶和第 4 阶振型图如图 5.24 和图 5.25 所示,可以看出在炮塔两侧板处均出现了对应的局部二阶弯曲振动。第 5 阶和第 6 阶振型图如图 5.26 和图 5.27 所示,在炮塔整体上出现了振动。

5.11　MATLAB 软件在机动武器振动分析中的应用

5.11.1　装甲车辆整车系统振动特性分析

悬挂系统如图 5.28 所示,是车辆的重要总成之一,主要用来把车架(或车身)与车轴(或车轮)弹性地连接起来,除了传递车轮和车架(或车身)之间产生的作用力和力矩;主要起缓和外界激励作用在车架上(或车身)的冲击载荷,减弱由外界激励所引起的承载系统的振动,增强车辆的行驶平顺性;确保在路面不平和外载荷变化时,车轮有理想的运动特性,使车辆有良好的操作稳定性。

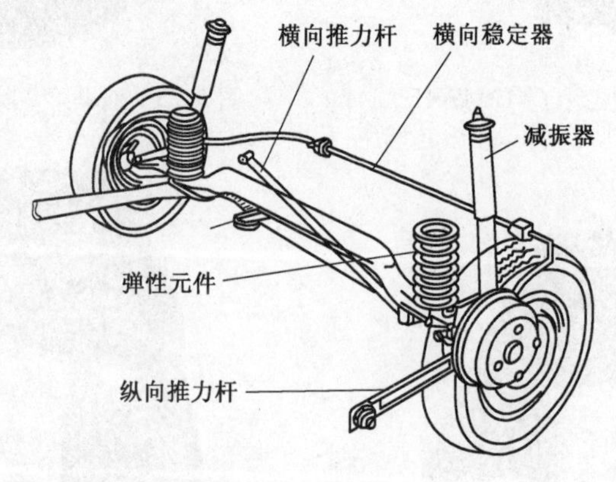

图 5.28　悬挂系统

以越野车辆悬挂系统振动特性的优化分析为例,将前、后轮胎的刚度系数,阻尼系数,前、后轴和车辆重量等为已知条件,将前、后轮位移,车体垂直位移与角位移以及座椅位移

5个变量作为广义坐标，以图5.29中所示座椅处的振动位移为目标函数，以相对阻尼系数为约束条件，建立越野车辆悬挂系统五自由度振动模型如图5.29所示。

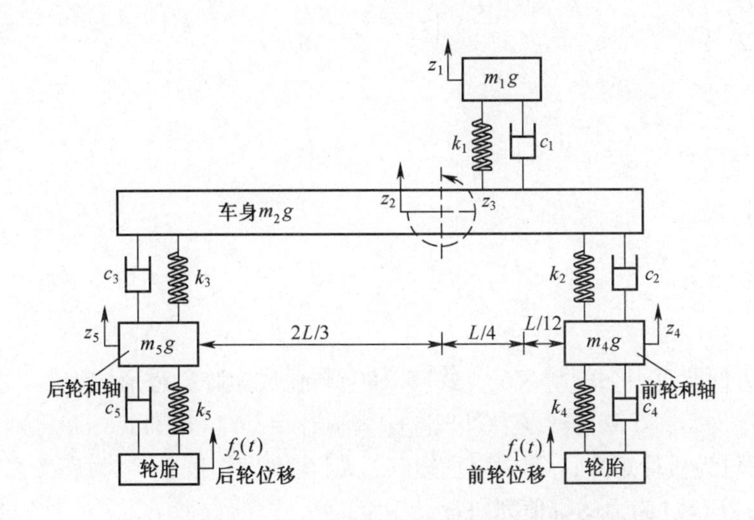

图5.29 车辆五自由度系统振动模型

在建立车辆的平面五自由度动力学模型前，须先作以下假设：

(1) 假设汽车左右两侧所受路面的振动源相同，且汽车左右完全对称。

(2) 把车身视为刚体，所有的质量集中在重心上，不考虑车体的前后和横向振动。

(3) 假设车体的振动为微幅振动，为进行线性化处理，把所有的刚度和阻尼视为常数。

(4) 将轮胎简化成一个弹簧、阻尼模型，但是由于轮胎的阻尼非常小，因此设轮胎的阻尼为零，不考虑轮胎阻尼对振动的影响，即 $c_4=c_5=0$。

(5) 假设座椅是通过弹簧和阻尼与车身连接的，并且只考虑竖直方向的振动。

图5.29中 m_1 为驾驶人员及其座椅的质量，它由弹簧 k_1 和阻尼器 c_1 支承在车身上面，汽车车身的质量、前后车轮和车轴的质量分别为 m_2，m_4 和 m_5，汽车车身由连接在前后车轴的弹簧 k_2、k_3 和阻尼器 c_2、c_3 支承，k_4、k_5 和 c_4、c_5 表示轮胎的刚度和阻尼系数。车身对自身的质量中心的转动惯量用 J 表示，L 表示前后车辆的距离，$f_1(t)$ 和 $f_2(t)$ 表示地面不平导致的前后车轮的位移函数，$z_i(t)$ 是各个自由度的广义坐标，其中($i=1,2,3,4,5$)。

车辆悬挂振动系统数学模型的建立，根据牛顿第二定律：$\boldsymbol{F}=m\boldsymbol{a}$，分别分析每个单独的质量块受力，并假设力的方向和加速度的方向，可以列出如下的等式：

$$m_1\ddot{z}_1 + c_1\left(\dot{z}_1 - \dot{z}_2 - \frac{L}{12}z_3\dot{z}_3\right) + k_1\left(z_1 - z_2 + \frac{L}{12}z_3\right) = 0 \tag{5.176}$$

$$\begin{aligned} m_2\ddot{z}_2 + c_1\left(\dot{z}_2 - \dot{z}_1 + \frac{L}{12}\dot{z}_3\right) + c_2\left(\dot{z}_2 - \dot{z}_4 + \frac{L}{12}\dot{z}_3\right) + c_3\left(\dot{z}_2 - \dot{z}_5 - \frac{2L}{3}\dot{z}_3\right) + \\ k_1\left(z_1 - z_2 + \frac{L}{12}z_3\right) + k_2\left(z_2 - z_4 + \frac{L}{12}z_3\right) + k_3\left(z_2 - z_5 + \frac{2L}{3}z_3\right) = 0 \end{aligned} \tag{5.177}$$

$$J\ddot{z}_3+\frac{L}{12}c_1\left(\dot{z}_2-\dot{z}_1+\frac{L}{12}\dot{z}_3\right)+\frac{L}{3}c_2\left(\dot{z}_2-\dot{z}_4+\frac{L}{3}\dot{z}_3\right)-\frac{2L}{3}c_3\left(\dot{z}_2-\dot{z}_5-\frac{2L}{3}\dot{z}_3\right)$$
$$+\frac{L}{12}k_1\left(z_1-z_2+\frac{L}{12}z_3\right)+\frac{L}{3}k_2\left(z_2-z_4+\frac{L}{3}z_3\right)-\frac{2L}{3}k_3\left(z_2-z_5+\frac{2L}{3}z_3\right)=0 \tag{5.178}$$

$$m_4\ddot{z}_4+c_2\left(\dot{z}_4-\dot{z}_2-\frac{L}{3}\dot{z}_3\right)+c_4\left(\dot{z}_4-f'_1(t)\right)+k_2\left(z_4-z_2-\frac{L}{3}z_3\right)+k_4\left(z_4-f_1(t)\right)=0 \tag{5.179}$$

$$m_5\ddot{z}_5+c_3\left(\dot{z}_5-\dot{z}_2-\frac{2L}{3}\dot{z}_3\right)+c_5\left(\dot{z}_5-f'_2(t)\right)+k_3\left(z_5-z_2+\frac{2L}{3}z_3\right)+k_5\left(z_5-f_2(t)\right)=0 \tag{5.180}$$

为描述方便起见,将式(5.176)~式(5.180)转化成矩阵方程形式为

$$[M]\{\ddot{z}\}+[C]\{\dot{z}\}+[K]\{z\}=[P]\{F(t)\} \tag{5.181}$$

式中:$[M]$为质量矩阵;$[C]$为阻尼矩阵;$[K]$为刚度矩阵;$[P]$为广义力矩阵;$\{z\}$为位移列向量;$\{F(t)\}$为力的幅值列向量。

它们的具体表达式为

$$[M]=\begin{bmatrix} m_1 & 0 & 0 & 0 & 0\\ 0 & m_2 & 0 & 0 & 0\\ 0 & 0 & J & 0 & 0\\ 0 & 0 & 0 & m_4 & 0\\ 0 & 0 & 0 & 0 & m_5 \end{bmatrix}$$

$$[P]=\begin{bmatrix} 0 & 0 & 0 & 0 & 0\\ 0 & 0 & 0 & 0 & 0\\ 0 & 0 & 0 & 0 & 0\\ 0 & k_4 & c_4 & 0 & 0\\ 0 & 0 & 0 & k_5 & c_5 \end{bmatrix}$$

$$[C]=\begin{bmatrix} c_1 & -c_1 & -\frac{L}{12}c_1 & 0 & 0\\ -c_1 & c_1+c_2+c_3 & \frac{L}{3}\left(\frac{1}{4}c_1+c_2-2c_3\right) & -c_2 & -c_3\\ -\frac{L}{12}c_1 & \frac{L}{3}\left(\frac{1}{4}c_1+c_2-2c_3\right) & \frac{L^2}{9}\left(\frac{1}{16}c_1+c_2+4c_3\right) & -\frac{L}{3}c_2 & \frac{2L}{3}c_3\\ 0 & -c_2 & -\frac{L}{3}c_2 & c_2+c_4 & 0\\ 0 & -c_3 & \frac{2L}{3}c_3 & 0 & c_3+c_5 \end{bmatrix}$$

$$
[K]=\begin{bmatrix}
k_1 & -k_1 & -\frac{L}{12}k_1 & 0 & 0\\
-k_1 & k_1+k_2+k_3 & \frac{L}{3}\left(\frac{1}{4}k_1+k_2-2k_3\right) & -k_2 & -k_3\\
-\frac{L}{12}k_1 & \frac{L}{3}\left(\frac{1}{4}k_1+k_2-2k_3\right) & \frac{L^2}{9}\left(\frac{1}{16}k_1+k_2+4k_3\right) & -\frac{L}{3}k_2 & \frac{2L}{3}k_3\\
0 & -k_2 & -\frac{L}{3}k_2 & k_2+k_4 & 0\\
0 & -k_3 & \frac{2L}{3}k_3 & 0 & k_3+k_5
\end{bmatrix}
$$

$$\{F(t)\}=\{0\quad f_1(t)\quad f_1'(t)\quad f_2(t)\quad f_2'(t)\}^{\mathrm{T}},\quad \{z\}=\{z_1\quad z_2\quad z_3\quad z_4\quad z_5\}^{\mathrm{T}}$$

路面谱采用白噪声模型,模拟路面振动输入。车辆五自由度振动仿真模型如图5.30所示。

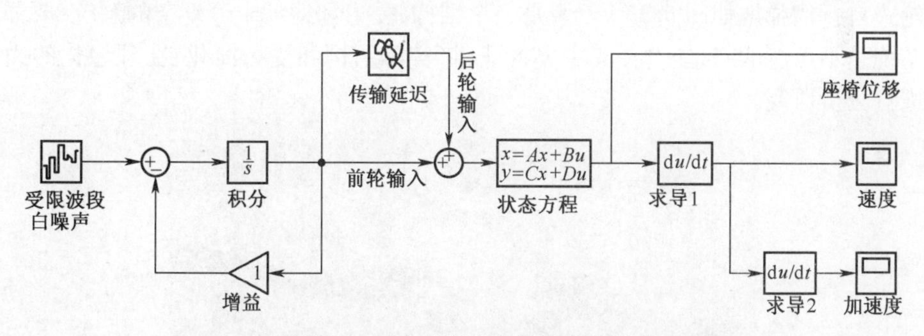

图5.30 五自由度汽车振动仿真模型

通过对振动方程和控制方程的转化以及对控制系数的参数设置后,运行此仿真模型,得到优化前后座椅处位移 z、速度 $\dot{z}$、加速度 $\ddot{z}$ 的时域振动曲线如图5.31~图5.36所示。

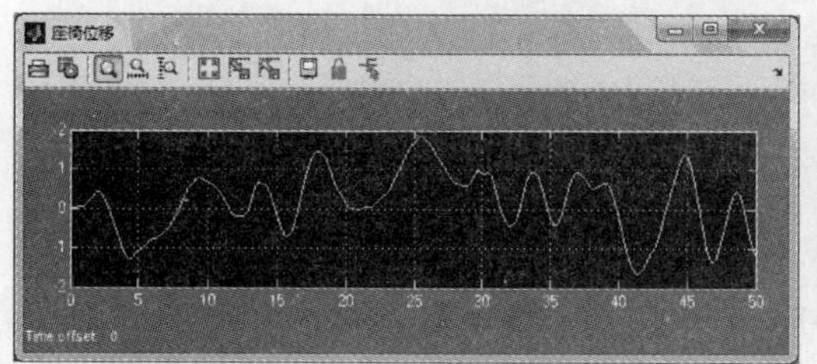

图5.31 优化前座椅处时间-位移曲线

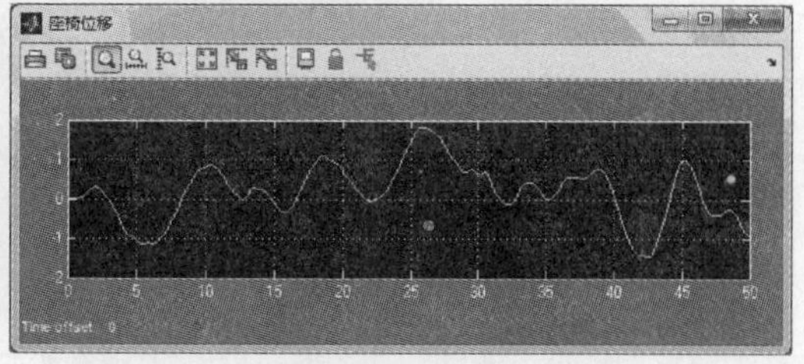

图5.32 优化后座椅处时间-位移曲线

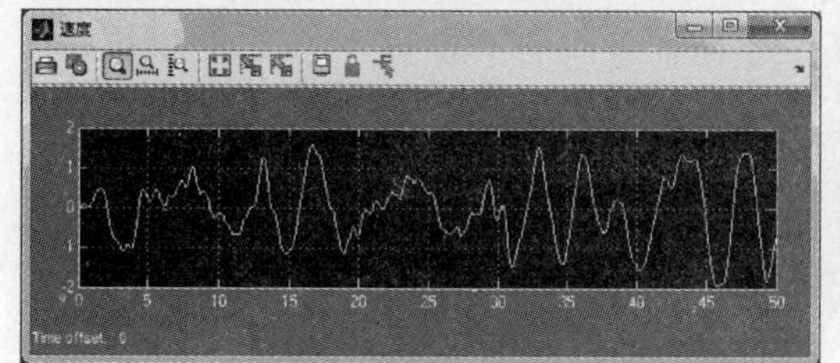

图5.33 优化前座椅处时间-速度曲线

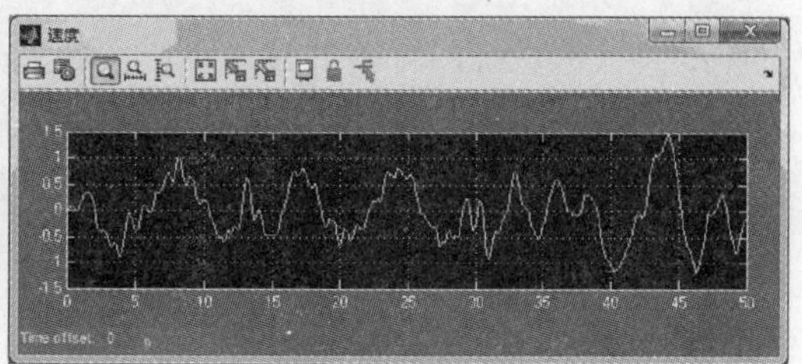

图5.34 优化后座椅处时间-速度曲线

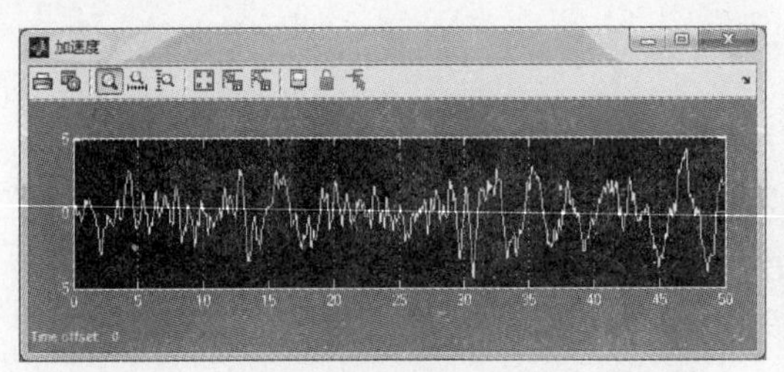

图 5.35　优化前座椅处时间-加速度曲线

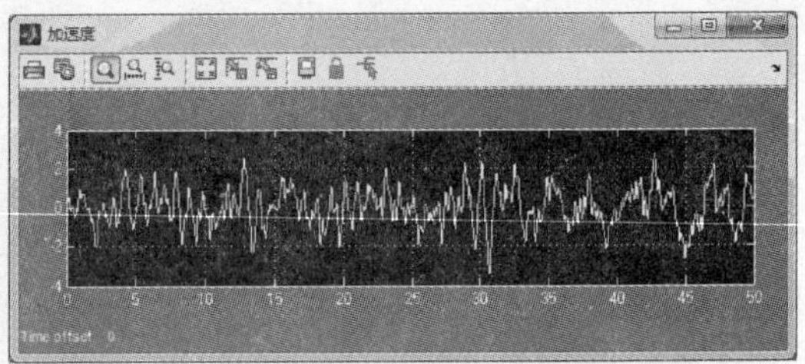

图 5.36　优化后座椅处时间-加速度曲线

通过对比优化，明显看出优化后座椅处的振幅、座椅速度、加速度都优于优化前，说明经过对车辆悬挂系统刚度系数、阻尼系数的优化处理，可大大改善座椅处的振动，提高乘员的乘坐舒适性。

5.11.2　轮式自行榴弹炮总体结构动力学仿真介绍

轮式自行榴弹炮如图 5.37 所示，是一个结构、受力和运动十分复杂的系统，要如实地描述系统是不可能的，只能选择其主要特征，将实际结构和受力简化，在理想化的力学模型上进行分析研究。

图 5.37　轮式自行榴弹炮

为此，对系统作如下假设：

(1) 火炮发射时实施运动体制动。

(2) 轮式自行榴弹炮系统模型用 12 个刚体表示，即火炮后坐部分、起落部分（除去后坐部分）、炮塔、车体和 8 个车轮。

(3) 系统用 17 个自由度来表示，即火炮后坐部分的后坐复进位移 s、起落部分绕耳轴的转角 θ_y、炮塔绕回转轴的转角 ψ_t、车体沿 3 个坐标轴方向的平动 x_c、y_c、z_c、车体绕 3 个坐标轴的转角 θ_c、φ_c、ψ_c 和 8 个车轮的垂直振动 $z_{li}(i=1,2,\cdots,8)$；

(4) 车辆悬挂系统和车轮分别处理为线弹性和黏性阻尼系统。

(5) 车体与各悬挂和轮子之间为弹性连接。

基于以上假设，系统的物理模型可简化为如图 5.38 所示的模型。

图 5.38 中各符号的意义：M_y，M_t，M_c，M_{li}分别为起落部分、炮塔、车体部分和第 i 个车轮的质量；K_G，K_F，K_{xi}分别为高低机、方向机和悬挂系统的等效刚度；C_G，C_F，C_{xi}分别为高

低机、方向机和悬挂系统的等效阻尼；$K_{li}, K_{ci}, K_{qi}(i=1,2,\cdots,8)$分别为车轮轮胎的垂向、侧向和前向的等效刚度；$C_{li}, C_{ci}, C_{qi}(i=1,2,\cdots,8)$分别为车轮轮胎的垂向、侧向和前向的等效阻尼；$\theta_{y0}, \psi_{t0}$分别为火炮发射时的高低角和方向角；$s$ 为后坐复进位移；$z_{li}(i=1,2,\cdots,8)$分别为8个车轮的垂直振动位移；x_c, y_c, z_c 分别为车体沿其3个坐标轴方向的位移；$\theta_c, \varphi_c, \psi_c$ 分别为车体绕其3个坐标轴的转角；ψ_t 为炮塔绕回转轴的转角；θ_y 为起落部分绕耳轴的转角。

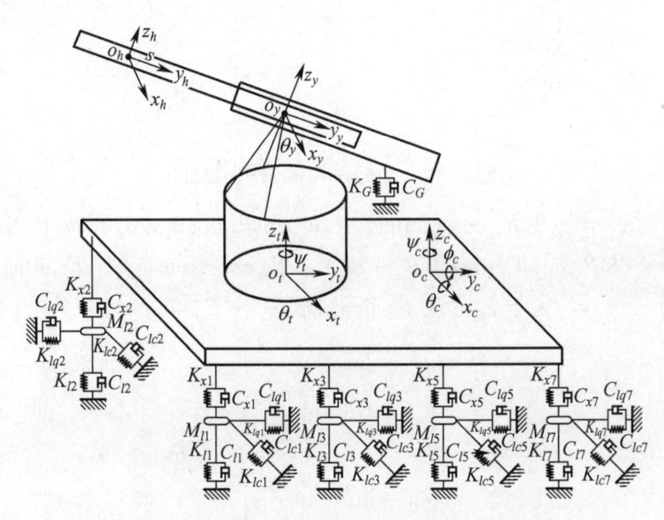

图5.38 某轮式自行榴弹炮系统简化模型

为了描述方便，建立坐标系系统：

(1) 惯性坐标系 $oxyz$，o 点为发射前车体质心，oy 轴水平指向车尾，oz 轴铅垂向上，ox 轴由右手正交系法则确定。

(2) 车体固连坐标系为 $o_cx_cy_cz_c$，发射前车体固连坐标系与绝对坐标系重合。

(3) 炮塔固连坐标系为 $o_tx_ty_tz_t$，o_t 为炮塔质心，o_tz_t 为炮塔回转轴，向上为正，o_tx_t 垂直于炮塔纵向对称面向左为正，o_ty_t 由右手正交系法则确定。

(4) 超落部分固连坐标系为 $o_yx_yy_yz_y$，o_y 点为起落部分质心，o_yy_y 轴与炮塔膛轴线平行并指向炮尾方向为正，o_yz_y 位于射面内垂直于 o_yy_y 向上为正，o_yx_y 由右手正交系法则确定。

(5) 各车轮固连坐标系为 $o_ix_iy_iz_i$，o_i 为各车轮和悬挂部分的质心。

(6) 后坐部分固连坐标系为 $o_hx_hy_hz_h$，o_h 点为后坐部分质心，o_hy_h 轴沿后坐方向为正，o_hz_h 轴在射面内垂直 o_hy_h 轴向上为正，o_hx_h 轴由右手正交系法则确定。

17个自由度，就有17个变量，这17个变量在上述6个坐标系统里描述。主要坐标系间的关系如图5.39所示。

为了列动力学方程方便，下面根据各坐标系位置关系，并略去高阶微量，可以给出基本坐标系的转换关系：

$$x_t = x_c + R_{tc}\cos\theta_{c0}(\theta_c + \varphi_c) \tag{5.182}$$

$$y_t = y_c - R_{tc}\cos\theta_{c0} - R_{tc}\sin\theta_0\theta_c \tag{5.183}$$

$$z_t = z_c - R_{tc}\cos\theta_{c0}\theta_c + R_{tc}\sin\theta_{c0} \tag{5.184}$$

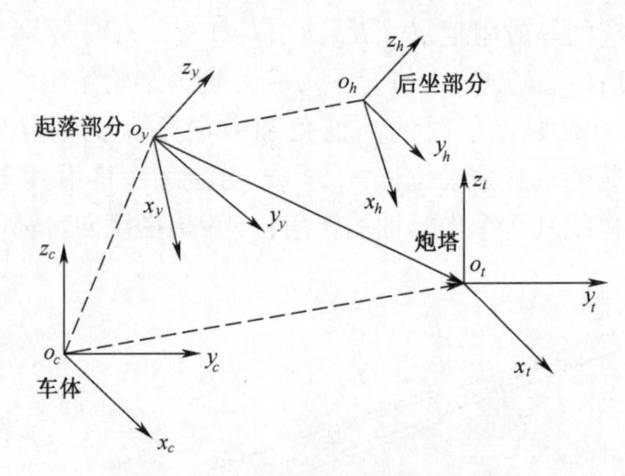

图 5.39　坐标系转换关系示意图

$$x_y = x_t + R_{yt}\cos\theta_{t0}\sin\psi_{t0} - R_{yt}\cos\theta_{t0}\cos\psi_{t0}(\theta_c + \psi_t) \tag{5.185}$$

$$y_y = y_t + R_{yt}\cos\theta_{t0}\sin\psi_{t0}(\theta_c + \psi_t) + R_{yt}\cos\theta_{t0}\cos\psi_{t0} - R_{yt}\sin\psi_{t0}\theta_c \tag{5.186}$$

$$z_y = z_t + R_{yt}\cos\theta_{t0}\cos\varphi_{t0}\theta_c + R_{yt}\sin\varphi_{t0} \tag{5.187}$$

$$y_h = y_y + y_{yh} + s \tag{5.188}$$

$$\theta_{t0} = \arctan\left(\frac{R_{ytz}}{R_{yty}}\right) \tag{5.189}$$

$$\theta_{c0} = \arctan\left(\frac{R_{tcz}}{R_{tcy}}\right) \tag{5.190}$$

$$R_{yt} = (R_{ytx}^2 + R_{yty}^2 + R_{ytz}^2)^{1/2} \tag{5.191}$$

$$R_{tc} = (R_{tcx}^2 + R_{tcy}^2 + R_{tcz}^2)^{1/2} \tag{5.192}$$

式中：R_{ytx}，R_{yty}，R_{ytz}为起落部分质心 o_y 与炮塔质心 o_t 之间在 x、y、z 方向的距离；R_{tcx}，R_{tcy}，R_{tcz}为炮塔质心 o_t 与车体质心 o_c 之间在 x、y、z 方向的距离；y_{yh}为起落部分质心 o_y 与后坐部分质心 o_h 之间在 y 方向的距离。

系统的运动方程组可以用多种力学方法建立，拉格朗日方程法是分析力学的一种方法，是关于约束力学系统的动力学方程。它有两种形式：一种是第一类拉格朗日方程，用直角坐标系表示的带有不定乘子的微分方程，既适用于完整系统，也适用于线性非完整系统；另一种是第二类拉格朗日方程，用广义坐标表示的微分方程，只适用于完整系统。实际应用中，由于多刚体系统的复杂性，采用系统的独立拉格朗日坐标十分困难，而采用不独立的笛卡儿广义坐标比较方便；对于具有多余坐标的完整或非完整约束系统，通常采用带乘子的拉格朗日方程处理；以笛卡儿广义坐标为变量的动力学方程是与广义坐标数目相同的带乘子的微分方程，这时还需要补充广义坐标的代数约束方程才能封闭。采用拉格朗日方程建立动力学方程具有以下特点：动力学函数的计算方法规范、便于编制通用程序；动力学方程提供了完整的动力学系统的结构、惯性和受力三方面的信息；适合于处理有完整约束的动力学系统；动力学函数的求导计算繁琐。ADAMS 的建模方法就是采用了第一类拉格朗日方程。

由哈密尔顿原理所导出的拉格朗日方程如下：

$$\frac{\mathrm{d}}{\mathrm{d}t}\left(\frac{\partial T}{\partial \dot{q}_i}\right) - \frac{\partial T}{\partial q_i} + \frac{\partial V}{\partial q_i} + \frac{\partial \Phi}{\partial \dot{q}_i} = Q_i \tag{5.193}$$

式中：T 为系统的动能函数；V 为系统的势能函数；Φ 为系统的耗散函数；Q_i 为系统的广义作用力，它们都是广义变量 q_i 及其导数 $\dot{q}_i$ 的函数。

下面，根据轮式自行火炮系统的结构参数，给出系统的动能 T、势能 V 和耗散函数 Φ 的具体表达式：

$$T = \frac{1}{2}M_h\dot{s}_h^2 + \frac{1}{2}I_{hx}(\dot{\theta}_y + \dot{\theta}_c)^2 + \frac{1}{2}I_{hz}(\dot{\psi}_t + \dot{\psi}_c)^2 + \frac{1}{2}I_{hy}\dot{\varphi}_c^2 + \frac{1}{2}M_y(\dot{x}_y^2 + \dot{y}_y^2 + \dot{z}_y^2) + \frac{1}{2}I_{yx}(\dot{\theta}_y + \dot{\theta}_c)^2 + \frac{1}{2}I_{yy}\dot{\varphi}_c^2 + \frac{1}{2}I_{yz}(\dot{\psi}_t + \dot{\psi}_c)^2 + \frac{1}{2}M_t(\dot{x}_t^2 + \dot{y}_t^2 + \dot{z}_t^2) + \frac{1}{2}I_{tx}\dot{\theta}_c^2 + \frac{1}{2}I_{ty}\dot{\varphi}_c^2 + \frac{1}{2}I_{tz}(\dot{\psi}_t + \dot{\psi}_c)^2 + \frac{1}{2}M_c(\dot{x}_c^2 + \dot{y}_c^2 + \dot{z}_c^2) + \frac{1}{2}I_{cx}\dot{\theta}_c^2 + \frac{1}{2}I_{cy}\dot{\varphi}_c^2 + \frac{1}{2}I_{cz}\dot{\psi}_c^2 \tag{5.194}$$

$$V = \frac{1}{2}K_G(\theta_y - \theta_c)^2 + \frac{1}{2}K_F(\psi_t - \psi_c)^2 + \frac{1}{2}\sum_{i=1}^{8}K_{xi}(z_c + y_{xi}\theta_c - z_{li})^2 + \frac{1}{2}\sum_{i=1}^{8}K_{li}z_{li}^2 + \frac{1}{2}\sum_{i=1}^{8}K_{lci}(x_c - y_{xi}\varphi_c)^2 + \frac{1}{2}\sum_{i=1}^{8}K_{lqi}(y_c + x_{xi}\theta_c)^2 + M_h g\cos(\theta_c + \theta_y) \tag{5.195}$$

$$\Phi = \frac{1}{2}C_G(\dot{\theta}_y - \dot{\theta}_c)^2 + \frac{1}{2}C_G(\dot{\psi}_t - \dot{\varphi}_c)^2 + \frac{1}{2}\sum_{i=1}^{8}C_{xi}(\dot{z}_c + y_{xi}\dot{\theta}_c - x_{xi}\dot{\varphi}_c - z_{li})^2 + \frac{1}{2}\sum_{i=1}^{8}C_{li}\dot{z}_{li}^2 + \frac{1}{2}\sum_{i=1}^{8}C_{lci}(\dot{x}_c - y_{xi}\dot{\varphi}_c)^2 + \frac{1}{2}\sum_{i=1}^{8}C_{lqi}(\dot{y}_c + x_{xi}\dot{\theta}_c)^2 \tag{5.196}$$

式中：I_{hx},I_{hy},I_{hz} 分别为后坐部分对质心坐标系 x、y、z 轴的转动惯量；I_{yx},I_{yy},I_{yz} 分别为起落部分总成对其质心坐标系 x、y、z 轴的转动惯量；I_{tx},I_{ty},I_{tz} 分别为炮塔总成对其质心坐标系 x、y、z 轴的转动惯量；I_{cx},I_{cy},I_{cz} 分别为车体对其质心坐标系 x、y、z 轴的转动惯量；M_h 为后坐部分质量。

广义力 Q_1 可用后坐运动方程来求取

$$Q_1 = F_{pt} - F_R \tag{5.197}$$

式中：F_{pt} 为炮膛合力，为主动力；F_R 为后坐阻力，后坐阻力的表达式可在反后坐装置设计的相关专著里看到其推导过程。在这里，我们仅给出后坐阻力具体表达式为

$$F_R = F_{\phi h} + F_f + F\mathrm{sgn}(\dot{s}) + f(|F_{N1}| + |F_{N2}|)\mathrm{sgn}(\dot{s}) - M_h g\sin(\theta_c + \theta_y) \tag{5.198}$$

式中：$F_{\phi h}$ 为驻退机力；F_f 为复进机力；f 为身管与摇架导轨间的摩擦因数；F_{N1}，F_{N2} 为 d 前后铜衬瓦的正压力；F 为反后坐装置密封装置的摩擦力；s 为后坐位移；$\theta_c+\theta_y$ 为火炮相对于水平面的高低射角；sgn 为符号函数。

因为在求广义力时又引入了两个未知力 F_{N1} 和 F_{N2}，所以需增加两个补充方程。取后坐部分为研究对象，建立其垂直于炮膛轴线方向的力平衡方程和绕后坐部分质心的力矩平衡方程：

$$M_h g\cos(\theta_c + \theta_y) - F_{N1} - F_{N2} - M_h\ddot{y}\cos(\psi_c + \psi_t)\sin(\theta_c + \theta_y) - M_h\ddot{z}\cos(\psi_c + \psi_t)\cos(\theta_c + \theta_y) = 0 \tag{5.199}$$

$$I_h\ddot{\theta}_y = F_{pt}e - F_{N1}x_1 - F_{N2}x_2 + F_{fhz}c \tag{5.200}$$

式中：x_1，x_2 为 F_{N1} 和 F_{N2} 作用线到后坐部分质心的距离；F_{fhz} 为反后坐装置总阻力；c 为反后坐装置总阻力作用线与后坐部分质心的距离(随反后坐装置布置不同，F_{fhz} 和 c 应有不同形式。

联立方程式(5.199)和式(5.200)可得 F_{N1} 和 F_{N2}。

其他广义力均为后坐阻力 F_R 的函数。

根据所求出的动能 T、势能 V 和耗散函数 Φ，分别按式(5.193)要求求出各偏导和导数项，再结合各坐标系转换关系，消去非独立变量，并将求得的广义力代入，就可得到一组微分方程，这就是系统的动力学方程。其中的变量为 s、θ_y、ψ_t、φ_c、θ_c、ψ_c、x_c、y_c、z_c 和 $z_{li}(i=1,2,\cdots,8)$，共 17 个变量。

对于 ψ_c、x_c 和 y_c3 个自由度，当后坐阻力在 x、y 两个方向的分力大于地面对车轮的摩擦力时车体将出现滑动，此时可认为 k_{lci}、k_{lqi}、c_{lci}、c_{lqi} 为零，系统在此自由度上无约束。则系统运动方程组也可简写为矩阵形式，有

$$[M]\{\ddot{X}\}+[C]\{\dot{X}\}+[K]\{X\}=\{Q\} \tag{5.201}$$

式中：$[M]$为质量矩阵；$[K]$为刚度矩阵；$[C]$为阻尼矩阵；$[Q]$为广义力矩阵；$\{X\}$为广义坐标。

$$\{X\}=[s \quad \theta_y \quad \psi_t \quad \theta_c \quad \varphi_c \quad \psi_c \quad x_c \quad y_c \quad z_c \quad z_{l1} \quad z_{l2} \quad z_{l3} \quad z_{l4} \quad z_{l5} \quad z_{l6} \quad z_{l7} \quad z_{l8}]^{\mathrm{T}} \tag{5.202}$$

求解微分方程式(5.201)有多种方法，可以将方程作一定的变换，应用后差公式，将方程组改写成迭代过程收效的等价形式 $X=Mx+f$，然后迭代应用简单迭代法编程求解。现应用最多的是龙格库塔法。通过数值求解可求得各广义坐标、后坐阻力 F_R、F_{N1} 和 F_{N2} 等。

在建立了动力学仿真模型后，采用 MATLAB 语言进行了编程求解，对某 8×8 轮式自行榴弹炮进行了总体结构动力学仿真计算，仿真结果如表 5.3 所列。表 5.3 中的数据为在整个发射过程中的最大值。

表 5.3　某 8×8 轮式自行榴弹炮总体结构动力学仿真结果

	方向 0°高低 0°	方向 0°高低 70°	方向 90°高低 0°	方向 90°高低 70°
身管垂直振动角位移/rad	-0.038	-0.013	0.0033	-0.031
炮塔回转振动角位移/rad	-1.4E-4	-0.58E-4	0.025	0.008
车体俯仰振动角位移/rad	-0.038	-0.012	-2.6E-3	-0.027
车体横摇振动角位移/rad	0	0	-0.089	0.036
车体回转振动角位移/rad	2.4E-4	-0.74E-4	0.021	0.007
车体横向振动位移/m	0.0044	-1.5E-3	-0.115	-0.035
车体纵向振动位移/m	0.111	0.036	0.005	0.009
车体垂向振动位移/m	0.0034	-0.032	0.028	0.051
车最大垂直振动位移/m	0.023	0.035	0.041	0.051

为了考察仿真结果的可信度，将动力学仿真结果和实弹射击试验结果中的几个主要数据进行了对比，对比结果如表 5.4 所列。表 5.4 中数据的测点在车体左右侧距车尾约

250mm 处,仿真值为从计算结果换算到测点位置的估算值。

表 5.4 某 8×8 轮式自行榴弹炮总体结构动力学仿真与试验结果对比

射击诸元	某测点纵向最大位移/mm		某测点垂向最大位移/mm	
	仿真值	试验值	仿真值	试验值
方向 0°、高低 0°	111	107	90	70
方向 0°、高低 70°	128	112	70	62
方向 90°、高低 0°	132	125	38	45
方向 90°、高低 70°	141	137	150	137

仿真结果表明,某轮式自行榴弹炮射击时精度和稳定性能够得到保证,该轮式自行榴弹炮的总体结构能够满足其总体性能要求,仿真结果和试验结果一致性较好。

第 6 章

机动武器振动模态的测试

学习目标与要求

1. 了解振动测试系统的基本组成。
2. 了解几种模态参数识别方法。
3. 了解灵敏度分析和动力修改在结构动态特性分析中的应用。

6.1 引　　言

振动是机动武器和日常生活中常见的物理现象,在大多数情况下,振动是有害的,它对仪器设备的精度、寿命和可靠性都会产生影响。当然,振动也有可以被利用的一面,如输送、清洗、磨削、监测等。

无论是利用振动还是防止振动,都必须确定其量值。人们设计一个武器、机器或建筑都想知道其振动的参数量值,如何获取呢?第一是靠设计。但是经过生产、加工和装配,其振动参数与设计值存在差异,那么如何获取振动的参数呢?第二种思路就是测试。随着科学技术的发展,测试技术发展越来越快,测试精度越来越高,通过测试可以给出结构的振动参数。而且众多的武器装备、工业装备、桥梁等在研制过程中、样机试制过程中都必须通过严格的测试,其中振动特性方面的测试主要集中在模态测试分析,通过模态测试分析来考察其振动特性,并已发展出一套成熟的理论和测试方法以及软件。

模态分析理论基础是 20 世纪 30 年代机械阻抗与导纳的概念上发展起来。吸取了振动理论、信号分析、数据处理、数理统计、自动控制理论的有关营养,形成一套独特的理论。模态分析的最终目标是识别出系统的模态参数,为结构系统的振动分析、振动故障诊断和预报、结构动力特性的优化设计提供依据。

模态分析定义为:将线性时不变系统振动微分方程组中的物理坐标变换为模态坐标,使方程组解耦,成为一组以模态坐标及模态参数描述的独立方程,坐标变换的变换矩阵为振型矩阵,其每列即为各阶振型。

解析模态分析可用有限元计算实现,现在有大量大型商业化软件如 ANSYS、NASTRAN、SAP、MAC 等可以选用。在结构设计中被普遍采用,但在设计中,由于计算模型和实际结构的误差,而且受到边界条件很难准确确定的影响,特别是结构的形状和动态特性很复杂时,有限元简化模型和计算的误差较大。

而试验模态分析则是对结构进行可测可控的动力学激励,由激振力和响应的信号求得系统的频响函数矩阵,再在频域或转到时域采用多种识别方法求出模态参数,得到结构固有的动态特性,这些特性包括固有频率、振型和阻尼比等。通过对结构进行试验模态分析,可以正确确定其动态特性,并利用动态试验结果修改有限元模型,从而保证了在结构响应、寿命预计、可靠性分析、振动与噪声控制分析与预估以及优化设计时获得有效而正确的结果。

下面简单介绍试验模态分析的典型应用。

(1) 获得结构的固有频率,可避免共振现象的发生。当外界激励力的频率等于振动系统的固有频率时,系统发生共振现象。此时系统最大限度地从外界吸收能量,导致结构有过大有害振动。结构设计人员要设法使结构不工作在固有频率环境中。但是,共振现象并非总是有害的:振动筛、粉末碾磨机、打夯机和灭虫声发射装置等就是共振现象的利用。结构设计人员此时要设法使这种器械工作在固有频率环境中,可以获得最大能量利用率。

(2) 应用模态叠加法求结构响应,确定动强度和疲劳寿命。任何线性结构在已知外激励作用下的响应是可以通过每个模态的响应叠加而成的。所以模态分析另一主要的应用是建立结构动态响应的预测模型,为结构的动强度设计及疲劳寿命的估计服务。

(3) 载荷(外激励)识别。由激励和模态参数预测响应的问题称为动力学正问题,反之由响应和模态参数求激励称为反问题。原则上只要全部的各阶模态参数都求得,由响应就可以求出外激励(称为载荷识别)。

(4) 振动与噪声控制。既然结构振动是各阶振型响应的叠加,只要设法控制相关频率附近的优势模态(改设计和加阻尼材料等或使用智能材料)就可以达到控制结构振动的目的。对于轮式(履带式)自行武器舱内辐射噪声的控制,道理也一样,国家军用标准规定轮式自行武器舱内的最大噪声不能高于 95dB,履带式自行武器舱内的最大噪声不能高于 105dB。舱内辐射噪声与其结构的振动特性(模态)关系密切,由于辐射噪声是由结构振动“辐射”出来的。控制了结构的振动,也就是实现了辐射噪声的控制。

(5) 为结构动力学优化设计提供目标函数或约束条件。动力学设计,即对主要承受动载荷而动特性又至关重要的结构,以动态特性指标作为设计准则,对结构进行优化设计。它既可在常规静力设计的结构上,运用优化技术,对结构的元件进行结构动力修改;也可从满足结构动态性能指标出发,综合考虑其他因素来确定结构的形状,乃至结构的拓扑(布局设计、开孔、增删元件)。动力学优化设计就是在结构总体设计阶段就应对结构的模态参数提出要求,避免事后修补影响全局。

(6) 有限元模型修正与确认。当今工程结构计算采用最广泛的计算模型就是有限元模型。再好的算法和软件都是建立在理想的结构物理参数和边界条件假设上的。结构有限元计算结果和试验往往存在不小差距。此时在模态试验可信的前提下,一般是以试验结果来对有限元模型进行修正和确认。经过修正和确认的有限元模型具有优化概念下的与试验结果极大地接近,可以进一步用于后续的响应、载荷和强度计算。

6.2 振动测试系统

6.2.1 信号分类

振动信号按时间历程的分类如图 6.1 所示,据此也将振动分为确定性振动和随机振动两大类。

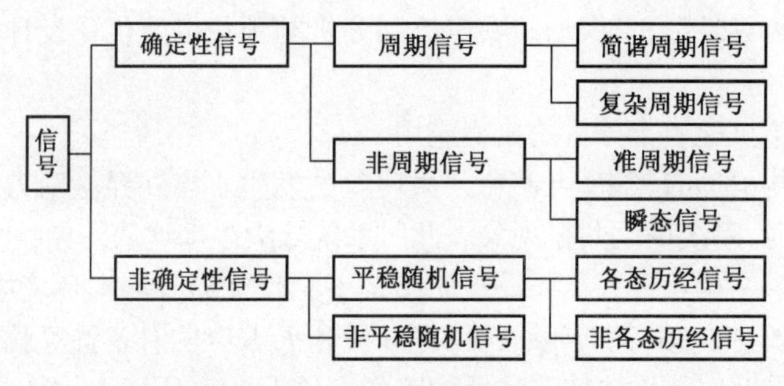

图 6.1 信号分类

确定性振动可分为周期性振动和非周期性振动。周期性振动包括简谐振动和复杂周期振动。非周期性振动包括准周期振动和瞬态振动。

随机振动是一种非确定性振动,它只服从一定的统计规律性。可分为平稳随机振动和非平稳随机振动。平稳随机振动又包括各态历经的平稳随机振动和非各态历经的平稳随机振动。

一般来说,仪器设备的振动信号中既包含有确定性的振动,又包含有随机振动,但对于一个线性振动系统来说,振动信号可用谱分析技术化作许多谐振动的叠加。因此简谐振动是最基本也是最简单的振动。

振动测量方法按振动信号转换的方式可分为电测法、机械法和光学法。其简要的测试原理、优缺点及应用如表 6.1 所列。

表 6.1 常用振动测量方法

名称	原理	优缺点	应用
电测法	将被测对象的振动量转换成电量,然后用电量测试仪器进行测量	灵敏度高,频率范围及动态、线性范围宽,便于分析和遥测,但易受电磁场干扰	目前最广泛采用的方法
机械法	利用杠杆原理将振动量放大后直接记录下来	抗干扰能力强,频率范围及动态、线性范围窄、测试时会给工件加上一定的负荷,影响测试结果	用于低频大振幅振动及扭振的测量
光学法	利用光杠杆原理、读数显微镜、光波干涉原理,激光多普勒效应等进行测量	不受电磁场干扰,测量精度高,适于对质量小及不易安装传感器的试件作非接触测量	在精密测量和传感器、测振仪标定中用得较多

6.2.2 振动测量系统

尽管测试问题各种各样、测量仪器各不相同,但基本测试系统还是十分简单的,可分为三大部分,即激励系统、响应测试系统和响应分析系统。这 3 个系统如图 6.2 所示。

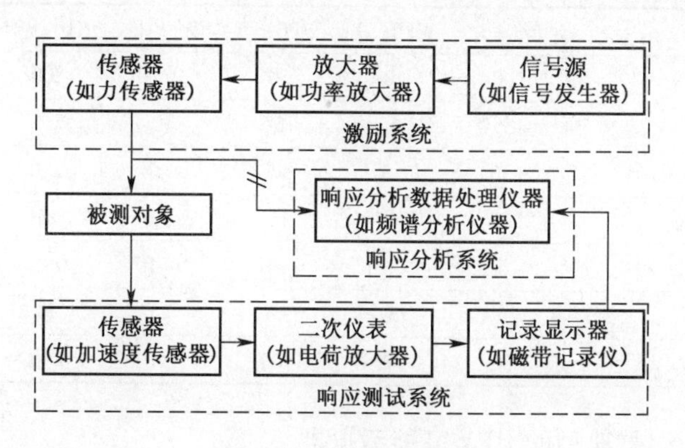

图 6.2 振动测量系统

由图 6.2 可知,振动测量系统通常由信号发生器、放大器、激振器、传感器、振动分析仪器及显示记录设备等所组成。下面分别就这些组成环节作一简单介绍:

1. 激励系统

激励系统主要由信号发生装置、功率放大装置和传感器等组成。其中激振器是其核心部件,激振器是激励系统的核心部分,是对试件施加某种预定要求的激振力,使试件受到可控的、按预定要求振动的装置。

为了减少激振器质量对被测系统的影响,应尽量使激振器体积小、质量小。表 6.2 列举了部分常用的激振器的工作原理、适用范围及优缺点。

表 6.2 常用的激振器

名称	工作原理	适用范围及优缺点
永磁式电动激振器	装置于永磁体磁场中的驱动线圈与支承部件固连,线圈通电产生电动力驱动固连于支承部件的试件产生周期性正弦波振动	频率范围宽,振动波形好,操作调节方便
励磁式电动振动台	利用直流励磁线圈来形成磁场,将置于磁场气隙中的线圈与振动台体相连,线圈通电产生电动力使振动台体做机械振动	频率范围宽、激振力大、振动波形好,设备结构较复杂
电磁式激振器	交变电流通至电磁铁的激振线圈,产生周期性的交变吸力,作为激振力	用于非接触激振,频率范围宽、设备简单,振动波形差,激振力难控制
电液式激振器	用小型电动式激振器带动液压伺服油阀以控制油缸,油缸驱动台面产生周期性正弦波振动	激振力大,频率较低,台面负载大,易于自控和多台激振,设备复杂

我国企业已经可以采用当代最新的超高能永磁材料研制高能激振器,典型的激振器有 HEV-20、HEV-50、HEV-200、HEV-500 和 HEV-1000,激振力分别为 20N、50N、200N、500N 和 1000N。与同等级的普通激振器相比,具有体积小,质量小,有效输出力的频带宽

等优点。广泛应用于各种工程结构，如火箭、飞机、船舶、机床、火车、汽车、建筑和桥梁等结构的振动试验，也可用于振动切削和地址勘测等。下面给出一些典型电动式激振器的主要性能和指标，如表6.3所列。

表6.3 典型电动式激振器的主要性能和指标

型 号	JZQ-7	WFB-01	WFB-05	WFB-1	HEV-2	HEV-5	HEV-10
最大激振力/N	200	10	50	100	200	500	1000
静态常数/(N/A)	135	5	5	10	7.5	160	320
最大允许振幅/mm	±10	±5	±5	±5	±10	±10	±10
最大允许峰值电流/A	1.8	4	10	10	28	32	32
使用频率范围/kHz	0~0.5	0~10	0~10	0~10	0~2	0~2	0~1.5
总质量/kg	23	3	10	22	14	26	47
配用功率放大器/W	200	50	100	200	200	500	1000

图6.3给出了一款典型的HEV高能激振器。

图6.3 激振器

激振系统的配置及安装是最困难的，往往也是耗资最多的部分，其安装质量对试验结果影响又很大，而且激振能量分布太宽或太小的激振器对某些被试品常常显得激振能量不足。因此，简便的“锤击法”激振方法便在这类被试品模态试验中得到广泛应用。锤击法使用带有力传感器的敲击锤，比起昂贵的液压式、电磁式或涡流式激振系统来说，极为便宜。敲击法全凭试验者熟练的手法，无须预先安装调整，对试件没有任何附加质量、附加刚度或附加阻尼。敲击法移动施力部位特别容易，可以在不允许安装激振器的部位实现激振，只要敲击力在被试品的强度、刚度或精度的允许范围内就行。激振锤由锤头、锤帽、锤把以及力传感器组成。锤帽一般有钢制的、铝制的、塑料制作的以及橡皮制作的4种。材料越硬，脉冲频谱越宽。典型的激振锤如图6.4所示。

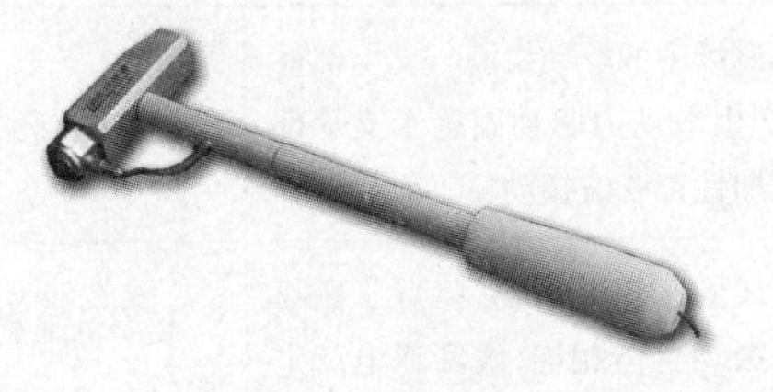

图6.4 激振锤

该击锤的基本参数为：测量范围5000N；固有频率50kHz；灵敏度4pC/N；锤质量0.2kg；尺寸200mm×70mm×16mm；附加锤头：橡胶、尼龙、铝、钢。

2. 响应测试系统

响应测试系统主要由传感器、放大电路和记录存储设备等组成，利用传感器将物体振动的物理信号转化成数字信号或者模拟信号，由控制系统对转化过的信号进行处理，再根据需要实现一系列的动作。

主要测试的参量有振幅、频率、相位角和阻尼比等物理量。振幅是时间的函数，常用峰值、峰峰值、有效值和平均绝对值来表示。峰值是从振动波形的基线位置到波峰的距离,峰峰值是正峰值到负峰值之间的距离。在考虑时间过程时常用有效(均方根)值和平均绝对值表示。谐振动频率的测量方法分直接法和比较法两种,直接法是将拾振器的输出信号送到各种频率计或频谱分析仪直接读出被测谐振动的频率。在缺少直接测量频率仪器的条件下,可用示波器通过比较测得频率。常用的比较法有录波比较法和李萨茹图形法。录波比较法是将被测振动信号和时标信号一起送入示波器或记录仪中同时显示,根据它们在波形图上的周期或频率比,算出振动信号的周期或频率。李萨茹图形法则是将被测信号和由信号发生器发出的标准频率正弦波信号分别送到双轴示波器的 y 轴及 x 轴,根据荧火屏上呈现出的李萨茹图形来判断被测信号的频率。相位角的测量,相位差角只有在频率相同的振动之间才有意义。测定同频两个振动之间的相位差也常用直读法和比较法。直读法是利用各种相位计直接测定。比较法常用录波比较法和李萨茹图形法两种。录波比较法利用记录在同一坐标纸上的被测信号与参考信号之间的时间差 τ 求出相位差 $\varphi=\frac{\tau}{T}\times360°$;李萨茹图测相位法则是根据被测信号与同频的标准信号之间的李萨茹图形来判别相位差。

无论测量什么参数,其核心是传感器,传感器的性能往往决定了整个仪器或系统的性能。工程中振动测量的主要物理参数为位移、速度和加速度。由于在通常的频率范围内振动位移幅值量很小,且位移、速度和加速度之间都可互相转换,所以在实际使用中振动量的大小一般用加速度的值来度量。常用单位为 m/s^2 或者用重力加速度(g)的倍数来表示。另外,描述振动信号的另一重要参数是信号的频率。绝大多数的工程振动信号均可分解成一系列特定频率和幅值的正弦信号,因此对某一振动信号的测量,实际上是对组成该振动信号的正弦频率分量的测量。对传感器主要性能指标的考核也是根据传感器在其规定的频率范围内测量幅值精度的高低来评定。目前,最常用的振动测量传感器按工作原理可分为压电式、压阻式、电容式、电感式以及光电式。

压电式加速度计是振动测试的最主要传感器。正确选用振动传感器应该基于对测量信号以下三方面进行分析和考虑:①被测振动量的大小;②被测振动信号的频率范围;③振动测试现场环境。

3. 响应分析系统

响应分析系统即常说的振动分析仪,响应分析系统一般由传感器、放大器和分析记录设备组成。振动分析仪原理是利用石英晶体和人工极化陶瓷(PZT)的压电效应设计而成。当石英晶体或人工极化陶瓷受到机械应力作用时,其表面就产生电荷,所形成的电荷密度的大小和所施加的机械应力的大小成线性关系。同时,所受的机械应力在敏感质量一定的情况下和加速度值成正比。在一定的条件下,压电晶体受力后产生的电荷和所感受的加速度值成正比。

产生的电荷经过电荷放大器及其他运算处理后的输出就是我们所需要的数据

$$Q=\boldsymbol{d}_{ij}\boldsymbol{F}=\boldsymbol{d}_{ij}m\boldsymbol{a}$$

式中:Q 为压电晶体输出的电荷;$\boldsymbol{d}_{ij}$为压电晶体的二阶压电张量;m 为加速度的敏感质量;$\boldsymbol{a}$ 为所受的振动加速度值。

测振仪压电加速度计承受单位振动加速度值输出电荷量的多少,称为电荷灵敏度,单位为 pC/($m \cdot s^{-2}$)或 pC/g($1g = 9.8m \cdot s^{-2}$)。现在有大量成熟的商业化的设备如 ITimeSignal(时间波形量测功能)、ICoastDown/up(共振分析功能)、IEnvelope(包络)、IVibshape(模态分析功能)、ITotalValue(总振动值量测功能)和 IBearingCondition(轴承状况量测功能)等可供选用。而且有很多厂商提供便携式振动分析仪,方便现场测试。典型的振动分析仪如图 6.5 所示。

图 6.5 振动分析仪

从测试系统中可以看出当二次仪表将被测信号转换成电压信号后必须要对所获得的信号根据我们问题要求进行分析处理。早期还有一种称为跟踪滤波器,它是一种模拟信号分析仪器,现在已淘汰。后来常用的主要是频率响应分析仪和谱分析仪,这两种仪器现在都属数字分析仪器。频率响应分析仪是由跟踪滤波器发展而来的,它的激励方式为稳态正弦激励,即激励的力是单一频率的正弦力,然后一个频率一个频率进行频率扫描,从而得到各种频率下的响应。但在这个装置中,处理的核心部分是以数字方式进行的而不是像早期的跟踪滤波分析仪器那样使用模拟电路。频率响应分析仪器的最大优点是测量的结果精确,其最大的缺点是试验花费的时间非常大,在目前工程上使用量逐年减少,现在工程上主要用的是谱分析仪。

谱分析仪主要用于瞬态信号和随机信号的分析处理,SD380、美国的 5451C、英国的 1125 谱分析仪器等都是这一类仪器,它们也是属于数字分析仪器。这种仪器可以根据需要对输入信号进行多种特性的分析,如普通谱分析、功率谱分析、杆干分析、倒谱分析等。所有这些分析都是基于离散的傅里叶变换。这里要注意的是,我们的主要目的是利用这些谱分析仪来测量系统的导纳。

6.3 模态参数识别

振动测量从本质上说属于动态测量,测振传感器检测的信号是被测对象在某种激励下的输出响应信号。振动测量的一个主要目的就是通过对激励和响应信号的测试分析,找出系统的动态特性参数,包括固有频率、固有振型、模态质量、模态刚度、模态阻尼比等。振动测量是结构模态分析和设备故障诊断的基础。下面简要介绍模态参数识别理论。

6.3.1 频域识别法

前面已经讨论了模态试验的第一阶段——测得原始数据,并用以推导出所要求的数学模型。也就是说通过模态分析理论,将频响函数与模态参数的关系搞清,就可以进行模态参数识别。

一般情况下工程中遇到的问题都不太可能是简化为一个自由度的系统。其实,实际结构一般都很复杂的。从数学上来讲,其推出的运动方程为一组变量之间相互耦联的方程组。在一定条件下,总可以将这一组耦连的方程组解耦,也就是说,可以转换为 N 个互不相关的单自由度方程来进行研究。这是从理论上或从数学上来说的,但实际测试问题是复杂的。从实际测量到的导纳函数数据来看,可以将工程中结构的导纳函数分成两大类:第一类是模态密集型,如图 6.6(a)所示;第二类是模态稀疏型,如图 6.6(b)所示。

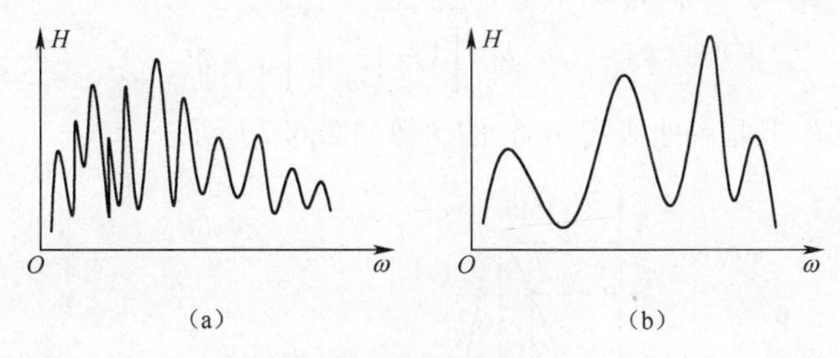

图 6.6 导纳函数分类

(a)模态密集型;(b)模态稀疏型。

这两种类型,从物理上来说,取决于被测系统的阻尼和固有频率的性质。对小阻尼或比例阻尼的被测系统就是图 6.6(b)所示的形式。工程中这类结构是最常见的,也是我们要重点研究的。从图 6.6(b)中可以看出,其各阶模态的相互影响较小。故由此可以联想到,将各阶模态作为单自由度系统来识别那就简单多了。

也就是说,将单自由度系统的参数识别方法了解了。可将此方法用于多自由度系统的参数识别。下面将探讨单自由度系统参数频域识别方法和原理,读者掌握后,可将该方法直接推广到多自由度系统的模态参数识别中。

假设单自由度系统的数学模型有黏性阻尼与结构阻尼两种形式,其运动方程分别为

$$m\ddot{x} + c\dot{x} + kx = f(t) \tag{6.1}$$

$$m\ddot{x} + \mathrm{j}g\dot{x} + kx = f(t) \tag{6.2}$$

式中:g 为结构阻尼系数;c 为黏性阻尼系数。

由位移频响函数可求得黏性阻尼系统的位移导纳为

$$H(\omega) = \frac{1}{k - \omega^2 m + \mathrm{j}\omega c} = \frac{1}{k\left[1 - \left(\frac{\omega}{\omega_{\mathrm{n}}}\right)^2 + \mathrm{j}2\xi\left(\frac{\omega}{\omega_{\mathrm{n}}}\right)\right]} \tag{6.3}$$

结构阻尼系统的位移导纳为

$$H(\omega) = \frac{1}{k - \omega^2 m + \mathrm{j}\eta\omega} = \frac{1}{k\left[1 - \left(\frac{\omega}{\omega_{\mathrm{n}}}\right)^2 + \mathrm{j}2\eta\right]} \tag{6.4}$$

式中:$\eta=g/k$ 为结构阻尼比(损耗因子)。

由式(6.3)和式(6.4)可以看出,它们都是 ω 的复函数。故可以将它们改写成复变函数的形式,即

$$H(\omega)=|H(\omega)|\mathrm{e}^{\mathrm{j}\varphi(\omega)}=H_{\mathrm{R}}(\omega)+\mathrm{j}H_{\mathrm{I}}(\omega) \tag{6.5}$$

第一个等号后是一个幅频-相频形式,即指数形式;第二个等号后面是一个虚、实部形式。

导纳的形式不同,蕴含着存在不同的参数识别方法。在小阻尼情况下,结构阻尼和黏性阻尼模型图很相似。这两种阻尼的关系可由公式 $\xi=2\eta$ 进行近似换算。结构阻尼系统和黏性阻尼系统位移频响函数(位移导纳)的图解识别方法相同,计算时原则上只要用 2ξ 代替 η 即可。这里仅介绍结构阻尼系统位移频响函数(位移导纳)的图解识别方法。

(1)结构阻尼系统(幅频图法)。对于结构阻尼系统,其幅频曲线公式为

$$|H(\omega)|=\frac{1}{k\sqrt{\left[1-\left(\frac{\omega}{\omega_{\mathrm{n}}}\right)^2\right]^2+\eta^2}} \tag{6.6}$$

对于结构阻尼系统,其幅频曲线式(6.6)的图像如图6.7所示。

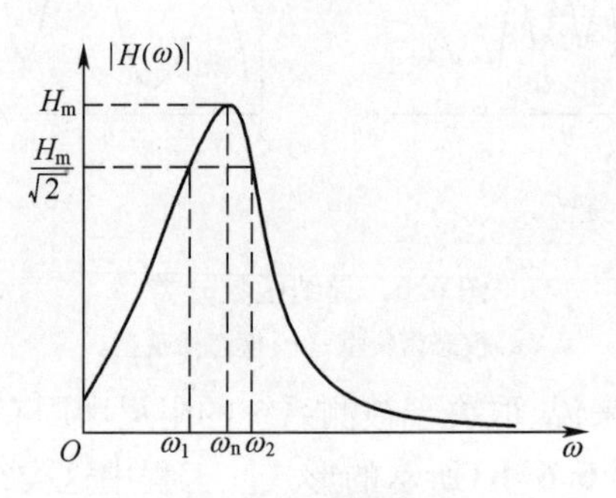

图6.7 幅频曲线

① 固有频率识别。如图6.7所示,可由幅频曲线读出峰值的横坐标,此时的横坐标称为共振频率 ω_{R},而固有频率 ω_{n} 和共振频率 ω_{R} 存在如下的关系:

$$\omega_{\mathrm{n}}=\omega_{\mathrm{R}} \tag{6.7}$$

② 阻尼比识别。由共振峰值 H_{m} 求出半功率点幅值$\frac{\sqrt{2}}{2}H_{\mathrm{m}}\approx0.707H_{\mathrm{m}}$,由半功点幅值位置确定对应的频率 ω_1 和 ω_2,则半功率点频带宽为

$$\Delta\omega=\omega_2-\omega_1 \tag{6.8}$$

则阻尼比的识别公式可以表示为

$$\eta=\frac{\Delta\omega}{\omega_{\mathrm{n}}} \tag{6.9}$$

则结构阻尼为

$$g=k\eta=k\cdot\frac{\Delta\omega}{\omega_{\mathrm{n}}} \tag{6.10}$$

需要指出,此时刚度系数 k 还不知道,有待下一步识别,但是已经完全识别出阻尼比了。

③ 刚度系数识别。由式(6.6)可知共振峰值 H_{m} 为

$$H_{\mathrm{m}}=\left.\frac{1}{k\sqrt{\left[1-\left(\dfrac{\omega}{\omega_{\mathrm{n}}}\right)^{2}\right]^{2}+\eta^{2}}}\right|_{\omega=\omega_{\mathrm{n}}}=\frac{1}{k\eta} \tag{6.11}$$

由式(6.11)可以推出刚度系数的识别公式为

$$k=\frac{1}{H_{\mathrm{m}}\eta} \tag{6.12}$$

④ 系统质量识别。由固有频率的定义 $\omega_{\mathrm{n}}^{2}=\dfrac{k}{m}$ 可知,在已经识别了系统固有频率 ω_{n} 和系统刚度系数 k 后,振动系统的质量可进行识别,公式为

$$m=\frac{k}{\omega_{\mathrm{n}}^{2}} \tag{6.13}$$

至此,结构阻尼系统的振动特征量质量、阻尼比(阻尼)、刚度系数均已识别。

(2) 结构阻尼系统(相频图法)。对于结构阻尼系统,其相频曲线公式为

$$\varphi(\omega)=\arctan\left[\frac{-\eta}{1-\left(\dfrac{\omega}{\omega_{\mathrm{n}}}\right)^{2}}\right] \tag{6.14}$$

其相频曲线式(6.14)的图形如图6.8所示。

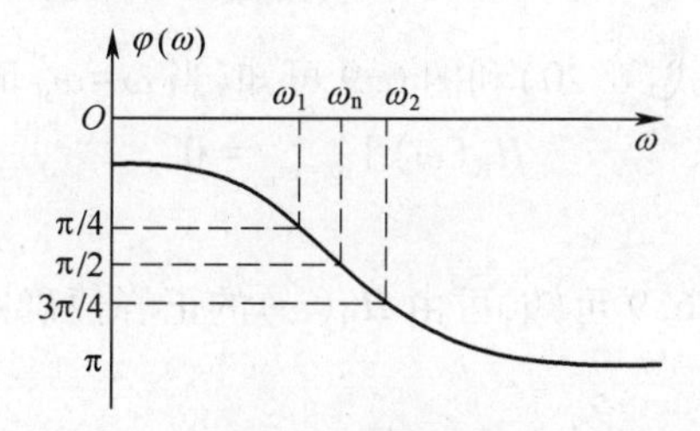

图6.8 相频曲线

① 固有频率识别。由式(6.14)和图6.8,有

$$\varphi(\omega)\Big|_{\omega=\omega_{\mathrm{n}}}=\arctan\left.\left[\frac{-\eta}{1-\left(\dfrac{\omega}{\omega_{\mathrm{n}}}\right)^{2}}\right]\right|_{\omega=\omega_{\mathrm{n}}}=\frac{\pi}{2} \tag{6.15}$$

可确定固有频率 ω_{n}。

② 阻尼比识别。由式(6.14)和图6.8,有

$$\varphi(\omega)\Big|_{\omega=\omega_{1}}=\arctan\left.\left[\frac{-\eta}{1-\left(\dfrac{\omega}{\omega_{\mathrm{n}}}\right)^{2}}\right]\right|_{\omega=\omega_{1}}=\frac{\pi}{4} \tag{6.16}$$

$$\varphi(\omega)\Big|_{\omega=\omega_{2}}=\arctan\left.\left[\frac{-\eta}{1-\left(\dfrac{\omega}{\omega_{\mathrm{n}}}\right)^{2}}\right]\right|_{\omega=\omega_{2}}=\frac{3\pi}{4} \tag{6.17}$$

可以确定 ω_1 和 ω_2。因此,半功率频带宽 $\Delta\omega$ 为

$$\Delta\omega=\omega_{2}-\omega_{1} \tag{6.18}$$

则阻尼比 η 可以表示为

$$\eta = \frac{\Delta\omega}{\omega_n} \tag{6.19}$$

(3) 结构阻尼系统(实频图法)。单独取式(6.5)的实部,则可得频响函数实部对于频率的表达式为

$$H_R(\omega) = \frac{1 - \left(\frac{\omega}{\omega_n}\right)^2}{k\left[\left(1 - \left(\frac{\omega}{\omega_n}\right)^2\right)^2 + \eta^2\right]} \tag{6.20}$$

式(6.20)的图形如图6.9所示。

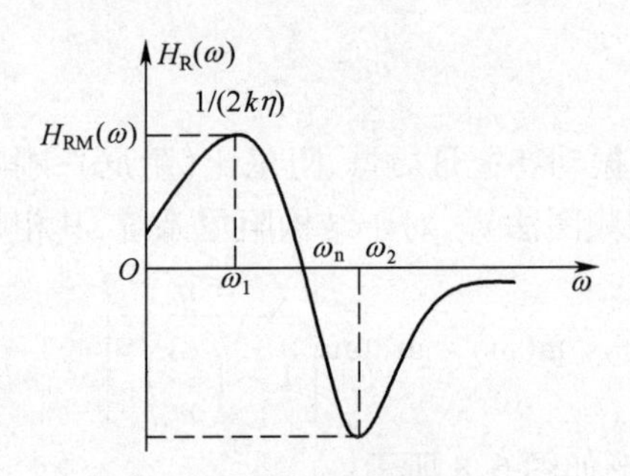

图6.9　实频曲线

① 固有频率识别。由式(6.20)和图6.9可知,当$\omega=\omega_n$时,有

$$H_R(\omega)\mid_{\omega=\omega_n} = 0 \tag{6.21}$$

由此可确定固有频率ω_n。

② 阻尼比识别。由图6.9可知,可由$H_R(\omega)$的正峰值确定ω_1,负峰值确定ω_2,因此半功率频带宽$\Delta\omega$为

$$\Delta\omega = \omega_2 - \omega_1 \tag{6.22}$$

则阻尼比η可以表示为

$$\eta = \frac{\Delta\omega}{\omega_n} \tag{6.23}$$

③ 刚度系数识别。对式(6.20)求一阶导数(以频率ω为自变量),可得

$$\frac{dH_R(\omega)}{d\omega} = -\frac{2\omega}{\omega_n^2}\frac{\eta^2 - \left(1 - \frac{\omega^2}{\omega_n^2}\right)^2}{k\left[\left(1 - \left(\frac{\omega}{\omega_n}\right)^2\right)^2 + \eta^2\right]^2} \tag{6.24}$$

要使式(6.24)为零成立,即$\frac{dH_R(\omega)}{d\omega} = 0$,需要有

$$\eta^2 - \left(1 - \frac{\omega}{\omega_n^2}\right)^2 = 0 \quad\Rightarrow\quad \eta = \pm\left(1 - \frac{\omega^2}{\omega_n^2}\right) \tag{6.25}$$

把式(6.25)取正号代入式(6.20),得:

$$H_{Rm} = \frac{\eta}{2k\eta^2} = \frac{1}{2k\eta} \tag{6.26}$$

则系统的刚度为

$$k = \frac{1}{2H_{\mathrm{Rm}}\eta} \tag{6.27}$$

(4) 结构阻尼系统(虚频图法)。同实频图法,单独取式(6.5)的虚部,则可得频响函数虚部对于频率的表达式为

$$H_{\mathrm{I}}(\omega) = \frac{-\eta}{k\left[\left(1-\frac{\omega^2}{\omega_{\mathrm{n}}^2}\right)^2+\eta^2\right]} \tag{6.28}$$

式(6.28)的图形如图6.10所示。

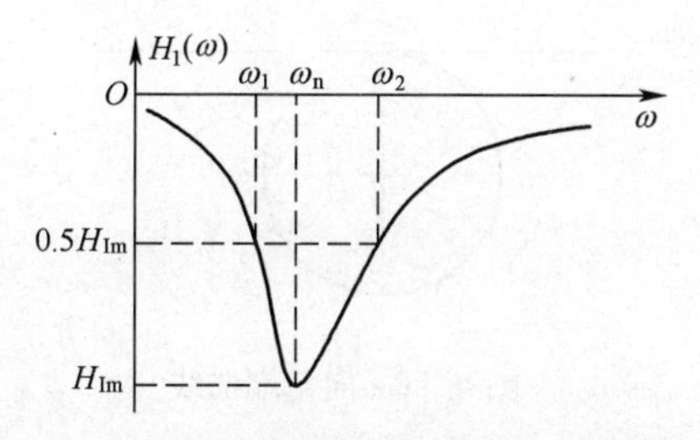

图6.10 虚频曲线

① 固有频率识别。如图6.10所示,可由虚频曲线的负峰值读出其横坐标,此时的横坐标称为共振频率 ω_{R},而固有频率 ω_{n} 和共振频率 ω_{R} 存在如下的关系:

$$\omega_{\mathrm{n}} = \omega_{\mathrm{R}} \tag{6.29}$$

② 阻尼比识别。由负峰值 H_{Im} 的1/2可求出半功率点幅值,再由半功点幅值位置确定对应的频率 ω_1 和 ω_2,则半功率点频带宽为

$$\Delta\omega = \omega_2 - \omega_1 \tag{6.30}$$

则阻尼比的识别公式可以表示为

$$\eta = \frac{\Delta\omega}{\omega_{\mathrm{n}}} \tag{6.31}$$

③ 刚度系数识别。由式(6.28)可知,当 $\omega=\omega_{\mathrm{n}}$ 时,负峰值 H_{Im} 为

$$H_{\mathrm{Im}} = \left.\frac{-\eta}{k\left[\left(1-\frac{\omega^2}{\omega_{\mathrm{n}}^2}\right)^2+\eta^2\right]}\right|_{\omega=\omega_{\mathrm{n}}} = -\frac{1}{k\eta} \tag{6.32}$$

由式(6.32)可以推出刚度系数的识别公式为

$$k = -\frac{1}{H_{\mathrm{Im}}\eta} \tag{6.33}$$

④ 系统质量识别

同理,可由固有频率的定义 $\omega_{\mathrm{n}}^2=\frac{k}{m}$ 识别振动系统的质量,公式为

$$m = \frac{k}{\omega_{\mathrm{n}}^2} \tag{6.34}$$

我们观察可以发现,虚频图法和幅值法基本相同。

(5) 结构阻尼系统(向量端图法)。向量端图法,也称为奈奎斯特法。由式(6.20)和式(6.28)可以推导出频响函数,即导纳函数的曲线方程为

$$H_{\mathrm{R}}^{2}(\omega)+\left[H_{\mathrm{I}}(\omega)+\frac{1}{2k\eta}\right]^{2}=\left(\frac{1}{2k\eta}\right)^{2} \tag{6.35}$$

向量端曲线如图6.11所示。由式(6.35)可知,向量端曲线为圆心在$\left(0,-\frac{1}{2k\eta}\right)$,半径为$\frac{1}{2k\eta}$的圆,该圆在右上角有一个小缺口。该曲线以虚部为纵坐标,实部为横坐标。

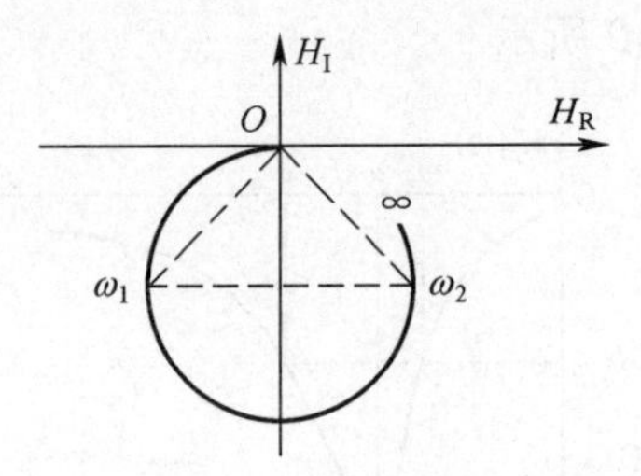

图6.11 向量端曲线

下面分析向量端曲线。

① 固有频率识别。由图6.11所示的向量端曲线与虚轴相交的点,即$H_{\mathrm{R}}=0$处,确定固有频率ω_{n}。

② 阻尼比识别。由$\varphi=-\frac{\pi}{4}$,如图6.11的左端,可以确定ω_1;同理,可以由$\varphi=-\frac{3\pi}{4}$,如图6.11的右端,可以确定ω_2;则半功率点频带宽为

$$\Delta\omega=\omega_2-\omega_1 \tag{6.36}$$

则阻尼比的识别公式为

$$\eta=\frac{\Delta\omega}{\omega_{\mathrm{n}}} \tag{6.37}$$

③ 刚度系数识别。由图6.11的半径可知$R=\frac{1}{2k\eta}$,即

$$k=\frac{1}{2R\eta} \tag{6.38}$$

④ 系统质量识别。由固有频率的定义$\omega_{\mathrm{n}}^{2}=\frac{k}{m}$可得

$$m=\frac{k}{\omega_{\mathrm{n}}^{2}} \tag{6.39}$$

以上5种识别方法中向量端图法有较高的精度,因为向量端图将幅频图中狭窄的半功率带宽区(共振区)扩展为半个圆弧区,故识别的精度较高。

6.3.2 识别多自由度系统的单自由度法

对于多自由度系统其频响函数表示为一个矩阵,其中矩阵的某个元素可表示为

黏性阻尼:

$$H_{lp}(\omega)=\sum_{i=1}^{N}\frac{\varphi_{li}\varphi_{pi}}{k_i\left[1-\left(\frac{\omega}{\omega_i}\right)^2+2\mathrm{j}\xi_i\frac{\omega}{\omega_i}\right]} \tag{6.40}$$

结构阻尼：

$$H_{lp}(\omega)=\sum_{i=1}^{N}\frac{\varphi_{li}\varphi_{pi}}{k_i\left[1-\left(\frac{\omega}{\omega_i}\right)^2+\mathrm{j}\eta_i\right]} \tag{6.41}$$

这里仅讨论实模态。从式(6.40)和式(6.41)可知，这两个系统的曲线是很相似的，故下面我们只讨论结构阻尼的情况。

将单自由度系统的识别方法用于多自由度系统的条件是该系统的各阶模态不耦合或轻微耦合。无耦合系统从图上可以这样说明：即某一阶模态，在其固有频率附近的幅值，主要反映本阶的幅值，也就是说相邻模态的相互影响可以忽略。这是试验模态技术的一个重要假设。

有了以上的假设，那么式(6.41)中的$\sum$就可以不要了，即式(6.41)可以近似地写为

$$H_{lp}(\omega)\approx\frac{\varphi_{li}\varphi_{pi}}{k_i}\cdot\frac{1}{1-\left(\frac{\omega}{\omega_i}\right)^2+\mathrm{j}\eta_i} \tag{6.42}$$

或者

$$H_{lp}(\omega)\approx\frac{1}{k_{ei}^{(l)}}\cdot\frac{1}{1-\left(\frac{\omega}{\omega_i}\right)^2+\mathrm{j}\eta_i} \tag{6.43}$$

式中

$$k_{ei}^{(l)}=\frac{k_i}{\varphi_{li}\varphi_{pi}} \tag{6.44}$$

为第i阶等效刚度。

由式(6.43)与前面的单自由度系统比较，可知其形式上完全一样，故可以用前面的方法来一阶一阶地识别固有频率ω_i、阻尼比η_i及刚度k_i。只不过这时的刚度是等效刚度。对于模态稀疏情况等效刚度的识别一般用虚频图来识别。其方法如下：

写出式(6.43)的虚部，则有

$$H_{lp}^{\mathrm{I}}(\omega)=-\frac{1}{k_{ei}^{(l)}}\cdot\frac{\eta_i}{1-\left(\frac{\omega}{\omega_i}\right)^2+\eta_i^2} \tag{6.45}$$

当$\omega=\omega_i$时，有

$$H_{lp}^{\mathrm{I}}(\omega_i)=-\frac{1}{k_{ei}^{(l)}\eta_i} \tag{6.46}$$

故第i阶刚度系数为

$$k_{ei}^{(l)}=-\frac{1}{\eta_i H_{lp}^{\mathrm{I}}(\omega_i)} \tag{6.47}$$

以上是用单自由度的方法来识别稀疏情况的多自由度系统，而多自由度系统还有一

个识别主振型的问题，即主模态振型向量的识别。

为识别主振型(主模态)向量，需要频响函数矩阵中的一列$\{H_p(\omega)\}$，也就是说，从不同测点测得频响函数$H_{lp}(\omega)$可得到各点的等效柔度$\frac{1}{k_{ei}^{(l)}}(l=1,2,\cdots,L)$组成的向量，然后经规格化后得模态向量$\{\varphi\}_i$即等效柔度向量为

$$\begin{aligned}\left[\frac{1}{k_{ei}^{(1)}}\quad\frac{1}{k_{ei}^{(2)}}\quad\cdots\quad\frac{1}{k_{ei}^{(L)}}\right]^{\mathrm{T}}&=\left[\frac{\varphi_{1i}\varphi_{pi}}{k_i}\quad\frac{\varphi_{2i}\varphi_{pi}}{k_i}\quad\cdots\quad\frac{\varphi_{Li}\varphi_{pi}}{k_i}\right]^{\mathrm{T}}\\&=\frac{\varphi_{pi}}{k_i}[\varphi_{1i}\quad\varphi_{2i}\quad\cdots\quad\varphi_{Li}]^{\mathrm{T}}=\frac{\varphi_{pi}}{k_i}\{\varphi\}_i\end{aligned}\tag{6.48}$$

6.3.3 频域识别的多自由度方法

对于模态耦合轻微的系统，利用单自由度曲线拟合方法已有足够的精度，一般工程中的多数问题都可以利用单自由度方法处理。但工程中也有不少模态密集、阻尼较大的系统，即模态耦合严重的问题，这时利用单自由度方法就不易将相邻模态区分开，必须用多自由度曲线拟合方法。频域识别的基本公式可分为实模态理论与复模态理论两大类。在一般弱阻尼系统中，采用实模态理论并不会带来显著误差。下面介绍频域最小二乘迭代法。

定理 6.1 如果

$$[A]\{x\}=\{B\}\tag{6.49}$$

则$\{x\}$的最小二乘解为：$\{x\}=([A]^{\mathrm{T}}[A])^{-1}[A]^{\mathrm{T}}\{B\}$。

证明 设

$$\{r\}=\{B\}-[A]\{x\}\tag{6.50}$$

式中：$\{r\}$为式(6.49)解的误差向量，故其方向与大小是任意的。

要使式(6.49)的解的误差最小，取$\{r\}$与$[A]$正交，即有$[A]^{\mathrm{T}}\{r\}=\{0\}$，这相当于代数方程中最小二乘法的求偏导数为零。将$[A]^{\mathrm{T}}$对式(6.50)两边左乘，则有

$$[A]^{\mathrm{T}}\{r\}=[A]^{\mathrm{T}}\{B\}-[A]^{\mathrm{T}}[A]\{x\}=\{0\}$$

故有

$$[A]^{\mathrm{T}}[A]\{x\}=[A]^{\mathrm{T}}\{B\}$$

两边同时乘以$([A]^{\mathrm{T}}[A])^{-1}$，得

$$\{x\}=([A]^{\mathrm{T}}[A])^{-1}[A]^{\mathrm{T}}\{B\}$$

频域最小二乘迭代法可分为总体迭代和局部迭代两种，下面仅讨论实模态理论中的局部迭代方法。

对于N个自由度的结构阻尼系统，其频响函数的虚部公式为

$$H_{lp}^{\mathrm{I}}(\omega_j)=\sum_{i=1}^{N}\frac{-\varphi_{li}\varphi_{pi}\eta_i}{k_i\left[\left(1-\dfrac{\omega_j^2}{\omega_j^2}\right)^2+\eta_j^2\right]}\tag{6.51}$$

注意：这里ω_j是表示横坐标的变量，原来理论上是连续变量现已离散化是具体数值了，而且这里的Σ是不能去掉的，因为这里是耦合系统。

令等效柔度为

$$V_{ei}^{(l)} = \frac{1}{k_{ei}^{(l)}} = \frac{\varphi_{li}\varphi_{pi}}{k_i} \tag{6.52}$$

那么,式(6.51)可以改写为

$$H_{lp}^{\mathrm{I}}(\omega_j) = \sum_{i=1}^{N} \frac{-V_{ei}^{(l)}\eta_i}{\left(1-\frac{\omega_j^2}{\omega_i^2}\right)^2 + \eta_i^2} \tag{6.53}$$

ω_j 是横坐标变量(离散的),如果取 $j=1,2,\cdots,M$,则有个 M 采样值。为方便书写,设 $H_{lp}^{i}(\omega_j)=H_j^{\mathrm{I}}, j=1,2,\cdots,M$。

为了要识别 $V_{ei}^{(l)}$,给出 ω_i,η_i 的初始值 $\omega_i^{(0)},\eta_i^{(0)}$。

需要指出:$\omega_i^{(0)}$、$\eta_i^{(0)}$ 是直接由单自由度识别方法获得的,这时由于系统是耦合的,$\omega_i^{(0)}$、$\eta_i^{(0)}$,不是精确的值,但可以作为迭代的初始值。

从式(6.53)可以看出,(ω_i,η_i,ω_j 都是已知了)H_j^{I} 是 $V_{ei}^{(l)}$ 的线性函数,那么求和符号 $\sum$ 可写成矩阵形式,即

$$\{H_j^{\mathrm{I}}\} = [A]\{V_i\}, i=1,2,\cdots,N; j=1,2,\cdots,M \tag{6.54}$$

式中:$[A]$ 的元素的表达式为

$$a_{ij} = \frac{-V_{ei}^{(l)}\eta_i}{\left(1-\left(\frac{\omega_j}{\omega_i^{(0)}}\right)^2\right)^2 + (\eta_i^{(0)})^2} \tag{6.55}$$

由向量最小二乘法定理,式(6.54)的最小二乘解为

$$\{\dot{V}_i\} = ([A]^{\mathrm{T}}[A])^{-1}[A]^{\mathrm{T}}\{H_j^{\mathrm{I}}\} \tag{6.56}$$

将 $H_{lp}^{i}(\omega_j)$ 在 $\omega_i^{(0)}$ 及 $\eta_i^{(0)}$ 附近展开成泰勒级数,并略去高阶项,有

$$H_j^{\mathrm{I}} = H_j^{\mathrm{I}}(0) + \sum_{i=1}^{N}\left(\frac{\partial H_j^{\mathrm{I}}}{\partial \omega_i}\bigg|_0 \Delta\omega_i + \frac{\partial H_j^{\mathrm{I}}}{\partial \eta_i}\bigg|_0 \Delta\eta_i\right), j=1,2,\cdots,M \tag{6.57}$$

把式(6.57)写成矩阵形式,而且式(6.57)是矩阵的元素,

$$\{\Delta H_j^{\mathrm{I}}\} = [B]\{\Delta\theta\} \tag{6.58}$$

式中

$$\{\Delta H_j^{\mathrm{I}}\} = \{H_j^{\mathrm{I}}\} - \{\Delta H_j^{\mathrm{I}}(0)\}, \{\Delta\theta\} = \begin{Bmatrix}\Delta\omega_i \\ \Delta\eta_i\end{Bmatrix} \tag{6.59}$$

$[B]$ 为 $M\times2$ 阶矩阵,具体形式为

$$[B] = \begin{bmatrix} \frac{\partial H_1^{\mathrm{I}}}{\partial \omega_i}\bigg|_0 & \frac{\partial H_1^{\mathrm{I}}}{\partial \eta_i}\bigg|_0 \\ \frac{\partial H_2^{\mathrm{I}}}{\partial \omega_i}\bigg|_0 & \frac{\partial H_2^{\mathrm{I}}}{\partial \eta_i}\bigg|_0 \\ \vdots & \vdots \\ \frac{\partial H_M^{\mathrm{I}}}{\partial \omega_i}\bigg|_0 & \frac{\partial H_M^{\mathrm{I}}}{\partial \eta_i}\bigg|_0 \end{bmatrix}_{M\times2}, \quad i=1,2,\cdots,N$$

而式(6.58)的最小二乘解为

$$\{\Delta\theta\} = ([B]^{\mathrm{T}}[B])^{-1}[B]^{\mathrm{T}}\{\Delta H_j^{\mathrm{I}}\} \tag{6.60}$$

那么所求参数为

$$\{\theta\} = \{\theta\}_0 + \{\Delta\theta\} \tag{6.61}$$

然后检查所求参数 ω_i 和 η_i 的精度,如果精度不满足要求,则把 ω_i 和 η_i 作为初始值进行迭代,直至满足精度。

有了 ω_i 和 η_i 就可求得 a_{ij} 即 $[A]$,从而由式(6.56)得 V_i,经标准化,则可得主模态 $\{\varphi\}_i$。

至此,全部参数识别完成。

6.4 结构动态特性的灵敏度分析与结构动力修改

6.4.1 灵敏度分析与结构动力修改简介

通过模态试验技术,人们可以获取结构的动态特性。随着计算机技术和计算力学的发展,现在可以采用计算机仿真技术在结构设计过程中计算其动力学特性。这样可以在机械结构制造出来之前可以对其进行动力学特性分析,达到最佳设计的目的。但是由于力学上的假设、简化处理等,所建立的有限元模型往往与实际结构有着一定的差距:如质量矩阵中不能确切反映惯性力的分布、各构件(单元)间的连接、边界的约束条件、阻尼情况等,都与实际情况并不完全相符;另外,计算机容量和运算速度,也限制了单元的过细划分和自由度数的设置。这就使结构的动态特性计算精度不够,从而必须对有限元模型进行修正。

另一方面,即使有限元模型置信水平很高,但随着机械设备向高速化、轻量化、大型化、复杂化方向的发展,人们不可能一次设计出高质量的产品,而必须对结构作优化设计,即要多次修改设计(有限元模型),进行重分析和计算,直到产品的动力学特性达到满意的要求,这就是结构动力修改(Structural Dynamics Modification,SDM)的问题。

结构动力修改具有两个方面的含义:一是计算模型的修改;二是结构的动力修改。前者是用从模态试验中获得的结构模态参数测试数据(作为基准)对有限元模型进行修正,以获得置信水平较高、能准确反映结构动态特性的数学模型。后者则包含正、反两方面的问题。

正面问题是指:若对结构做了小改动,在原结构模态参数已知的条件下,如何快速地获得改动后的结构模态参数。一般称为结构动力学修改重分析问题。

反面问题是指:若原结构动态特性不合要求,如何修改结构修理参数及确定修改量,使其动态特性满足给定的要求。一般称为结构动力学修改重设计问题。

为了有效进行结构的动态设计与修改,就必须了解哪些物理参数对结构的动态特性影响较大(也就是说研究结构的动态特性对这些结构参数的敏感程度)。例如在结构上如何加质量、何处加弹簧,在哪两点之间加杆,如何改变单元刚度(几何尺寸、形状等)等,使结构某些指定的模态参数变化最大,这就是结构动态特性的灵敏度分析。灵敏度分析理论为人们有目的的修改结构指明了方向,从而优化设计、减少费用、缩短设计周期、提高效率。

灵敏度可以分为局部灵敏度和全局灵敏度。局部法概念明确、计算方便,可从一阶灵敏度扩展到高阶灵敏度,但是不能考虑参数分布的影响,并且基于微分和差分,系统结构参数的变动范围不能过大,因此它获得的是系统局部灵敏度。通常局部法只适用于线性或非线性较弱的系统,对于非线性较强以及非单调系统,往往采用全局灵敏度分析方法。用随机模拟的方法进行参数的灵敏度分析,可考察所有参数在所给定的范围内同时变化时,哪些参数对系统输出的影响最大,找出控制这些参数的办法,实现优化系统的输出,这种方法比单参数研究更接近实际情况。

机械结构灵敏度分析主要包括频率特性灵敏度分析与稳态动力响应灵敏度分析。机械结构频率灵敏度计算方法有 Nelson 法、模态法、矩阵摄动法以及全局灵敏度方法等。其中摄动法、Nelson 法归属于直接法。结构稳态动力响应的灵敏度计算目前主要采用差分法。但差分法存在计算工作量大、差分步长不易选择、截断误差与舍入误差不便估计与控制等问题。而直接微分法有物理概念明确、公式简便等优点。

6.4.2 结构动力修改基本原理

系统运动微分方程为

$$[M_0]\{\ddot{X}_0\}+[K_0]\{X_0\}=\{0\} \tag{6.62}$$

各阶固有频率和相应的模态向量为

$$[\omega_{i0}^2]=\begin{bmatrix}\omega_{10}^2 & & & \\ & \omega_{20}^2 & & \\ & & \ddots & \\ & & & \omega_{n0}^2\end{bmatrix},[\boldsymbol{\Phi}_0]=[\{\varphi_{10}\}\quad\{\varphi_{20}\}\cdots\{\varphi_{n0}\}] \tag{6.63}$$

$$[\boldsymbol{\Phi}_0]^{\mathrm{T}}[M_0][\boldsymbol{\Phi}_0]=[I],[\boldsymbol{\Phi}_0]^{\mathrm{T}}[K_0][\boldsymbol{\Phi}_0]=[\omega_{i0}^2] \tag{6.64}$$

若存在

$$[M]=[m_0]+[\Delta M],[K]=[K_0]+[\Delta K],\omega_i=\omega_{i0}+\Delta\omega_i,\{\varphi_i\}=\{\varphi_{i0}\}+\{\Delta\varphi_i\} \tag{6.65}$$

$$\Delta\varphi_i=\sum_{j=1}^{n}\alpha_{ij}\{\varphi_{j0}\} \tag{6.66}$$

则有

$$([K]-\omega_i^2[M])\{\varphi_i\}=\{0\} \tag{6.67}$$

将式(6.65)代入式(6.67),展开后略去二阶及二阶以上的小量,并考虑到 $([K_0]-\omega_{i0}^2[M_0]\times\{\varphi_{i0}\}=\{0\}$,得

$$([\Delta K]-\omega_{i0}^2[\Delta M])\{\varphi_{i0}\}+([K_0]-\omega_{i0}^2[M_0])\{\Delta\varphi_i\}-2\omega_{i0}\Delta\omega_i[M_0]\{\varphi_{i0}\}=\{0\} \tag{6.68}$$

将式(6.66)代入式(6.68),然后左乘 $\{\varphi_{j0}\}^{\mathrm{P}}$,并考虑到式(6.64),得

$$\{\varphi_{j0}\}^{\mathrm{T}}([\Delta K]-\omega_{i0}^2[\Delta M])\{\varphi_{i0}\}+\alpha_{ij}(\varphi_{j0}^2-\varphi_{i0}^2)-2\omega_{i0}\Delta\omega_i\delta_{ij}=0 \tag{6.69}$$

其中

$$\delta_{ij}=\begin{cases}0(i\neq j)\\1(i=j)\end{cases}$$

当 $i=j$ 时,有

$$\frac{\Delta\omega_i}{\omega_{i0}}=\frac{\{\varphi_{i0}\}^{\mathrm{T}}([\Delta K]-\omega_{i0}^2[\Delta M])\{\varphi_{i0}\}}{2\omega_{i0}^2}\tag{6.70}$$

当 $i\neq j$ 时,有

$$\alpha_{ij}=\frac{\{\varphi_{i0}\}^{\mathrm{T}}([\Delta K]-\omega_{i0}^2[\Delta M])\{\varphi_{i0}\}}{\varphi_{i0}^2-\varphi_{j0}^2}\tag{6.71}$$

为了求 α_{ii},可令

$$\{\varphi_i\}^{\mathrm{T}}[M]\{\varphi_i\}=1\tag{6.72}$$

将式(6.65)和式(6.66)代入式(6.72),并考虑到式(6.64),得

$$\alpha_{ii}=\frac{1}{2}\{\varphi_{i0}\}^{\mathrm{T}}[\Delta M]\{\varphi_{i0}\}\tag{6.73}$$

(1) 点加质量灵敏度分析。经过推导,可得点加质量灵敏度为

$$\frac{\Delta\omega_i}{\omega_{i0}}=-\frac{1}{2}\Delta m^s[(\varphi_{xi}^s)^2+(\varphi_{yi}^s)^2+(\varphi_{zi}^s)^2]\tag{6.74}$$

式中:Δm^s 为在节点处所加的质量;$\varphi_{xi}^s,\varphi_{yi}^s,\varphi_{zi}^s$ 分别为原结构第 i 阶模态在节点处的 x、y、z 方向线位移分量。

定义相对灵敏度为

$$\eta=\left(\frac{\Delta\omega_i}{\omega_{i0}}\right)\times\left(\frac{\Delta m^s}{m^s}\right)^{-1}=-\frac{1}{2}m^s[(\varphi_{xi}^s)^2+(\varphi_{yi}^s)^2+(\varphi_{zi}^s)^2]=\frac{T_{i0}^s}{\omega_{i0}^2}\tag{6.75}$$

式中:T_{s0}^s 为原结构节点处第 i 阶模态动能。

对某阶模态而言,哪个节点的模态动能大,哪个节点即是质量修改的敏感节点。

(2) 节点加弹簧灵敏度分析。经过推导,可得节点加弹簧灵敏度为

$$\eta=\left(\frac{\Delta\omega_i}{\omega_{i0}}\right)\times\left(\frac{\Delta K^s}{K^s}\right)^{-1}=\frac{K^s}{2\omega_{i0}^2}\varphi_{ri}^s\tag{6.76}$$

对每个节点 s,哪个方向的模态线位移最大,哪个方向就是该节点所加弹簧的方向;对某阶模态,哪个节点的模态线位移大,则哪个节点即是点加刚度修改的敏感节点。

(3) 两点间加杆(弹簧)的灵敏度分析。两点间加杆(弹簧)的灵敏度可以表示为

$$\begin{aligned}\eta&=\left(\frac{\Delta\omega_i}{\omega_{i0}}\right)\times\left(\frac{EA}{L}\right)^{-1}\\&=\frac{1}{2\omega_{i0}^2}\left[\frac{1}{L^2}\left(\sum_{r=x,y,z}L_r(\varphi_{rn}^i-\varphi_{rm}^i)\right)^2-\frac{\rho L^2}{2E}\omega_{i0}^2\sum_{j=m,n}\sum_{r=x,y,z}(\varphi_{rj}^i)^2\right]\end{aligned}\tag{6.77}$$

哪两点间相对位移大,则在这两点间加杆最灵敏。

(4) 桁杆单元灵敏度分析。桁杆单灵灵敏度为

$$\eta=\left(\frac{\Delta\omega_i}{\omega_{i0}}\right)\times\left(\frac{\Delta A}{A}\right)^{-1}=\frac{\Delta U_{i0}^e-\Delta T_{i0}^e}{2\omega_{i0}^2}\tag{6.78}$$

式中：ΔU_{i0}^{e}为单元（节点）e 的第 i 阶模态势能增量；ΔT_{i0}^{e}为单元（节点）e 的第 i 阶模态动能增量。

敏感位置取决于桁杆单元的模态动能和模态势能。

（5）梁单元的灵敏度分析。

梁单元的灵敏度为

$$\frac{\Delta\omega_i}{\omega_{i0}} = \frac{1}{\omega_{i0}^2}\left[\frac{\Delta A^e}{A^e}(U_A^e - T^e) + \frac{\Delta J_x^e}{J_x^e}U_{Jx}^e + \frac{\Delta J_y^e}{J_y^e}U_{Jy}^e + \frac{\Delta J_z^e}{J_z^e}U_{jz}^e\right] \tag{6.79}$$

通过以上分析可得出以下几个有用的结论：

（1）哪个单元的模态势能较大，而相应的模态动能较小，则哪个单元是刚度修改的敏感单元。这种单元通常具有较小的线位移而变形较大（或具有较大的应变），如悬臂梁固定端处。

（2）哪个单元的模态动能较大，而相应的模态势能较小，则哪个单元是质量修改的敏感单元。这种单元通常具有较大的线位移而变形较小（或具有较小的应变），如悬臂梁自由端处。

（3）处于振型腹部的单元，其线位移和相对变形都较大，即相应的模态动能和模态势能都较大，究竟属于哪类单元要视具体情况而定。对梁的弯曲振动，这种单元往往是刚度敏感单元。

（4）位于振型节点处的单元，其线位移和相对变形都较小，即相应的模态动能和模态势能都较小，因而节点处的单元是不敏感单元。

参 考 文 献

[1] Thomson W T. Theory of Vibration with Application[M]. Prentice-Hall,1972.

[2] Merovitch L. Elements of Vibration Analysis[M]. Mc Graw-Hill,1975.

[3] Timoshenko S. Vibration Problems in Engineering[M]. 4ed,John Wiley & Sons,1974.

[4] 师汉民. 机械振动系统[M]:武汉:华中科技大学出版社,2004.

[5] Singiresu S Rao. 机械振动[M]. 4 版. 李欣业,张明路,译,清华大学出版社,2009.

[6] Singiresu S Rao. Mechanical Vibrations. 4 版. Prentice Hall,2011.

[7] Graham K S. Mechanical Vibrations Theory and Applications(SI Edition),Cengage Learning,2012.

[8] 清华大学工程力学系固体力学教研组振动组,机械振动(上册)[M]. 北京:机械工业出版社,1980.

[9] 李德芬,过永德,自动武器振动基础[M]. 北京:兵器工业出版社,1991.

[10] 倪振华,振动力学[M]. 西安:西安交通大学出版社,1994.

[11] 方同,薛璞,振动理论及应用[M]. 西安:西北工业大学出版社,1998.

[12] 季文美,机械振动学[M]. 北京:科学出版社,1985.

[13] 季文美,方同,陈松淇,机械振动[M]. 北京:科学出版社,1985.

[14] 邵忍平. 机械系统动力学[M]. 北京:机械工业出版社,2005.

[15] 张义民. 机械振动[M]. 北京:清华大学出版社,2007.

[16] 闻帮椿,刘树英,张纯宇. 机械振动学[M]. 2 版. 北京:冶金工业出版社,2011.

[17] 靳晓雄,张立军,江浩. 汽车振动分析[M]. 上海:同济大学出版社,2006.

[18] 周长城. 汽车平顺性与悬架系统设计[M]. 北京:机械工业出版社,2011.

[19] 郑兆昌. 机械振动[M]. 北京:机械工业出版社,1986.

[20] 周中间,卢耀祖. 机械与汽车结构的有限元分析[M]. 上海:同济大学出版社,1997.

[21] 崔志琴,景银萍. 军用柴油机曲轴的动态仿真研究[J]. 内燃机工程,2005,(1):48-50.

[22] 崔志琴. 基于灵敏度分析的曲轴动力修改[J]. 内燃机学报,2002,20(2):176-178.

[23] 崔志琴. 发动机振动模态的实验研究与计算[J]. 测试技术学报,2007,21(5):382-385.

[24] Cui zhiqin,Zhang teng. Dynamic optimization design of engine crankshaft[J]. Applied mechanics and materials. 2012, 129:1426-1429.

[25] 潘玉田,郭保全,李霆. 轮式自行榴弹炮总体结构动力学仿真[J]. 火炮发射与控制学报,2003(3),8-11,64.

[26] 马新谋. 特殊造型炮塔力学性能分析研究[D]. 太原:中北大学,2005.